알 수 없는
라오스
몰라도 되는
라오스

알 수 없는 라오스
몰라도 되는 라오스

초판 1쇄 발행 2020년 3월 3일

지 은 이 우희철
발 행 인 권선복
편 집 유수정
디 자 인 최새롬
전 자 책 서보미
발 행 처 도서출판 행복에너지
출판등록 제315-2011-000035호
주 소 (157-010) 서울특별시 강서구 화곡로 232
전 화 0505-613-6133
팩 스 0303-0799-1560
홈페이지 www.happybook.or.kr
이 메 일 ksbdata@daum.net

값 25,000원
ISBN 979-11-5602-782-9 13980

한국-라오스 수교 25주년

라오스 신(新)인문지리서

알 수 없는 라오스 몰라도 되는 라오스

우희철 지음

도서출판 행복에너지

알 수 없는 라오스, 몰라도 되는 라오스 책 출간이 너무도 반갑습니다.

라오스를 제대로 알고 이해하는 데 있어 라오스의 구석구석을 살펴나가는 저자의 세심한 관찰이 돋보입니다.

제가 우송대학교 부총장으로 재직하고 있을 때, 충청투데이 사진부장으로 계셨던 저자가 라오스를 간다고 했을 때, 기자의 경험을 살려서 라오스를 한국에 잘 알려주실 것으로 기대했는데, 7년이 지난 지금 라오스를 알리는 책자를 출간하게 되어 기쁜 마음을 금할 수 없습니다.

주한 라오스 명예영사로서 누구보다도 라오스에 애정과 기대를 갖고 있기에, 라오스를 이해하고 아는 데 있어 훌륭한 소개서를 보게 되어 흐뭇합니다.

라오스를 피상적으로 보아서는 제대로 안다고 볼 수 없다는 저자의 말에 동감합니다.

이 책은 라오스를 세세히 해부하고, 깊숙이 생활 속에서 라오스를 보고 있습니다.

라오스의 지역·문화·생활·종교·경제·정치·사회·관습·역사 등을 심층적으로 살펴보면서 생생히 사진과 함께 전달하기에 느낌도 생생하게 다가오게 됩니다.

라오스에 관심 있는 분들은 꼭 이 책을 읽어보시기를 추천합니다.

이 책을 출간하기 위하여 오랫동안 라오스를 파헤친 저자의 수고에 감사드립니다.

주한 라오스 명예영사
우송대학교 석좌교수 **조원권**

라오스와의 인연은 땀띠와 배앓이였다. 그리고 라오스에서의 7년은 무척 덥고 지루했다. 더위는 신경을 무디게 하고, 게으름이란 편리함으로 빠져들게 만들었다. 더위는 온몸으로 땀을 배출했지만 그리움의 눈물은 바짝 말려버렸다.

낯설었던 라오스에서 살면서 알게 된 이야기와 경험한 각종 이야기를 정리하려고 하니 망설여지는 기분은 뭘까? 살면서 좋은 감정보다는 불편하고 기분 나빴던 감정이 앞서서일까? 아니면 라오스를 이야기하는 대부분의 사람들이 좋다고 하는데 나 혼자만 아니라고 반기를 드는 것이 눈치 보여서일까? 어찌되었든 이 책에는 사람들이 알고 있는 것, 느낀 것과는 다른 점이 많이 담겼다. 라오스의 그대로의 모습을 보여주는 것이지 비판하려는 의도는 아니다. 그냥 라오스를 좀 더 심층적으로 알기를 바라는 마음에서 쓴 책이다.

사람들은 비가 많이 내리면 세상의 모든 것이 다 젖는다고 생각한다. 건기의 뜨거운 태양볕은 모든 것을 다 말려버린다고 생각한다. 그러나 자세히 보면 완전히 적시지도, 완전히 말리지도 못한다. 이 책이 바로 그렇다. 다 알지 못한다. 다 경험하지 못했다. 완벽하지도 완전하지도 않다. 오해한 것도 있을 수 있고 틀릴 수도 있다. 일부 한정된 이야기일 수도 있다. 다만 다른 사람들보다 조금 더 가까이 가

보고 더 많이 젖고 더 말라 보았기 때문에 부끄러움에도 불구하고 썼다. 절대로 재미있는 책은 아니다.

"라오스는 여행자로서 바라보면 이보다 더 좋은 나라는 없을 것이다"라고 평가하지만 "라오스에 사는 사람들의 입장에서는 이보다 답답할 수 없고, 되는 것도 되지 않는 것도 없는 불투명한 나라다"라고 느낀다.

라오스를 처음 접하는 사람들이나 라오스를 아는 사람들은 '순수한 나라', '은둔의 나라', '조용한 나라', '미소의 나라', '힐링의 나라', '비밀의 라오스', '느림의 미학이 있는 나라', '죽기 전에 꼭 가봐야 할 나라' 등 각종 수식어를 붙여서 이야기한다. 이런 수식어가 따라붙는 데는 다 이유가 있다. 모두 사실이기 때문이다.

라오스는 인도차이나 반도에서 유일하게 바다가 없는 나라로 넓은 면적에 비해 인구가 적은 나라다. 불교국가로 외교, 무역, 민간교류 등 모든 면에서 한국과의 관계가 크지 않은 나라다. 한국과의 관계가 적은 만큼 교민들도 많지 않다. 다만 한국의 입장에서 보면 탈북민들의 탈출로로 중요하게 인식되던 나라였다.

라오스는 굳이 많이 알아야 할 나라가 아니다. 모른다고 큰 문제가 될 나라도 아니다. 태국과 비슷한 나라, 베트남과 정치적 동지인 나라, 캄보디아의 앙코르왓과 같은 문화를 가진 나라로 잘 알려졌다. 동남아라고 하면 대표적인 나라가 태국이다. 1989년 여행자유화가 시작되면서 30년 동안 여행의 전성기를 누리던 곳이다. 그러나 라오스는 1995년이 되어서야 수교를 했으며 2012년 12월 진에어의 직항 취항으로 한국에 알려진 나라다.

한국인에게 라오스를 결정적으로 알린 것은 '응답하라 1994'의 젊은 출연진들이 '꽃보다 청춘'이란 연예프로그램에 나온 이후다. 그래서 항간엔 라오스를 '꽃보다 청춘' 프로 방영 이전과 이후로 구분한다. 그만큼 라오스를 이 프로의 영향을 받은 많은 이들이 찾았기 때문이다. 라오스를 소개하는 이 프로그램은 여전히 한국에서 방영 중이다.

난 여행을 좋아한다. 책상에 앉아 구글 지도를 통해 하는 인도어 투어In Door Tour를 좋아한다. 비용도 들지 않고 시간과 장소는 물론 날씨의 구애를 받지 않기에 언제든 떠났다가 돌아올 수 있어 좋다. 그리고 무한한 상상력으로 오히려 직접 가기 전보다 더 흥분되고 기분이 좋다.

이런 투어를 마치면 반드시 직접 가는 것을 기본으로 한다. 일을 위해서 갈 때도 있고, 맘을 다스리러 갈 때도 있다. 때로, 꼭 가야만 한다는 강박감으로 가는 경우도 있었다. 어떤 지역은 등산로를 찾기 위해 수차례를 헤맨 적도 있고 그냥 차로 지나친 곳도 있다. 아직 라오스 전역을 다 가보지 못했다. 라오스 문화를 다 경험하지도 못했다. 라오인들의 삶 속에 깊숙이 들어가 지내보지도 못했다. 물리적으로도 불가능한 일이다. 그냥 오랜 기간을 지내면서 익숙해졌다.

처음 라오스에 오게 된 건 아는 교수님과의 대화 도중 "라오스 가 보고 싶은 나라"라고 추임새를 넣었던 것이 계기가 되었다. 그리고 생각지도 않게 연이어 4번을 오게 됐다. 조용한 길거리와 소박한 시내 풍경이 내 마음을 빼앗아버렸다. 개인적인 탈출구가 필요했던 때라 더욱 빨리 라오스에 반해 버렸는지 모른다.

그래서일까, 라오스를 알면서 실망과 좌절 그리고 후회라는 부정적인 단어들이 이어졌다. 세월이 지나면서 다시 한국이 그리워졌다. 그런데 몸은 이미 라오스에 익숙해졌다. 마음은 한국의 한겨울 스키장에 있는데 몸은 추위에 적응하지 못할 만큼 라오스화 되어 버린 것이다. 나 자신에 대한 정체성이 흔들리고 혼돈스러운 시기다.

마지막으로 이 글을 쓸 수 있도록 도와주신 많은 분들과 챙기지 못한 가족들에게 미안함과 고마움을 동시에 보내며 용서를 구한다.

2020년 라오스 위양짠 폰빠파오에서

《일러두기》

이 책에 나오는 지명, 인물 등은 라오스 현지 발음에 가깝게 표기했다. 그리고 어려운 철자 표기는 영문 알파벳을 병기했다.

라오스의 지명은 대부분 프랑스 식민시설 지도에 표기했던 프랑스어를 영어식으로 읽으면서 원래의 발음이 무너지고 혼란이 생겨 지금까지 전해오고 있다. 'V'는 'ㅂ' 이 아니고 '우' 또는 '워'로 발음된다. 그리고 자음 'ㅅ' 은 'ㅆ', 'ㅈ' 은 'ㅉ', 'ㄷ' 은 'ㄸ', 'ㄱ' 은 'ㄲ' 등으로 표기한다. 라오어의 발음은 대부분 된소리가 많다.

비엔티안(Vientiane)의 원래 발음은 위양짠(위양=도시, 짠=달)이다. 방비엥(Vang Vieng)의 원래 발음은 '왕위양'으로 발음된다.

지명

비엔티안(Vientiane) - 위양짠
방비엥(Vang Vieng) - 왕위양
루앙프라방(LuangParbang) - 루앙파방
팍세(Pakse) - 빡쎄
참파삭(Champasak) - 짬빠싹
세콩(Sekong) - 쎄콩
보케오(Bokeo) - 보깨오
살라반(Salawan) - 쌀라완
시엥쿠앙(Xiengkhouang) -씨엥쿠앙

인물 및 역사

수파노봉(Souphanouvong) - 쑤파누웡
카이손 폼비한(Kaysone Phomvihane) - 까이쏜 폼위한
파테라오(Pathet Lao) - 빠테라오

Contents

Part I

알기 어려운 라오스

Part II

이해할 수 있는 라오스

Part III

이해해야 하는 라오스

Part IV

흥겨운 라오

Part V

불교와 생활

Part VI

가 봐야 할 곳

Part Ⅶ

라오스의 역사

Part Ⅷ

라오스의 경제

Part IX

푸카오쿠와이 트레킹

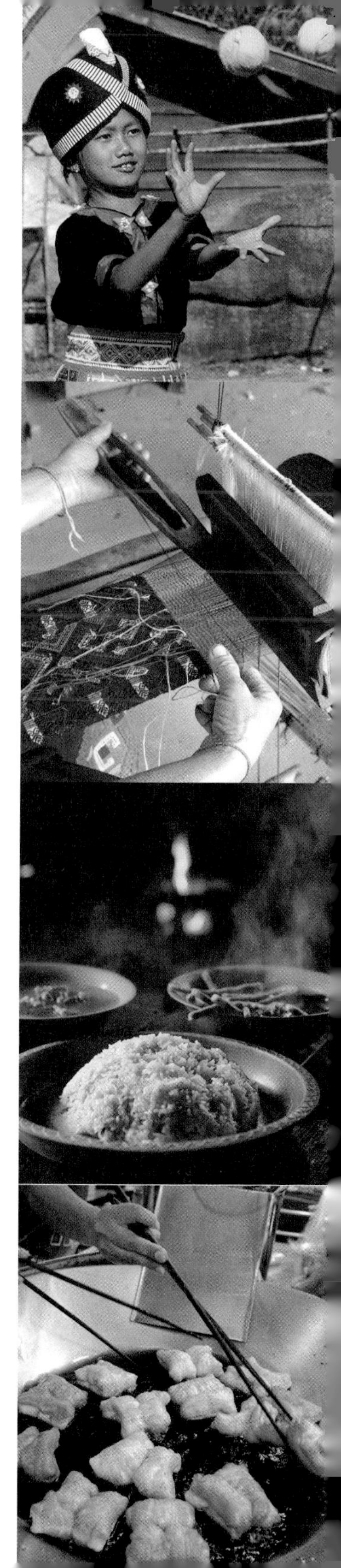

Part I

알기 어려운 라오스

라오스 사람들의 속내는 알기 어렵다. 마치 물소들이 갈 방향을 예측하는 것만큼 힘들다.

라오인들은 절대로 서두르지 않는다. 아이들을 데리고 귀가하는 여인이 비를 피하지 않고 천천히 걸어가고 있다.

도시 이름을 적은 종이와 가방을 도로변에 내놓고 언제 올지 모르는 버스를 기다리는 라오인들의 생활방식은 늘 여유롭다.

괜찮지 않아도
언제나 '버뻰냥'

라오스에서 살면서 가장 많이 듣는 단어가 '버뻰냥Bor Pen Yang'이다. '버뻰냥'은 우리말로 '괜찮다', '상관없다', '천만에', '이해하세요' 등의 뜻을 지니고 있다. 라오사람들은 미안한 일이 있어도, 부담스러운 일이 있어도, 상대방의 부탁을 들어주지 못해도, 감사할 일에도 모두 '버뻰냥'이라고 말한다. 뭐가 그리도 다 괜찮은 것인지 알다가도 모를 일이다.

예를 들어 약속시간이 지나서 어슬렁어슬렁 나타나는 라오사람에게 "왜 이렇게 늦었냐?"고 따지면 바로 '버뻰냥'이라고 말한다. 다시 "당신을 여기서 1시간을 기다렸는데 뭐가 버뻰냥이냐"고 말해도 또 다시 버뻰냥을 연발한다. 대부분 한국인들이 "너는 버뻰냥일지 몰라도 나는 '버뻰냥'이 아니다"라고 화를 내도 그들은 다시 '버뻰냥'이라고 대꾸한다. 으이구….

그냥 "미안하다"는 말 한마디면 끝날 일인데 계속 괜찮다고만 하니 언성이 높아질 수밖에 없다. 타인의 실수와 잘못에 대해서는 물론이고 자신에게도 관용을 베푸는 이 '버뻰냥' 문화를 알지 못하면 라

오스에서는 대책이 없다. 다음날 반드시 큰일이 벌어질 것을 알고 있으면서도 그들은 웃으면서 '버뻰냥'을 외친다. 정작 다음날 문제가 불거졌을 땐 아무도 연락이 안 된다. 정말 답답한 노릇이다.

이 '버뻰냥' 문화는 우리나라 문화와 많은 차이가 있다. 우리에게도 한때 '코리안 타임'이 있었다. 약속시간을 잘 지키지 않는 버릇을 꼬집는 말이다. 그렇지만 그럴 때에도 한국인은 적어도 자신 스스로에게 관용을 베풀지는 않는다. 약속시간에 늦고도 뻔뻔하게 "괜찮다"고 말하지는 않았다.

라오스에서 생활하려면 웬만한 일에 다 '버뻰냥'이라고 말하는 라오사람들의 문화를 알아야 한다. 그들은 싫어도 싫다고 못 하고 좋아도 좋다고 직접적으로 말하지 않는다. 어려운 부탁을 받아도 거절하지 못하고 속으로 끙끙 앓는 그런 성격이다.

선물을 받아도 고마움을 잘 표시하지 않는다. 어느 날 라오 지인에게 선물을 줬는데 아무 반응이 없어서 "선물이 맘에 안 드냐"고 물어보았다. 그랬더니 "아니다. 고맙다"고 한다. "왜 고맙다는 말을 하지 않냐"고 되물으니 이렇게 말한다. "나에게 선물을 한 당신이 좋은 일을 했기 때문에 당신은 복福을 받을 거다. 그리고 내가 선물을 먼저 달라고 한 것도 아니지 않느냐." 오 마이 갓.

이런 점에서 라오사람들은 충청도 사람들과 성격이 비슷해 보인다. 충청도 사람들은 좀처럼 속마음을 잘 드러내지 않는다. 흔하게 말하는 "냅둬유" "괜~찮아유"는 역설적 의미가 크다. 정말 그대로 내버려두면 안 되는 일이고, 괜찮은 일이 아닐 수도 있다. 그 말에 뼈가 들어가 있다. 라오스 말에도 이처럼 반대로 해석해야 하는 메타포 Metaphor가 많다. 그 대표적인 것이 '버뻰냥'이다.

말은 소통의 기본적인 도구이다. 하지만 그들만이 갖는 복잡한 소통 방식을 이해하지 못하면 불통이 된다. '버뻰냥'은 정말로 괜찮아서가 아니고 급하게 서두르지 않으려는 그들만의 낙천적인 생활방식의 표현이다. 그리고 내일 하늘이 두 쪽 난다 하더라도 오늘을 긍정적으로 살겠다는 마음가짐의 표현이기도 하다.

메콩강에서 그물 낚시를 하는 여인의 모습에서 라오스의 느긋함을 엿볼 수 있다.

내 편안함이 우선인 싸바이디

라오사람들에게 가장 중요한 것은 편안함이다. 그 편안함의 기준은 자신을 중심으로 한다. 보통의 인사말은 상대방의 편안함을 묻는다. 그런데 라오스의 인사말은 편안함을 묻는 것은 같지만 내용이 조금은 다르다.

라오스 인사말은 '싸바이디'다. 편안하고 좋다는 뜻이다. 한국의 인사말인 '안녕하십니까?'와 비슷해 보이지만 다르다. 한국은 내가 아닌 상대방의 편안함을 우선시하고 물어보는 데 반해 라오의 인사말 싸바이디는 상대방의 편안함보다는 내 편안함을 먼저 이야기하는 인사말이다.

중국이라고 하면 가장 먼저 '만만디慢慢地'를 떠올린다. 느긋함은 중국인들이 전 세계에서 단연 최고라고 한다. 그런데 그 중국인들이 라오스의 느긋함에 울고 간다고 할 정도로 라오사람들의 만만디는 더 대단하다.

베트남, 중국, 라오스 사람들의 느긋함을 비교하는 이야기가 있다. 집안에 갑자기 물건이 필요하면 베트남 사람들은 바로 시장으로 달려가 물건을 사다가 쓴다고 한다. 중국인들도 시장으로 달려가 사가지고 오는데 자기 것만이 아니라 더 많이 사다가 주변의 다른 사람들에게 팔아 이득을 남긴다고 한다. 한마디로 뛰어난 상술이 몸에 배어 있다는 것을 말한다. 그러면 라오사람들은 어떻게 할까? 라오사람들은 내가 필요한 물건을 파는 장사꾼이 오기를 기다린다고 한다. 처음엔 내가 물건이 필요해 기다렸지만 시간이 점차 지나면서 내가 필요하다기보다는 장사하는 사람이 돈을 벌기 위해선 반드시 올 거라고 생각하면서 하염없이 기다린다고 한다.

루앙파방에 이어 위양짠, 왕위양 등에 있는 야시장이 외국 관광객으로부터 인기를 끌고 있다. 다양한 수제품과 토산품이 있는 데다 가격마저 저렴하기 때문이다. 게다가 상인들의 호객행위가 없어 편안하게 쇼핑을 즐길 수 있어서 좋다고 한다.

최근에 전 세계적으로 언택트 마케팅Untact Marketing이 유행하고 있다. 언택트 마케팅이라는 것은 소비자들이 편안하게 쇼핑할 수 있도록 상인이나 점원이 무관심하게 내버려 두고 미리 접촉하지 않는 마케팅 전략이다. 판매자가 미리 설명해주는 것이 부담스러워 쇼핑을 중단하는 경우가 있기 때문에 물어볼 경우만 대답하는 방식이다.

이 최신의 방식을 라오 상인들은 이미 오래전부터 시행하고 있었으니 물건 파는 마케팅은 이미 선진국 중 선진국이라고 볼 수 있다. 상인들은 내가 판을 펴 놓았으니 물건을 고르고 사는 것은 소비자들의 몫이라고 생각한다. 손님이 물건에 관심을 보이고 고르고 만져보는 동안에도 상인들은 스마트폰에서 눈을 떼지 않는다. 손님이 가격을 물어봐야 그제야 가격과 제품에 대한 이야기를 한다. 참으로 장사하기 편한 나라고 쇼핑하는 사람들에겐 천국이나 다름없다.

야시장에서의 가격 결정은 계산기로 한다. 물건을 고르면 상인은 먼저 가격 찍은 계산기를 보여주고 당신이 원하는 가격을 이야기하라고 계산기를 들이민다. 이때 손님이 보여주는 가격이 제값보다 높으면 바로 오케이를 외치며 흥정을 끝낸다. 손님이 판정패 당한 것이다. 그런데 손님이 제시한 가격이 너무 터무니없이 낮으면 가격을 수정해 제시하고 다시 협상에 들어간다. 어찌 되었든 계산기로 하는 가격 협상은 가격을 먼저 이야기하는 사람이 불리하게 되어 있다.

일상 도로에서도 남의 불편보다는 내 편안함을 우선으로 하는 행동을 자주 볼 수 있다. 차량을 아무 데나 주차해서 길을 막는 행위, 도로 한가운데 차를 세우고 물건을 사는 행위, 두 개 차로를 물고 천천히 운전하는 행위, 뒤쪽 차량에 대해 신경 쓰지 않고 전화 등 자신의 일을 보면서 천천히 운전하는 행위 등 운전대를 잡은 사람들이 남을 의식하지 않는 모습을 자주 볼 수 있다.

이런 현상은 차량이 거의 없던 시절, 권력층들이 아무렇게나 운전해도 누가 뭐라고 할 수 없었던 때의 습관이 그대로 고착화 된 것이 아닌가 하는 생각이 든다. 그럼에도 경적을 울리면서 항의하는 사람은 없다. 상대방의 안전에 대한 배려가 전혀 없다. 이런 행동은 자신을 가장 중시하는 사회에서 빈번하게 나오는 행동이라고 학자들은 분석한다.

루앙파방 왕궁박물관에서 오전 11시 넘어 관람을 하는데 직원 한 명이 따라와 창문을 닫으며 "10분 남았다" "5분 남았다"고 말하는데 처음엔 그게 무슨 뜻이지 몰랐다. 결국 11시 30분이 되니까 문을 닫아야 하니 나가라는 것이다. 아직 다 못 봤다고 하니 자신들은 점심을 먹으러 가야 해서 문을 닫는다는 이야기다. 당신도 점심을 먹고 1시 넘어서 다시 오란다. 직원들이 번갈아가면서 식사를 하고 문을 닫지 않으면 관람객들이 편리할 텐데 그냥 자신들의 편리를 더 중시한다.

B

이 모든 것이 고객이나 관광객의 편의가 아닌 개인 또는 조직의 편의가 우선인 것이다. 상대방에 대한 배려는 하나도 없다. 모두가 같이 일하고, 같이 쉬고, 같이 퇴근하려고 한다. 아무도 손해 보지 않으려는 행동으로 보이기까지 한다.

최근에 은행, 통신사 등 고객을 대상으로 하는 곳에서 점심시간에 민원인들을 대상으로 일을 시작했다. 그러나 아직도 대부분의 국가기관이나 공공기관들이 점심시간에 문을 닫는 등 철저히 자신들의 편의를 중시하는 문화가 남아 있다.

위양짠에 오랫동안 살면서 저녁에 관공서 건물을 보면 불이 전부 꺼져 있고 아무도 잔업을 하는 사람이 없다. 그러면서 그들의 입에는 늘 바쁘다는 소리를 달고 다닌다. 한국의 경우는 초과근무 수당을 받기 위해 밤까지 일을 한다고 남아 있는 경우가 있어 문제지만 여긴 아무도 근무시간 이외에는 일을 하지 않으려고 한다.

직장의 일보단 내 일이 우선이고, 회사의 일보다는 집안의 일을 우선시한다. 그러나 이곳도 사회가 발전하면서 점차 바뀌어 가고 있다. 남을 배려하고 능동적인 행동을 하며 경쟁하는 것이 손해가 아닌 이득이 되어 돌아온다는 것을 점차 알게 될 것이다.

가장 많이 듣는 말 '버후, 버미, 버다이'

라오스에서 처음 익힌 단어가 인사말인 '싸바이디'였다. 그리고 두 번째로 '감사합니다'라는 단어인 '꼽짜이드'였다. 그리고 살면서 자주 쓰는 단어 '괜찮아요'인 '버 뻰냥'이었다.

그래서 당연히 이런 단어를 가장 많이 들을 거라 생각했는데 라오 사람들이 가장 많이 쓰는 단어는 따로 있었다. '버후'(몰라), '버미'(없어), '버다이'(할 수 없어)이다.

라오 사람들은 급하지 않고 느긋하면서 화도 잘 내지 않는다. 늘 언제나 좋은 게 좋다는 식이다. 그러나 일을 하다 보면 느긋하다는 것은 게으르다는 것으로, 화를 내지 않는다는 것은 뒤끝이 있고 음흉하다는 것으로, 좋은 게 좋다는 것은 책임감이 없다는 것으로 알게 된다.

연락도 없이 출근하지 않아 전화해서 "집에 일이 있든, 아프든 출근을 못 하면 연락을 해야 하지 않느냐?" 하고 물어보면 대부분 전화기에 돈이 없어서 연락을 못 했다는 뜻으로 "버미 응언Money" 또는

"버미 다타Data"라고 말한다. 연락 못 한 것이 자신의 잘못이 아니라 전화를 할 돈이 없었기 때문이라는 식으로 변명을 한다. 라오사람들 대부분은 선불요금제로 전화를 이용하기 때문에 미리 충전된 요금이 없으면 발신이 되지 않는다.

라오사람들은 불편한 일이 있으면 '모른다'고 말하고 그 상황에서 벗어나려고 하는 경향이 있다. 그리고 타인의 일에는 관여하지 않는다. 사회적으로 비판 기능이 거의 없다 보니 곤란한 정치, 사회 현상에 대해 물어보면 그냥 '버후'라고 답을 한다.

물건이 없어져서 행방을 물어보면 '버후', 행정기관 일 처리 진행 과정을 물어봐도 '버후', 길을 물어봐도 '버후', 궁금증을 물어봐도 '버후', 언제 일이 끝날 것 같냐는 물음에도 '버후'다. 모든 질문에 대한

답은 한결같이 '버후'다. 참으로 답답한 노릇이다.

모르면 알아보려는 노력이라도 하든지, 아니면 찾아보겠다든지, 아니면 알게 되면 연락하겠다든지 등의 능동적인 행동을 보여주지 않는다. 어찌 보면 정확하게 알지 못해 모른다고 하는지도 모르겠다. 어설픈 대답보단 정말 그냥 모른다는 것이 더 편하고 정확한 대답일지 모른다. 정말로 라오스 사람들의 생각이나 마음을 알 수 없어 글을 쓰는 나도 '버후'를 외치고 싶다.

라오사람들에게 통상적인 일에 대해 할 수 있는지 물어보면 '다이(할 수 있다)'라고 자신 있게 말한다. 거의 모든 일이 다 가능하다고 한다. 그런데 일을 할 때가 되어서 다시 물어보면 '버다이'라고 하며 '할 수 없다'고 한다. 분명 어제까지만 해도 가능한 일이 왜 오늘은 안 되는 걸까? 참 난감하다. 일할 수 없다는 것을 사전에 알 수 있었을 텐데 꼭 당일에 가서 못 한다고 하는지 모르겠다. 미리 못 한다고 이야기를 하면 대응책이라도 세울 텐데 일을 코앞에 두고 말하는 심보는 뭔지 알 수가 없다.

무엇보다 라오사람들로부터 가장 듣기 어려운 단어 중 하나가 '커톤'이다. 라오어 첫걸음에서 '미안합니다', '실례합니다'라는 말로 배웠다. 그러나 살면서 커톤이란 말은 사전에나 있는 단어처럼 사용하는 예를 별로 볼 수 없다.

거짓말을 했든, 잘못을 했든, 실수를 했든 인정하고 죄송하다고 하면 끝날 일을 고집부리는 경우가 많다. 몸짓이나 눈빛으로는 이미

잘못을 인정했으나 말로는 절대 인정하지 않는다. 역사적으로 식민 지배를 받고 공산주의 체제를 겪으면서 잘못을 인정할 경우 불이익을 받는 것이 몸에 배서 그럴 수도 있다고 생각하지만 화가 나고 답답한 일이다. 그냥 '커톤' 한마디로 봄날 얼음장 녹듯 모두 풀릴 일도 끝내 말하지 않아 풀리지 않고 인연이 끝나는 경우가 많다.

하염없이 손님을 기다리는 뚝뚝

라오스를 상징하는 대중교통수단은 '뚝뚝Tuk Tuk'이다. 태국, 캄보디아 등 인도차이나 전역에서 간편한 현지 택시로 이용되고 있다. 뚝뚝은 오토바이를 개조해 만들었으며 명칭 자체도 오토바이 소리의 의성어다. 오토바이 뒤편에 소형트럭 화물칸을 붙여 개조해서 운행하는데 보통 4~6명 정도가 탈 수 있다.

뚝뚝은 저렴하게 이용할 수 있는 현지 교통수단이다. 위양짠 시내에선 딸랏싸오(새벽시장)나 남푸분수 앞, 여행자거리(세타티랏 도로) 인근에서 많이 볼 수 있다. 호텔 앞이나 주요 길목에서도 진을 치고 손님을 기다리고 있다.

손님이 없을 경우에는 차량 뒤편에 그물침대를 걸고 누워 잠을 자거나 게임을 하면서 기다린다. 한국의 택시는 손님을 찾아 경쟁하듯 빠르게 도로를 달리는 것에 비해 이곳 뚝뚝 기사들은 길목에서 손님을 하염없이 기다린다. 가히 시간이 멈춘 나라라는 말이 실감 난다. 손님을 찾아다니기보다는 오기를 기다리는 뚝뚝이는 어찌 보면 참으로 편하게 일을 한다는 생각마저 들게 한다.

뚝뚝을 탈 때 몇 가지 주의할 점이 있다. 첫째, 운전기사가 목적지를 정확히 알고 있는지 확인해야 한다. 지도까지 보여주고 찾아갈 곳을 일러주면 일단 알겠다고 타라고 한다. 그런데 정작 나중엔 위치를 몰라 헤매는 경우도 있다. 그냥 이리저리 내달리다가 목적지는 찾지 못하고 여러 군데를 갔으니 비용을 더 달라고 요구하는 경우도 흔하다.

둘째, 가격을 확실히 정하고 타야 한다. 예를 들어 4명 탑승에 5만 낍kip이라고 해놓고 내릴 때는 20만 낍을 요구한다. 5만 낍은 1인당 가격이고 4명이니 20만 낍이 맞다고 우긴다. 논쟁이 시작되면 주변에 있던 뚝뚝 기사들이 모여들어 은근히 위력을 행사한다. 특히 여성들은 이런 상황을 벗어나기 위해 그냥 돈을 줘버리는 경우가 빈번하다.

셋째, 잔돈을 꼭 준비해야 한다. 예를 들어 3만 낍에 협상하고 도착한 뒤, 10만 낍을 주면 잔돈이 없다며 거스름돈을 주지 않고 버틴다. 주변 가게에서 바꿀 수 있으면 좋지만 그렇지 않으면 영락없이 뚝뚝 기사에게 당할 수밖에 없다.

뚝뚝은 대부분 태국 북동부 공업도시 우돈타니에서 제작된 것이다. 그래서 태국 뚝뚝과 흡사하다. 하지만 뚝뚝이라고 모두 모양이 같은 건 아니다. 위양짠과 루앙파방이 비슷한 반면, 남부 빡쎄 지역은 다르다. 오토바이 뒤편에 타는 자리가 있는 것이 아니라 오토바이 옆에 자리가 마련되어 있다. '삼러'라고 불리는 이 형태는 2인 이상 탈 수가 없는 필리핀의 트라이시클 비슷한 모양이다.

뚝뚝을 부르는 이름은 생김새에 따라 조금씩 다르다. 오토바이를 개조했는데 앞바퀴가 오토바이 타이어면 '롣점보', 앞바퀴가 차량용 타이어면 '뚝뚝'이라고 부른다. 이 트럭은 '롣뚝뚝'이라고 하고, 트럭 화물칸에 양쪽으로 의자를 붙여 만든 것을 '썽태우'라 부른다. 썽태우는 2개의 줄이란 뜻이다. 그러면 트럭 뒷자리에 의자가 세 개인 것은 '삼태우'라고 불러야 하나?

거리를 주름잡던 뚝뚝이 이제는 점차 감소하고 있다. 시끄러운 엔진소리에다 뿜어져 나오는 매연, 그리고 나쁜 이미지가 더해져 이용하는 사람들이 줄고 있기 때문이다. 자전거로 사람을 태우고 다니던 릭샤(인력거)가 사라진 것처럼 뚝뚝도 머잖아 사라질 것이다. 반면 개인 이동 수단인 오토바이와 자가용이 늘고 있다. 시원하고 안락한 대형 버스와 고급택시 등 쾌적한 대중교통 수단들도 눈에 띄게 증가하고 있다. 시대의 변화를 거스를 수는 없는 모양이다.

최근에는 스마트폰 앱을 이용한 우버 택시인 로카Loca가 등장했다. 로카는 거리와 시간 병산제로 가격을 결정한다. 신청을 하면 찾아갈 기사 이름과 사진, 차량 번호까지 보내주며 시간에 맞춰 원하는 곳으로 직접 찾아오고 데려다 주기에 많은 외국인들이 선호한다. 시간이 멈춘 나라 라오스에도 변화의 움직임이 빨라지고 있다.

모든 길은 페이스북을 통한다

라오스엔 구글Google, 다음Daum, 네이버NAVER 같은 인터넷 포털사이트가 없다. 라오인들은 느긋한 성격으로 일을 빨리 처리하거나 많이 하지 않는다. 그런데도 시간만 나면 스마트폰을 보느라 정신이 없다. 포털도 없고 변변한 뉴스닷컴도 없는데, 왜 그럴까? 대부분 페이스북Facebook에 푹 빠져있다. 라오스에선 페이스북이 가장 빠르고 정확한 주요 뉴스 공급원이다. 또 인터넷 쇼핑 창구이기도 하다.

라오스의 통신 시장은 최근에 갑자기 커졌다. 대부분의 사람들이 유선전화는 물론 무선호출기인 '삐삐'를 경험하지 못한 상태에서 곧바로 스마트폰 시대를 살아가고 있다. 이들이 사용하는 스마트폰은 애플, 삼성과 더불어 베트남, 중국 등에서 제작된 저렴한 스마트폰까지 참으로 다양하다.

2019년 라오스 인터넷 사용자 수가 320만 명이다. SNSSocial Network Service를 사용 가능한 휴대전화가 260만 대이고 SNS 이용자 수가 270만 명이다. 이 통계로 본다면 전체인구 700만 명 중 39% 정도가 SNS를 이용하고 있다.

젊은이나 도시 사람들은 모두 페이스북 계정을 가지고 있다고 할 정도로 열광적이다. 이들은 또 페이스북 친구가 많은 것을 자랑으로 여긴다. 특히 페이스북 페이지facebook page의 경우 10만 명의 팔로워를 갖고 있는 사람들은 페이스북 인터넷 생중계로 화장품이나 가방, 옷 등을 팔기도 한다. 팔로워가 많은 일부 사람들은 수입금도 상당한 것으로 알려져 있다.

하루 종일 페이스북을 보며 여러 채널에서 올라오는 뉴스를 검색하고 공유한다. 시장이나 사무실 어디서든 사람들이 앉아서 일은 하지 않고 스마트폰으로 페이스북 하는 모습을 흔히 볼 수 있다. 페이스북엔 국가에서 발표하는 공고나 교통사고, 화재, 홍수 등 온갖 뉴스가 다 올라온다.

라오스는 알다시피 사회주의 국가이다. 기존의 뉴스채널에서는 국가의 통제로 제대로 된 뉴스가 올라오지 않는다. 하지만 페이스북은 예외다. 기존의 뉴스채널에서 보도되지 않는 뉴스까지 다 나온다. 요즘은 부동산, 쇼핑, 음식점 등의 광고 채널로도 많이 활용되고 있다. 라오스에서 성공하려면 페이스북을 통하면 다 된다고 할 정도다.

라오스 페이스북의 영향력을 보여주는 일화가 있다. 2016년 2월경 위양짠 각 가정의 전기요금이 상상을 초월할 정도로 나왔다. 1월 사용 청구분이 2월에 나오는데 1월은 가장 추운 기간으로 에어컨을 사용하지 않아 전기요금이 가장 적게 나오는 철이다. 그런데 평소보다 2배 이상 요금이 나온 것이다. 많은 사람들이 여기저기서 영수증 사진을 페이스북에 올리면서 분노를 표출했다. 그러자 정부는 일주일 만에 부랴부랴 요금 부과의 잘못을 규명하고 라오전력청EDL 사장을 해임하는 조치를 취했다. 이렇게 국가가 행정행위에 대한 잘못을 인정하고 신속히 조치를 취하는 일은 매우 드물다. 가히 페이스북의 위력이 진가를 발휘한 셈이다.

이런 일도 있었다. 말레이시아 출신의 자전거 여행자를 만났던 한 라오인이 페이스북에 글을 올렸다. 그 친구가 며칠째 연락이 되지 않는다는 내용이었다. 글을 올리자마자 몇 시간 만에 그의 소재가 파악되었는데, 여행 중 게스트하우스에서 심장마비로 사망했다는 안타까운 소식이 페이스북을 통해 전해졌다.

사회주의 국가는 미술, 음악 등 예술을 선전 선동의 도구로 보고 있고 신문이나 방송 등 언론은 체제 옹호를 위한 하나의 방편으로 생각한다. 2019년 국경없는 기자회RSF에서 발표한 세계언론자유지수를 보면 전체 조사대상 180개국 중 라오스가 171위에 오를 정도로 언론환경이 좋지 않다. 인근의 베트남 176위, 중국 177위 등과 같이 언론통제가 극심한 나라 중 하나다. 그래도 중국과는 다르게 페이스북만큼은 통제가 이뤄지지 않고 있다.

페이스북에는 개인적으로 올리는 글과 사진을 가공해서 올리는 페이지들이 있다. 대표적인 것이 토라콩Tholakhong, 빠깓Pakaad, RFA, VOA Lao, Laos Daily News, Inside Laos, Khaosod News, Mukshare, Laopost, Hmong Update, All in Laos, Thnamcha News, Lao Postcard, laos Update, ABC Laos, muan.la 등이다. 이외에 국가

정책에 반하는 뉴스라든지 정치적으로 예민한 문제가 있는 것들은 현지인들의 계정이 아닌 외국인들의 계정으로 올라온다.

여기서 말하는 외국인은 미국이나 호주 등에 거주하는 라오인들이다. 그 중 VOAVoice Of America lao가 대표적이다. 이들은 공산정부가 들어서기 전 외국으로 망명한 반사회주의체제 지식인들이다. 또 베트남 전쟁 당시 미국의 편에 서서 일을 했다가 탈출한 몽족, 크므족 등 소수민족 사람들이다.

작살과 수경을 들고 고기잡이를 가는 여자아이의 미소에서 행복이 느껴진다.

많은 비가 내리는 씨엥쿠앙 산골마을에서
한 여자아이가 문밖을 물끄러미 내다보고 있다.

채소는 가두고 가축은 풀어 키운다

인도차이나 식민 시절 프랑스인은 "베트남 사람들은 벼를 심고, 캄보디아 사람들은 벼가 자라는 것을 보고, 라오스 사람들은 벼 익는 소리를 듣는다"고 말했다고 한다. 라오스인이 시적이고 여유로운 사람이라는 것을 알 수 있게 해주는 표현이다.

라오스는 아직 1차산업인 농업 종사자가 가장 많다. 제조업이 많지 않다 보니 대부분의 사람들은 농사를 짓는다. 도시를 조금만 벗어나면 모두 시골이다. 시골에선 자급자족이 중요하다. 집집마다 마당에서 채소를 키우는 모습을 볼 수 있다. 채소라고 해 봐야 상추 또는 파 등 집에서 먹을 작은 양이다. 그런데 이 채소들은 대부분이 그물로 덮여 있거나 대나무 울타리로 둘러처져 있다. 아니면 높은 곳에 올려놓고 키운다.

벼를 키우는 논도 마찬가지다. 넓은 논도 모두 대나무로 울타리를 만들어 가두어서 키운다. 이유는 풀어 키우는 가축들 때문이다. 가축들이 여린 싹이나 곡식을 뜯어 먹지 못하게 하기 위해서다. 한국은 동물이나 가축은 묶거나 가두어 키운다. 풀어 놓는 경우는 아주 드물다. 채소와 가축을 키우는 방식이 한국과는 정반대다.

그래서 라오스에선 '채소는 가둬서 키우고 가축은 풀어서 키운다'고 말한다. 따지고 보면 발 달린 가축들을 풀어 놓고, 움직이지 못하는 채소를 가두어 놓는 것이 더 이치에 맞지 않는가? 라오사람들의 가축과 채소를 키우는 방식이 더 자연스럽게 느껴진다.

추수가 끝난 논은 가축들이 맘껏 볏짚을 먹을 수 있도록 막아두었던 문을 열어준다. 라오스는 추수할 때 한국처럼 벼 아랫부분을 자르는 게 아니라 벼의 낟알부분만 자르기 때문에 가축들의 여물로 쓸 부분이 논에 많이 남는다. 소들은 편하게 여물을 먹어서 좋고 논주인은 소들의 배설물이 퇴비가 되어서 좋다.

차량 통행이 가장 많은 13번 도로를 달리다 보면 사람이나 마주오는 차량, 오토바이보다 더 조심해야 하는 것이 바로 가축이다. 소, 돼지, 염소, 닭, 거위는 물론이고 개, 고양이 등이 도로를 점령하기도 하고 도로를 가로질러 횡단하기도 한다.

심지어 대형 뱀과 호랑이가 도로를 건너가는 모습도 가끔 볼 수 있다. 실제 2018년 말 싸완나켓 지역의 9번 도로를 횡단하는 호랑이가 촬영되어 페이스북에 올라오기도 했다. 도로는 모든 가축과 동물이 차량과 뒤엉켜 다니는 공용의 길이라고 보면 된다. 당연히 로드킬도 많다. 새벽에 길을 나서 보면 동물이나 가축의 사체가 즐비하다.

그러면 도로에서 가축과 사고가 날 경우는 어떻게 될까? 라오스

교통 법규에 사고에 관한 이런 내용이 있다. 가축을 보호하는 표지판(탕미쌴리양)이 있느냐 없느냐와 시간이 언제냐에 따라 판결이 다르다. 도로교통법 제2조 교통 및 운송규율을 위한 벌금 21항을 보면 "동물 표지판이 있는 지역에서 낮에 동물을 치면 운전자가 배상을 해야 한다. 국도에서 밤에 동물을 치면 운전자는 배상 책임이 없으며 차량 파손 시 동물 주인이 배상해야 한다. 범칙금은 2만 낍이며 손해배상을 따로 청구한다"라고 명시되어 있다.

그러나 정작 가축 보호 표지판이 없는 곳이나 밤에 사고가 난 경우엔 대부분 가축 주인들이 없다. 주인이라고 나서봐야 가축 보상비를 받을 수 없는 것은 물론이고 차량 수리비마저 물어줘야 하기 때문에 주인이 나타나질 않는다. 사고 당사자만 억울한 경우가 종종 생긴다.

딸 덕에
돈과 머슴이 한꺼번에

라오스는 여성 중심의 모계사회다. 모계사회란 어머니 쪽을 중심으로 혈통이 이어지고 상속이 이뤄지는 것을 말한다. 여성들이 남성의 집으로 시집을 가는 것이 아니라 남성이 데릴사위가 되어 여성의 집으로 들어간다. 물론 몽족 등 일부 소수 민족들은 한국과 마찬가지로 부계사회다.

사회의 발달로 라오스도 이젠 모계사회가 아니라 남성 중심 사회로 바뀌었다고 주장하는 사람들도 많다. 그럼에도 불구하고 여전히 사회 전반에 모계사회의 풍습들이 그대로 남아 있다.

모계사회에서의 혼인은 "잘 키운 딸 덕에 돈과 일꾼(?)이 한꺼번에 굴러들어 온다"라고 표현한다. 결혼을 할 경우 남성이 여성의 집에 가서 지참금을 여자의 부모에게 건넨다. 이 돈은 신부를 잘 키워준 데 대한 보답으로 건네는 사례금으로 '카덩' 또는 '카씬썬'이라고 부른다. 금액은 신부 집안의 지위와 체통, 남자의 형편 등을 고려해 금액을 정한다.

라오스의 결혼식은 신부의 집에서 이뤄진다. 결혼식 날 집에서 스님과 집안사람들이 모인 가운데 '바씨' 행사를 갖는다. 이때 중요한 것이 지참금을 여자의 집에 전해주는 일이다. 신부 쪽 부모는 신랑 쪽으로부터 지참금을 받으면 참석자들에게 얼마를 받았는지 알린다.

저녁이 되면 사람들을 초청해 호텔 등에서 결혼식 파티를 연다. 초대 받은 사람들은 자신의 이름이 적힌 초대장 봉투에 축의금을 넣어서 전달한다. 파티가 무르익으면 참석자들 대부분이 무대 앞으로 몰려나가 람봉(람웡) 춤 등을 춘다. 몇 백 명이 한꺼번에 춤을 추는데 손발이 척척 맞는다. 이런 춤판에도 여성이 중심이다. 남자 참석자 일부는 같이하지만 대부분의 남자들이 한쪽에 앉아서 술잔을 기울이는 경우가 허다하다.

라오스에선 막내딸이 신붓감으로 가장 좋다고 한다. 첫딸은 결혼해 부모를 모시고 살다가 둘째가 결혼하면 분가한다. 이런 식으로 많은 형제들이 결혼을 하다 보면 종국에는 막내딸이 부모를 끝까지 모시게 된다. 막내딸이 가장 늦게 혼례를 치르고 젊은 사위를 데리고 들어와 부모를 모시고 살다 보니 부모로부터 집을 포함해 가장 많은 재산을 물려받는다. 한국으로 치면 장남의 역할을 막내딸이 하는 셈이다. 라오스 막내딸 이름으로는 '라'가 많다. '라'는 막내, 끝이란 뜻이다.

여성은 가장이다. 물론 아이를 낳고 키우고 경제적인 활동도 활발하게 한다. 그러다 보니 자연스럽게 경제권도 쥐고 있다. 남자는 집안일을 하면서 아이 양육을 맡는다. 현대 사회로 들어서서 많이 변했

다고는 하지만 아직도 여성 중심의 사회라는 느낌이 많이 든다. 농사일이나 사회일이나 돈을 버는 일에는 남녀 구분이 없다. 시장이나 또는 가게에서 장사하는 사람들 대부분이 여성이고 그 옆에서 일을 거들어주는 자식들도 모두 딸이다.

집안에 고칠 것이 있어도 여자가 먼저 망치를 들고 나선다. 하나도 이상한 일이 아니다. 한국에서는 여성을 보호해주거나 보호 받길 원한다. 하지만 라오스에선 여성들이 남성보다 더 당당하고 적극적이다. 또 이혼이나 별거로 여자 혼자서 아이를 키우거나 미혼모로 아이를 키우는 데 대해 당연한 것으로 받아들인다.

봄철에 모내기하는 모습을 보면 실제 일하는 사람들은 거의 모두 여자들이다. 남자들은 잠시 힘을 써야만 하는 모판 나르는 일 정도만 하고는 뒷짐 지고 있는 경우가 태반이다.

차량을 운전하는 여성의 비율도 매우 높다. 특히 고급차를 타는 여성이 압도적이다. 그리고 여성 고위 공무원 비율도 높다. 한 정부 부처의 경우 12명의 근무자 중 10명이 여자고 나머지 단 2명이 남자인 경우를 보았다. 이런 남녀 비율이 특별한 일이 아니다. 국회의장, 상공부 장관을 비롯한 고위직 공무원과 군인, 경찰 등의 자리를 여성들이 다수 차지하고 있다.

파스는 만병통치약

간혹 삼각형 모양의 파스를 이마 양쪽에 붙이고 다니는 사람들을 볼 수 있다. 특히 젊은 여성들이 파스를 붙이고 출근하는 모습을 보면 이색적이다. 우리의 시각으로는 창피하다고 느낄 수도 있을 것 같은데, 이곳 여성들은 전혀 부끄러워하지 않는다.

라오사람들은 파스를 만병통치약처럼 즐겨 사용한다. 두통, 감기, 복통, 멀미 등에 광범위하게 파스를 사용한다. 머리가 아프면 이마 좌우에 삼각형 모양의 작은 파스를 붙인다. 좀 더 아픈 사람은 좀 더 큰 사각형으로 붙인다. 그리고 참을 수 없을 정도로 아프면 이마 한가운데에 큰 파스를 붙인다.

파스를 붙이는 위치나 모양에 따라 아픔의 정도를 예측할 수 있다. 아픈 사람은 파스를 붙여 아픔을 알릴 수 있고 보는 사람은 아픈

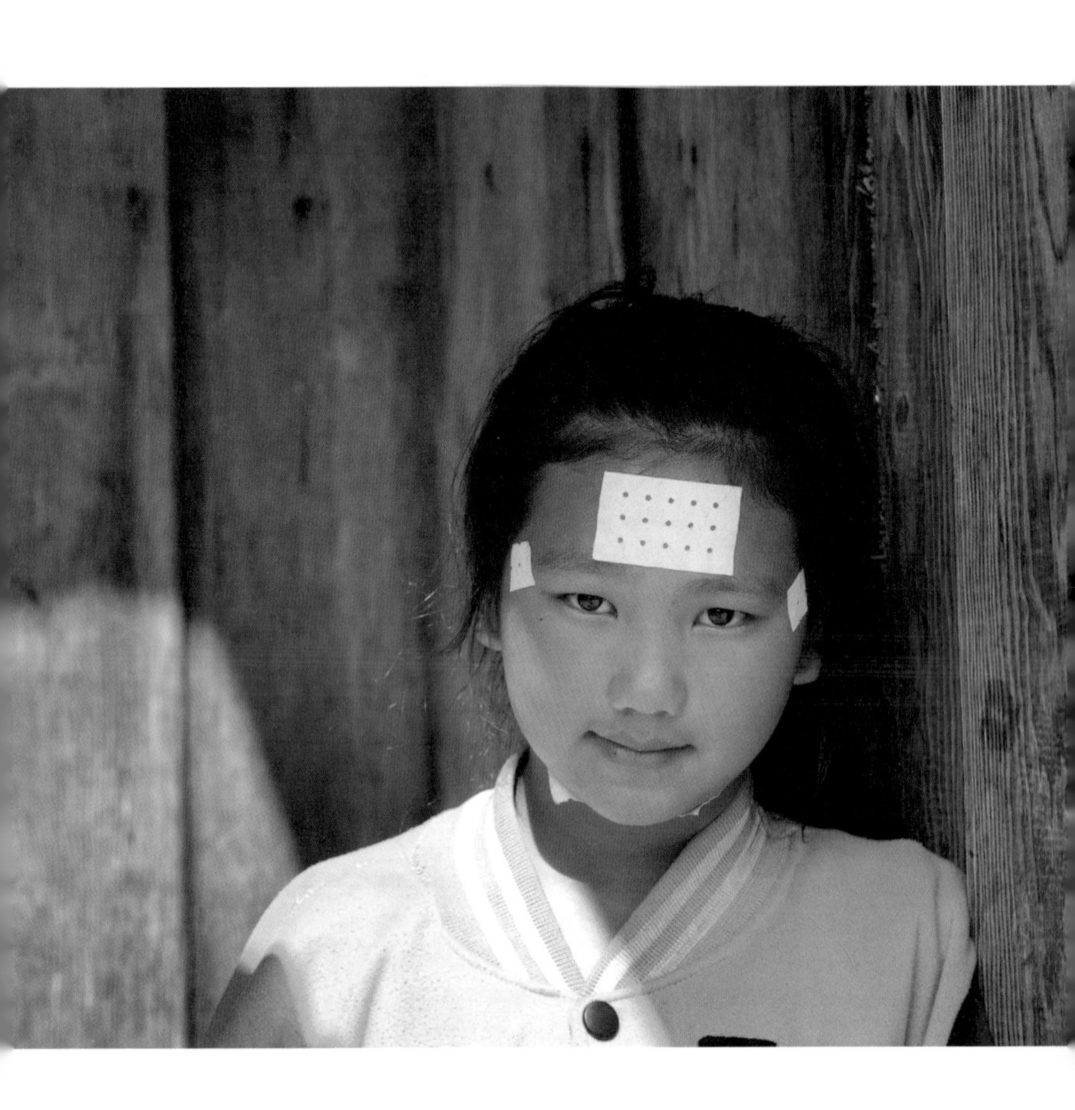

사람의 심기를 거스르지 않도록 주의할 수 있으니 서로에게 편리한 방법인 듯하다.

목에 파스를 붙인 사람은 목감기에 걸린 사람이다. 버스를 타고 장거리 이동하는 사람들은 배에 파스를 붙여 멀미를 미연에 방지한다. 파스는 치료의 목적도 있지만 심리적 기대 효과를 얻는 데도 큰 효과가 있다.

파스엔 여러 가지 성분이 들어 있다. 그중에 멘톨, 실리칠산메틸, 캡사이신 등의 성분이 있어 열을 내려주고 통증을 줄여준다. 또 살균 및 청량감도 준다. 실제로 아픈 곳에 붙이면 효과가 있다.

다른 한편으로 사람들이 립스틱처럼 생긴 것을 들고 다니면서 수시로 코에 대고 흡입하는 모습을 자주 보게 된다. 흔히 '야돔'이라고 부르는 이것은 멘톨과 유칼립투스 오일을 섞어 만든 아로마 제품이다.

제품을 코에 잠시 꽂아 두거나 콧구멍 주변에 바른다. 이것을 바르게 되면 시원한 느낌이 들면서 머리가 맑아진다. 비염이나 천식이 있는 사람들에게는 막힌 코가 뻥 뚫리는 느낌을 준다. 스트레스나 불면증 해소에 도움이 되며 심신안정에도 아주 좋다.

얼굴에 파스를 붙이든 콧구멍에 야돔을 꽂고 다니든 이상하게 바라볼 필요도 없고 스스로 창피하다고 생각할 필요도 없다. 다 편리에 의해 생겨난 라오사람들의 독특한 문화로 받아들이면 될 것이다.

경적은 쓰지 않지만 양보는 없다

라오사람들은 참으로 조용하다. 대화를 할 때도 조용조용 이야기한다. 시내에서 차가 밀리고 막혀도 누구도 경적을 울리지 않는다.

라오스를 처음 알게 되었을 때 가장 맘에 와 닿았던 것이 조용하다는 것이었다. 그중에서도 차량의 경적소리가 전혀 없어서 너무 맘에 들었다. 라오 사람들은 사고가 날지언정 경적을 울리지 않는다고 한다. 경적을 울리는 사람들은 중국, 베트남, 한국인들이라고 한다.

중국과 베트남의 경우 경적을 너무 많이 사용해 시끄러운데 그 이유는 자신의 차량 위치를 알리기 위해서란다. 사고 발생 시 경적을 울려 자신의 위치를 알린 운전자가 그렇지 않은 운전자보다 과실 비율이 낮게 나오기 때문이라고 한다.

하지만 라오스에선 교차로에 차량들이 막혀 차가 움직이지 못하는 상황에서도 경적을 울리는 사람은 없다. 모두 한없이 기다린다. 참으로 신기한 일이다. 좁은 도로에서 차를 세워 놓고 물건을 사는 경우도 있다. 차량이 밀리든 말든 신경 쓰지 않고 여유 있게 일을 보고 뒤도 안 돌아보고 그냥 간다. 아마도 한국 같았으면 견딜 수 없는 경적 소리와 함께 엄청나게 욕을 먹었을 것이고 이런 생각조차 못 할 일인데 여긴 모두들 그러려니 한다.

라오사람들의 운전 습관은 특이하다. 2개 차선 물고 운전, 중앙선 넘어 추월, 장소 불문하고 유턴 또는 좌회전, 신호 받은 직진 차량 무시하고 우회전, 막힌 교차로에 진입 등 교통 상식 없이 운전하는 차량들이 참으로 많다.

이런 사람들은 대부분 차량 운전하기 전에 오토바이부터 운전을 하던 사람들이다. 습관적으로 오토바이처럼 차를 몰고 다니는 것이다. 차량은 크기가 있고 바퀴가 4개라 오토바이처럼 순발력 있게 운전이 안 되는데도 요리조리 왔다 갔다 하면서 먼저 빠져나가려고 하는 모습을 보면 답답함이 밀려든다.

우스갯소리로 라오스인들은 엄마 배 속에서부터 오토바이를 타기 시작해서 '모태 오토바이'라고 한다. 어린아이들도 오토바이 핸들을 잡을 수만 있으면 오토바이를 타고 다닌다. 오토바이는 라오사람들의 필수 운송수단이다.

라오스에 처음 와서 "여긴 오토바이가 참 많네요" 하는 사람은 베트남에 안 가본 사람이고 "여긴 오토바이가 별로 없네요" 하는 사람은 베트남을 다녀온 사람이라고 보면 된다는 이야기가 있다.

시내에서 속도제한이 30km이다. 그러나 운전을 할 때마다 등골이 오싹해지는 것을 느낀다. 차라리 택시를 타고 다녀야겠다는 생각이 든다. 불나방처럼 무서운 속도로 달리는 오토바이, 칼치기 하는

오토바이, 골목에서 튀어나오는 오토바이, 핸드폰 보면서 운전하는 오토바이, 술 마시고 역주행하는 오토바이, 이야기하면서 두 대가 나란히 가는 오토바이 등 너무나 어렵다.

위양짠 시의 경우 2017년 7월 기준으로 차량 등록 대수가 81만대를 넘어섰다. 시와 경찰은 교통체증 및 불법주차를 막기 위해 표지판 정비, 사설 주차장 확장, 양방향도로를 일방도로로 변경하는 등 다각도로 노력하고 있으나 주차공간과 도로 확장은 거의 제자리 수준으로 머물러 있다.

주차관련 교통표지는 두 가지로 나뉜다. 하나는 도로 경계석을 색으로 표시한 것이고 다른 하나는 일반적인 교통 입간판 표지판이다.

도로 경계석 주정차 관련 표지는 모두 3가지이다. 첫 번째로 흰색과 붉은색으로 되어 있으면 주정차 모두 금지, 두 번째로 흰색과 주황색인 경우는 정차 가능(주차금지), 세 번째로 흰색과 검정색은 상시주차 가능한 곳이다.

주정차 금지 관련 표지판은 정차나 주차금지, 주차금지, 홀수 일 주차금지, 짝수 일 주차금지, 주차금지 해제지역 등 5가지이다.

예를 들어 일방통행 거리 중 위양짠 시내 왓짠~홈아이디얼 또는 다바라부티크호텔~텍사스치킨 등의 도로는 홀수와 짝수 날에 따라 주차 위치가 매일 바뀌기 때문에 주차에 각별한 주의를 기울여야 한다.

2014년 5월부터 위양짠 시가 클린 프로젝트의 일환으로 시내 주차 위반 차량에 대한 벌금을 10배 인상했다. 승용차, 지프차 등의 경우는 과거 7만 낍에서 10배 오른 70만 낍의 벌금이 부과된다.

교통경찰들은 주요 3거리, 4거리 도로변의 작은 초소형태 사무실에서 근무한다. 이들의 주요업무는 교통질서 유지 및 교통상 위험 방지, 교통사고 처리 등이다. 그러나 이런 업무는 뒷전이고 돈을 뜯기 위해 교통 단속을 하는 것으로 보면 된다.

불법주차 벌금을 크게 올린 것은 불법주차를 미리 차단해 차량 통행을 원활하게 하려고 한 정책이다. 위반차량 단속은 휠락이라는 타이어 잠금장치를 이용해 움직이지 못하게 한다. 하지만 이러한 방식으로는 원활한 차량통행을 기대할 순 없다. 단속을 한 교통경찰은 바퀴를 자물쇠로 채우고 자신의 전화번호를 적어둔다. 차주가 전화를 하면 와서 풀어주는데, 이때 벌금 영수증을 발급하는 경우는 거의 없

고 뒷돈을 받는다. 그리고 무언가를 적어주는데 그게 바로 계도장이다. 나중에 돈을 받은 것이 문제되는 것을 막기 위해 발급하는 것이다. 경찰은 불법을 계도했을 뿐, 돈을 받지 않았다고 발뺌하기 위해서다.

과거엔 근무시간에만 단속하더니 요즘은 새벽에도 단속을 한다. 한마디로 "일찍 출근한 교통경찰이 '삥'을 더 많이 뜯는다"라는 말이 생길 정도다. 위양짠 재래시장 중 가장 유명한 딸랏 쿠아딘으로 새벽 6시에 채소 사러 갔다가 불법주차로 걸려 30만 낍(한화 4만 원)을 경찰에게 주고 온 경우도 있다. 채소 값 좀 아끼려다가 한 달 내내 사 먹을 돈을 경찰한테 뜯겼으니 이 얼마나 억울한 일인가?

본인의 경우도 신호등이 바뀌어 꼬리 물기를 하지 않고 신호를 지키려다가 주차선을 조금 넘은 적이 있었다. 다음 신호에서 경찰이 차를 세우더니 차선위반이라고 단속을 하며 돈을 바라는 눈치였다. 난 잘못한 게 없다고 계속 따지자 경찰도 화가 났는지 운전면허증을 빼앗고 교통위반 범칙금을 발부하는 것이 아닌가? 자신의 주머니가 아닌 국고로 들어갈 영수증을 끊는 것은 정말로 드믄 경우다.

이 범칙금 고지서를 받고 난 바로 후회했다. 왜 라오사람들이 현장에서 경찰들에게 돈을 주고 해결하는지 알았다. 고지서는 은행 등 금융기관에서 낼 수 없고 꼭 관할 경찰서에 찾아가 납부해야 한다. 그리고 범칙금과 함께 교통법규집을 구매해서 교통경찰관에게 교통법규에 관한 교육을 받아야 한다. 그리고 납부 영수증을 갖고 다시 경찰관을 찾아가 운전면허증을 찾아야 한다. 돈은 돈대로 들어가고 시간도 많이 들어가고 불편한데 누구라도 현장에서 돈으로 해결하려고 하는 것이 당연해 보인다.

교통경찰들은 노란색 번호판(개인) 차량보다는 흰색 번호판(법인, 영업, 렌트)을 주로 단속한다. 흰색 번호판은 돈을 버는 영업용이고 시간에 쫓기는 경우가 많기에 단속을 하면 바로 성과를 올릴 수 있는 확률이 높기 때문인 것 같다.

면허증이나 차량 관련 서류들이 아직 공동 전산화가 이뤄지지 않았다. 운전할 때는 반드시 운전면허증, 차량등록증, 차량기능검사증, 차량세금영수증, 보험증, 운행허가증 등 각종 서류나 면허증을 갖고 있어야 한다. 집이나 사무실에 있는 것은 없는 것으로 취급해 불법으로 간주한다.

교통경찰은 주요 거리에서 차량과 면허를 무작위로 검사한다. 외국인들이 탄 차량의 서류는 공부하는 수준으로 자세히 본다. 만약 서류 기간이 지났거나 문제가 있는 것을 발견하면 회심의 미소를 지으며 많은 금액을 요구한다. 열심히 공부했으니 그럴 만도 하다.

라오사람들은 서류나 차량에 문제가 있을 시 알아서 '자진 납세'를 한다. 그러면 서류를 보지도 않고 그냥 보내준다. 만약 서류에 아무 문제가 없다면 교통경찰은 "맥주 값 좀 줘"라고 말한다. 서류 보면서 시간 다 보내고 돈을 달라고 누가 주겠나? 한 번은 경찰이 "물 값이나 좀 달라"고 해서 생수 2병을 주고 간 적이 있다. 그 물병을 받아 든 경찰의 황당한 표정은 지금도 잊을 수 없다.

서류엔
발이 없다

라오스 속담 중에 "서류엔 발이 없다"라는 말이 있다. 서류는 혼자서 움직이지 못하는 무생물이라 서류를 옮겨줄 사람이 필요하다. 서류를 들고 다니는 사람은 돈 없이는 움직이지 못한다는 말이다. 그래서 서류를 움직여 주는 사람이 잘 다닐 수 있도록 서류에 돈을 넣어 주어야 한다. 돈이 없다면 고위층이나 아는 사람의 힘을 빌려야 서류가 진행된다. 결국은 도장을 찍어주거나 사인을 해주는 사람에게 들어가는 비용이다. 공무원들이 도장 찍는 재미로 출근한다는 말을 한다.

"라오스에서는 안 되는 것도 없고 되는 것도 없다"란 말이 있다. 합법으로 하면 절차도 복잡하고 기간도 엄청 오래 걸린다. 그리고 정말 안 될 수도 있다. 반면에 편법 불법으로 하면 불가능한 것도 없고 처리시간도 엄청 빠르다. 누가 일을 처리하느냐에 따라 달라진다. 물론 빨리 진행되는 만큼 돈도 많이 들어가고 나중에 문제가 되는 경우도 가끔 발생한다.

어느 회사 직원들이 라오스 거주 비자를 만드는 데 수개월이 걸렸다고 한다. 비자 서류를 접수했더니 직원이 2주 후에 오라고 해서 날짜 맞춰 갔더니 서류더미 맨 아래서 꺼내더니 바빠서 못 했으니 2주 후에 다시 오라고 하더란다. 2013년 당시는 15일 무비자인 때라 2주마다 태국으로 넘어가 비자 연장하는 일을 반복해서 몇 차례 했단다. 그러면서 공무원들이 정말 바쁜 줄 알았단다. 나중에 몇 번을 더 가서 비자를 받았지만 2주 후에 오라는 이야기가 돈을 달라는 말인 줄을 미처 몰랐다고 한다. 돈을 좀 달라는 이야기로 알아듣고 진행했으면 서류가 좀 빨리 나와 서로 편했을 일이었다.

거주민들은 국제면허증을 현지 면허증으로 변경 발급 받아서 운전해야 한다. 물론 여행자들은 국제 면허증으로 운전을 할 수 있다. 서류를 준비해서 면허증을 발급 받으러 가면 항상 묻는 말이 긴급으로 할 거냐는 말이다. 이때 급행료를 쥐어주면 바로 그날 면허증을 찾을 수 있다. 아니면 통상 일주일이 걸린다. 한국도 과거엔 기관마다 '급행료'라는 것이 있어 돈을 내면 다른 사람에 비해 빨리 처리해주던 관행이 있었다.

라오스 관공서와 기관의 도장은 둥근 모양이다. 그리고 사용하는 잉크는 붉은색이다. 붉은색 둥근 도장이 찍힌 서류는 모두 국가의 공식적인 서류라고 보면 된다. 붉은 둥근 도장은 군軍관官의 권력과 권위의 상징이며 신뢰할 수 있는 수단이라고 볼 수 있다.

'나이반'은 가장 하위 행정기관으로 선출직이다. 한국으로 치면 이장이나 동장이다. 나이반은 홀수로 구성된 위원회이며 마을에서는 최고 권력기관이다. 결혼, 이혼, 부동산(토지, 땅) 임대 또는 매매, 이주, 계약, 고용 차량 판매 등 각종 마을 내에서 이뤄지는 모든 일에 대해 확인 및 결정을 해 준다. 이때 나이반이 서류에 찍어주는 붉은 둥근 도장은 법적인 효력을 발휘한다. 그러기에 나이반은 불법으로 이뤄지는 일에는 함부로 도장을 찍어주지 않는다. 그리고 도장을 받으려면 정해진 도장 값, 한국으로 보면 인지대 같은 것을 받는다. 정해진 금액만 낼 수도 있지만 기본적으로 알아서 더 내는 것이 관행이다.

라오스 한인회의 도장도 둥글며 붉은 색을 쓴다. 라오스국가건설전선에 등록된 단체로 공공의 목적을 띠고 있어 관공서와 똑같이 둥근 도장을 사용한다. 일반 민간기업, 협회 등의 도장은 팔각형, 오각형 등으로 되어 있다. 이 도장들은 파란색 잉크를 써야지 붉은색 잉크를 사용할 수 없다. 붉은색은 정부의 권력과 권위의 상징이다.

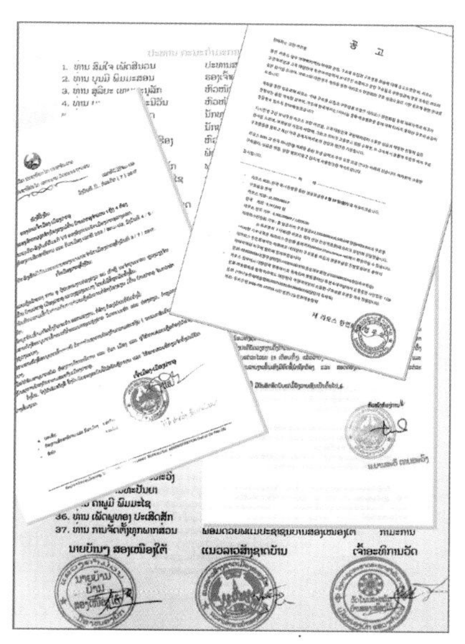

여자인 까터이,
남자인 텀

위양짠 거리에 어둠이 깔리고 가로등이 켜지면 여행자 도로 인근의 한편에 여인들이 몰려든다. 모델같이 늘씬한 키에 섹시한 발걸음으로 거리를 돌아다니며 수많은 남성들을 유혹한다. 지나면서 보면 얼굴도 예쁘고 몸매도 좋다. 그런데 이들은 남자다. 바로 동남아에 많다는 여장 남자, '레이디보이'다.

라오스에선 '까터이'라고 부른다. 자웅동체雌雄同體로 남자이면서 여장을 하고 여성적인 언동을 하는 사람을 말한다. 이들은 평생 여성으로 살기를 원하고 대부분은 여성으로 인정받고 산다.

성전환 수술비를 벌기 위해 길거리 또는 윤락업소에서 일을 하는 이들이 많다. 아니면 마사지 숍이나 음식점 등에서 일을 하는 이들도 있다. 라오스의 큰 기업체에서 일하는 경우도 있다.

까터이라고 모두 여성스럽진 않다. 떡 벌어진 어깨에 굵은 다리, 툭 튀어나온 목젖, 저음의 남자 목소리 등 남자의 성징性徵이 너무 많아 누가 봐도 어색한 이들도 있다. 그런데 정작 본인은 여자라고 생각하고 화장하고 여성스런 스타일로 몸치장하고 여자처럼 행동한

다. 본인의 성적 지향일 뿐이고 살아가는 방식이 다를 뿐이다.

인접국가인 태국의 경우는 파타야 알카자 쇼(트랜드젠더 쇼)가 유명하다. 성전환 수술을 한 남성들이 나와서 춤을 추며 공연하는 모습을 볼 수 있다. 아직 라오스에서는 이런 공연을 하는 곳이 없다. 일부 게이바가 있으나 이곳은 성소수자들이 방문하는 카페로 보면 될 것 같다.

반대로 여자이면서 남성의 흉내를 내며 남자처럼 행동하는 사람을 '텀'이라고 부른다. 단발머리이면서 여자의 전통 치마인 씬을 입었는데, 행동을 남자처럼 터프하게 하며 덩치가 큰 사람들이 많다. 그리고 이들 중에는 자신을 '텀'이라고 소개하고 '텀'이라고 불러달라고 하는 경우도 있다.

라오스 인구가 늘지 않는 이유가 '까터이'와 '텀'이 많아서 그렇다고 우스갯소리로 말한다. 사실 인구가 늘지 않는 가장 큰 이유는 경제적인 이유로 결혼을 못하는 젊은이들이 늘고 결혼을 하더라도 자녀를 많이 낳지 않기 때문이다.

여장 남자인 '까터이'는 여자로 인정해주고, 남장 여자인 '텀'은 남자로 인정해준다. 생일 파티에 초대도 하고 같이 여행을 떠나기도 한다. 같이 어울리는 사람들도 전혀 어색해하지 않고 그들을 불편하게 하지 않는다. 모두가 서로를 인정을 해준다.

한국의 경우는 성소수자 친구나 가족이 있다면 창피해서 만나는 것을 피하거나 만나더라도 몰래 만나는 분위기다. 최근 성소수자의 인권을 중시하면서 많이 관대해졌다고는 하지만 여전히 편견이 존재한다. 성소수자를 인정해주는 분야는 라오스가 한국보다는 선진국일 것이다.

비싼 물가로 허덕이는 라오스

라오스의 물가가 저렴할 거라고 생각하는데 이는 큰 오산이다. 인접 국가인 태국이나 베트남보다 비싸다. 아세안 10개국 중 싱가포르, 브루나이 다음으로 물가가 비싸다.

라오스 공무원들의 월급은 대략 25~35만 원 정도다. 2019년 노동자 최저인금은 110만 낍으로 한국 돈으로 환산하면 15만 원 정도다. 한국 최저임금인 174만 5,150원(주 40시간)과는 대략 11배 이상 차이가 난다.

한국은 자장면 가격을 물가 지표 중 하나로 삼는다. 2019년 7월 기준 자장면 한 그릇의 평균 가격은 5,250원이다. 라오스는 '카오삐약' 국수를 기준으로 삼는데, 정부에서 규제하는 카오삐약 한 그릇의 가격은 15,000낍(약 2,000원)이다. 단순하게 자장면과 카오삐약을 가격으로 비교하면 2.5배 차이가 난다. 월급 격차가 큰 것에 비해 음식 가격의 격차가 적으니 실물 경제에서의 물가는 상당히 비싼 것이다.

기름 값은 아세안 10개국 중 싱가포르 다음으로 비싸다. 2019년

8월 현재 라오스의 휘발유 가격은 1l에 대략 9,110낍으로 한화 1,200원에 해당한다. 이는 한국 휘발유 가격 1,490원과 차이가 크지 않다. 기름 값이 비싼 요인으로 높은 세금과 유통비용을 꼽을 수 있다. 정유공장이 없는 것도 이유가 된다. 2014년 건설에 들어간 정유공장은 재정부족으로 공사가 중단됐다. 휘발유와 경유 등 정제된 기름을 태국과 베트남 등을 통해 전량 수입해 쓰고 있다. 라오스는 아세안 10개국 중 싱가포르와 함께 석유 생산국이 아니다.

기름 값은 국가에서 결정, 고시한다. 각 지역별로 가격은 모두 다르다. 북부 산악지대인 루앙파방, 루앙남타, 우돔싸이, 퐁쌀리 등은 운송 유통비로 인해 위양짠에 비해 상대적으로 비싸다. 위양짠 사람들은 그래서 북부지역 갈 때는 기름을 가득 채워서 간다. 반면 기름 값이 저렴한 태국을 갈 경우는 기름 탱크를 비우고 가서 가득 채우고 온다. 태국의 기름 값은 라오스에 비해 10% 정도 저렴하다.

넓고 반듯한 도로와 대형매장 등이 즐비한 태국 국경 도시 농카이는 라오스 수도인 위양짠보다 더 큰 도시처럼 느껴진다. 라오사람들은 주말이면 농카이로 대거 넘어가 쇼핑, 의료, 외식 등을 즐기고 온다. 물가가 저렴하고 품질이나 서비스가 훨씬 좋기 때문이다. 태국으로 건너가 소비하는 라오사람들이 많다는 것은 라오스 위양짠의 시장 경제가 안 좋다는 방증이다. 이러다가 태국의 경제속국으로 변하게 되지 않을까 걱정이다.

그럼 라오스 물가가 비싼 이유는 무얼까? 국내에서 제품을 생산할 수 있는 공장이나 시설들이 없어 공산품을 수입에 의존하기 때문이

라는 것이 가장 설득력 있는 이야기다. 공장을 지으려고 해도 내륙국가라 원재료의 수입과 완성품의 수출이 불편하다. 공산품을 생산한다 해도 적은 인구로 내수판매가 미미하고, 열악한 도로망으로 유통마저 어렵다. 그러다 보니 라오스의 고유 상품이 거의 없다. 상점마다 태국, 중국, 베트남 등 각국으로부터 들여온 물건들이 넘쳐난다.

라오스의 사회적 기반시설이나 경제 수준은 1970년대, 임금 수준은 1980년대 초, 그리고 실제는 2019년을 살고 있으니 40년 이상의 격차를 극복해야 하는 혼돈의 시대를 살고 있는 것이다. 그나마 라오스에서 싼 것을 찾아본다면 현지에서 재배하는 농축산물과 노동자들의 인건비밖에 없다.

한국은 비약적으로 발전하는 동안 여러 단계를 거쳐서 현재의 위치에 올랐다. 유선 전화에서 무선전화, 삐삐, 시티폰, 모바일폰, 스마트폰으로 변했고, 볼펜을 사용하다가 타자기, 전동타자기, 컴퓨터로 진화했다. 그런데 라오스는 어느 날 갑자기 스마트폰을 쓰고 있는 상황이다. 갑자기 생긴 변화에 적응하기 위해선 고비용을 지출해야 한다. 서민들 입장에선 편리하고 윤택한 삶이 아닌 단순히 이 시대를 살기 위해 없는 허리띠를 졸라매야 하는 고통이 계속되고 있는 상황이다.

라오스 사람들은 일반 음성전화보다는 비용이 저렴한 030 인터넷 전화나 왓앱WhatsApp, 위챗WeChet 등 스마트폰 앱을 많이 쓴다. 이런 현상은 통신비가 비싸기 때문이다. 공무원, 정규직 회사원 등 신분이 보장된 사람들은 후불제를 이용하고 대부분의 서민들은 선불카드를 구매, 충전해서 사용한다. 선불 전화는 후불제에 비해 훨씬 비싸며 충전된 금액이 없으면 수신만 가능하고 발신을 못 한다. 그리고 인터넷 사용요금도 속도나 품질에 비해 비싼 편이다. 위양짠, 루앙파방, 싸완나켓, 빡쎄 등 도심은 인터넷 속도가 4G이지만 대부분은 아직 3G 지역이다. 인터넷을 1개월 정액제로 사용할 경우도 한국 돈으로 4만 원이 넘는다.

비싼 인터넷 비용을 줄이기 위한 와이파이wifi 메뚜기 족이 늘고 있다. 호텔이나 식당 인근에서 무료 인터넷 와이파이를 잡아서 쓰는 사람들을 많이 볼 수 있다. 그래서 일부 한국식당에서는 인터넷 속도가 떨어지는 것을 막기 위해 와이파이 패스워드를 한글로 적어 놓는다.

예를 들면 '12345678'을 '12345육칠팔' 등으로 써 놓는다. 이렇게 해도 한국인들은 알아볼 수 있고 영업하고 관계없는 라오사람들이나 외국인들은 알 수 없기 때문이다. 그리고 Joma, True 등 주요 커피숍들은 와이파이 비밀번호 생성기를 이용해 음료 구매 인원수에 맞게 영수증을 통해 발급한다. 그것도 2~3시간으로 한정한다.

현지 한국 식당의 음식 값도 장난이 아니다. 김치찌개나 된장찌개 한 그릇에 보통 5만 낍이다. 이는 한국 돈으로 환산하면 대략 7,000원 수준이다. 가게를 운영하는 한국 경영주의 입장에선 비싼 것이 아니라고 할지 모르지만 값싼 농축산물과 인건비를 생각하면 엄청 비싼 수준이다. 이런 이유에는 비싼 건물 임대비가 한몫한다. 영업을 통해 임대료를 회수해야 하니 비싸게 팔 수밖에 없다. 보통 시내 식당은 크기에 따라 다르지만 기본 연간 1,000만 원을 훌쩍 넘는다. 원룸 아파트의 경우도 연간 4~500만 원 정도다. 같은 크기와 비슷한 시설인 태국의 경우에 비해 약 30% 이상 비싼 가격이다.

라오스의 돈 많은 갑부들은 모두 건물주나 토지주라고 한다. 이들이 임대업으로 벌어들이는 수입은 상상을 초월하고 있다. 한국처럼 전세라는 임대 제도는 아예 없다. 외국인이 건물이나 땅 등 부동산을 취득할 수도 없다. 결국 월세로 집이나 땅을 빌려야 한다. 보통은 1년 이상의 임대료를 한꺼번에 내는 경우가 많다. 임대료는 세월이 흐르면서 녹아 없어지는 돈이다.

라오스의 빈부격차는 엄청나다. 한국에서도 보기 힘든 롤스로이스 팬텀, 벤츠 마흐바흐, 람보르기니, 페라리, 레이지로버 등 고급차들이 즐비하다. 좁고 열악한 도로환경에서 이런 차들을 굴리는 것이 이해되지 않지만 돈이 많은 사람들은 흔히 여러 대의 차를 보유하고 있다.

라오스는 아직 1인당 GDP가 2,000달러에 머물고 있다. 그리고 제조업이 약하다 보니 일자리도 턱없이 부족하다. 정부는 경제개발계획 정책을 통해 최빈국에서 벗어나려고 발버둥 치고 있다. 하지만 2020년 최빈국 탈출 계획은 실패했고 다시 계획을 수정하고 있다. 이런 계획수정을 하게 된 이유는 관료들의 부정부패가 만연한데다 수력발전 등 국내 경제에 도움이 되지 않는 무분별한 외국 자본 유치로 인한 리스크 때문이다.

라오스는 인도차이나에서 가장 젊은 나라이지만 정작 일자리는 없다. 경제성장을 위해선 많은 제조업이 생기고 따라서 일자리가 늘어야 하는데 아직은 요원한 일이다. 게다가 한번 직장에 들어간 사람들은 절대로 본인 스스로 그만두는 예가 없다. 모두가 철밥통이다. 대학을 졸업해도 취업하기가 하늘의 별 따기만큼 어렵다. 심지어 공무원이 되기 위해선 본인이 받을 1년 치 월급을 미리 상납하거나 무급 인턴으로 일을 하는 것이 관례처럼 굳어져 있다. 그런 자리도 다 혈연으로 연결되어 있어 일반인들에겐 기회조차 돌아오지 않는다.

Ovaltine

작은 것을 챙기다 큰 것을 놓치다

라오스에 사는 한국인들이 가장 많이 접하는 사람은 아마도 라오스인 가정부일 것이다. 물론 사업하는 분들은 직원, 결혼을 하신 분들은 배우자 및 가족과 가장 많은 시간을 보낼 것이다. 가정부는 흔히 '매반'이라고 부른다. '집의 엄마'라는 말로 표현된다. 라오스에선 편리함을 위해 가정부를 고용하는 순간, 스트레스가 동시에 집 안으로 따라 들어온다고 한다. 그래서 가정부로 인한 스트레스가 힘들다면 직접 집안일을 하는 것이 정신 건강에 좋다고 한다.

가정부에게 집안일을 맡기면 라면, 참기름 등 식료품은 물론 가루세제 등 집 안에서 쓸 수 있는 건 모두 사라질 수 있다. 식당에 있는 수저, 식기부터 이동식 가스레인지까지 없어질 각오를 해야 한다. 하지만 이들은 절대로 한 번에 다 가져가지 않는다. 나름 머리를 짜내어 조금씩 천천히 가져간다. 그런데 깐깐한 한국 주부들이 그걸 모를 리 있을까? 큰 오산이다.

한국인들은 가정부를 가족처럼 생각하고 여러 가지 필요한 것도 나눠주고 도와주는데 뒤에서 몰래 물건을 빼돌리는 것을 아는 순간 엄청난 배신감을 받는다. 가져간 물건이야 돈으로 환산하면 정말 적은 금액이다. 그런데 한국인들에게는 돈이 문제가 아니다. 자신을 속인 것에 대해 맘이 상한 것이다. 결국 이런 일이 반복되면 각자 갈 길로 가야 하는 것이 수순이다.

그럼 방법이 없을까? 사람은 관리하기 나름이다. 예전에 어떤 분은 가정부를 처음 만나 "난 2년 후에 한국으로 갈 것이고 그때 냉장고를 가져가기 어려우니 열심히 일하면 갈 때 이 냉장고를 당신에게 주겠다"고 말을 했더니 한국으로 돌아가는 날까지 열심히 일을 하면서 단 한 번도 속을 썩이지 않았다고 한다. 가정부는 본인의 문제로 2년 이내에 그만두게 되면 일자리는 물론 냉장고가 함께 날아가기 때문에 냉장고가 열심히 일할 수 있는 촉매제가 된 것이다. 가정부 관리를 위한 좋은 방법 중 하나라고 생각한다. 당근과 채찍을 같이 써야 하고 시스템을 잘 갖추면 문제가 없을 것이다.

외국에서 가정부와 직원을 두는 일은 정말 큰일이다. 라오스의 경우는 보통 2개월 정도 인턴으로 일하는 것을 보고 3개월째에 월급을 정한다. 2개월은 참으로 능동적으로 열심히 일을 한다. 이런 모습을 본 사람들은 "이번 가정부는 참으로 괜찮은 사람이 들어왔다"고 자랑한다. 그런데 월급이 결정된 후에 "역시 똑같아 어쩌면 하나같이 모두 같을 수 있나?"라고 혀를 내두른다.

가정부나 직원이나 일단 출근하면서 자신의 집에 있는 빨래를 가져와 세탁기로 돌려서 집으로 가져가는 경우도 흔하다. 주인이 사용하지 않는 시간에 잠시 세탁기를 쓰는 것이 무슨 문제냐는 식이다.

공과 사를 구분하지 못하는 행동을 많이 한다. 모든 것을 자신 위주로 생각하기에 가능한 일이다.

물건을 몰래 가져갈 때, 다른 나라에 비해 양심과 애교(?)가 있다. 절대로 한꺼번에 가져가지 않는다. 바로 눈치챌 수 없게 아주 조금씩 아주 오랫동안 공을 들여 가져간다. 물건의 위치를 몇 차례 이동시키고 주인이 없어진 것을 알지 못하거나 찾지 않으면 그제야 가져간다. 게스트하우스나 호텔에서 돈이 없어지는 경우가 종종 있다. 그런데 절대로 지갑을 통째로, 혹은 모든 현금을 다 가져가지 않는다. 지갑 속에 있는 돈 가운데 일부만 가져간다.

라오스 여행 가이드의 경우는 관광지 입장료에서도 반드시 자신의 몫을 챙긴다. 매표소 직원과 짜고 티켓을 끊지 않는 대신 입장료를 반반 나눠 챙기는 경우다. 영수증을 가져오라고 하면 입장권이 아닌 자신이 쓴 영수증을 내미는 경우도 허다하다. 매표소 직원에서 라오스말로 "쑤아이 컹컹"이라고 하면 다 알아들을 정도다.

한국인이 운영하는 회사에 다니는 직원이 있었다. 사장은 출퇴근 거리가 먼 직원에게 오토바이 기름값을 따로 챙겨주고 남모르게 보너스도 주머니에 넣어주며 특별히 생각했다. 그런데 이 직원이 매일 물건을 구매하면서 물건값을 부풀려 10,000낍(한국 돈 1,400원) 정도를 챙겼던 것이 들통나 버렸다. 식구처럼 생각했던 직원이 자신을 속인 것에 대한 실망감과 배심감이 너무 커 안타까움을 무릅쓰고 해고했다. 금액이야 전부 해야 얼마나 되겠나? 맘을 준 직원이 자신을 속인 것에 대해 화가 나고 분이 풀리지 않았기 때문이다. 문제는 그 후로 다른 직원들에게 애정을 줄 수 없었고 사무적으로 대하게 된 것이 더 안타까운 일이다.

한국인들은 집이나 직장에 사람을 들이면 가족으로 생각한다. 그리고 좀 더 챙겨주려고, 좀 더 편안하게 해주려고 노력한다. 그리고 그런 행동은 보상을 바라고 하는 것이 아니다. 그런데 라오 사람들은 자주 실망감을 준다. 절대로 큰일이나 큰돈으로 인한 것이 아니다. 아주 사소한 것, 작은 것으로 실망하고 배신감을 느끼게 만든다. 라오 사람들은 그걸 이해하지 못한다.

처음 집을 구할 때(월세) 모기장으로 된 창문을 유리로 바꿔줄 수 있냐고 하자 집 주인은 비용을 자신과 반반 부담하자고 해서 생각해 보겠다고 이야기를 했는데 사흘 후 모두 교체했다고 연락이 왔다. 1,200달러USD가 나왔으니 500달러만 내라는데 아무래도 비용이 너무 많은 것 같아 유리가게에서 직접 견적을 받아 보니 실 비용은 300달러에도 미치지 않을 정도로 저렴했다. 말로는 반반 부담을 하자면서도 자신은 돈을 내지 않고 생색을 내고 돈도 챙기려고 했던 것이었다. 그래서 집 주인에게 따지자 그제야 비용을 혼자 다 내겠다고 하면서도 사과는 하지 않았다. 참으로 씁쓸했다.

물건을 사거나 세금을 내는 심부름을 시키면 한국인들은 미안한 마음과 고마운 마음에 잔돈은 오토바이 기름 넣으라고 그냥 준다. 그런데 이후부터는 심부름을 시키면 잔돈을 가져오지 않는다. 어차피 줄 것이라고 생각하고 아예 미리 챙기는 것이다. 결국 나중에 잔돈을 가져오라고 하고 영수증까지 모두 챙기게 된다. 또 일이 없어 오늘은 좀 일찍 퇴근하라고 배려해 주면 그다음부터 일이 없다고 생각되면 그냥 말도 없이 집으로 가 버린다. 그래서 왜 퇴근했냐고 물어보면 일이 없어서 퇴근했다고 당당하게 이야기한다. 한번 배려해 주면 그것을 당연한 것으로 받아들인다. 그러다 보니 잘해 주려는 마음의 문이 닫혀 버리는 경우가 많다.

위와 같은 일들이 벌어지는 것은 언어적 의사소통에도 문제가 있을 것이다. 그리고 모든 라오스 사람들이 이런 행동을 보이는 것은 아닐 것이다. 원래 착하고 올바른 것에 대해선 말이 없고 나쁜 일이나 좋지 않은 일은 소문이 더 크게 나는 법이니 그럴만도 하다.

사람을 다루는 일은 결국 시스템이란 생각이 든다. 위양짠 시내엔 Cafe Amazon, MK수키, 미야자키, 블랙캐니언, True coffee, Fuji 등 태국 브랜드 가게들이 많다. 이곳에서 일하는 근로자들을 보면 정말 이들이 라오스 사람들인가 하는 생각이 들 정도로 일을 잘한다. 태국의 잘 정비된 시스템이 이들을 움직이게 만드는 것 아닐까 싶다.

라오사람들의 의식을 근본적으로 뜯어고칠 수는 없다. 가장 좋은 것은 규칙(시스템)을 정하는 것이다. 그리고 일 전반에 대해 협의하고 계약서를 작성하고 서명을 받는 것이 좋다. 라오사람들은 본인의 서류에 서명한 것은 지키려고 노력하고 법을 무서워하는 편이다.

Part II

이해할 수 있는 라오스

쌀이 주식인 라오스에서는 논은 어른들에겐 일터이고
아이들에겐 더 없이 좋은 놀이터다.

손재주 좋은 몽족여인들이 수를 놓는 동안
남자아이가 엄마를 대신해 애기를 보고 있다.

젓가락이 필요 없는 찹쌀밥

라오스사람들도 한국처럼 주식이 쌀이다. 흔히 월남쌀이라고 부르는 안남미安南米와 찹쌀을 주로 먹는다. 안남미는 인디카(Indica-인도종) 쌀로 전 세계 소비율 90%를 차지하는 대표적인 쌀 품종이다.

안남미로 지은 밥은 찰기가 부족하여 불면 날아간다고 한다. 먹고 돌아서면 배고프다고 할 정도로 가벼운 쌀이다. 그래서 다이어트에 도움이 된다고 최근에 찾는 이들이 늘고 있다. 동남아에서 가장 대표적인 음식이 볶음밥인 것도 이 쌀에서 기원한다. 밥알이 서로 엉겨 붙지 않고 알알이 흩어져 볶기 편하기 때문이다.

반면 한국, 일본, 중국 북부, 대만 등지에서 주로 생산, 소비되는 쌀은 자포니카(Japonica-일본종)로 찰기가 있고 수분이 많이 함유되어 있다. 쌀은 기본적으로 90% 이상 전분으로 구성되는데, 자포니카 종은 전분 중 아미로스라는 성분이 인디카에 비해 낮기 때문에 찰지며, 윤기가 더 난다.

쌀이 주식인 나라 중에 젓가락을 쓰는 나라와 쓰지 않는 나라로 구분을 한다. 물론 국수를 먹는 대부분의 아시아 지역은 다 젓가락을 사용하는데, 여기서 말하는 젓가락 사용의 개념은 쌀에 한정해서 말하는 것이다. 한국, 일본, 중국이 대표적인 젓가락 사용 국가다.

반면에 라오스, 태국, 베트남, 캄보디아 등은 젓가락을 사용하지 않는 나라다. 여기서 젓가락 사용 여부는 오로지 쌀의 찰기에 의해 구분된다. 자포니카 쌀로 밥을 하면 서로 엉겨 붙어서 젓가락 사용이 가능하다. 그러나 인디카 쌀은 밥알이 하나하나 흩어져 젓가락으로 먹을 수 없어 수저나 손으로 먹어야 한다.

라오스사람들은 '카오니야우'라고 불리는 찹쌀밥을 즐겨 먹는다. 하지만 찹쌀밥 짓는 방식은 우리와 다르다. 얇은 대나무로 짠 바구니(후왇카오)에 밥을 넣어 수증기로 찐다. 밥을 끓이는 것이 아니라 찌다 보니 당연히 수분이 증발되어 손으로 떼어 먹어도 달라붙지 않는다. 게다가 대나무 그릇(띱)에 보관을 하니 더위에도 쉽게 상하지 않는다.

찹쌀밥을 만드는 방법을 살펴보면 좀 독특하다. 우선 불을 피우고 물이 담긴 깊은 그릇 위에 삿갓처럼 생긴 대나무 들통을 꽂는다. 그리고 그 안에 찹쌀을 담은 다음 헝겊을 덮고 푹 찌면 된다. 라오스는 아침 탁발에 공양할 찹쌀밥을 집집마다 준비하기 때문에 찹쌀밥 익는 냄새가 새벽을 깨운다고 한다. 정성스럽게 지은 따뜻한 찹쌀밥을 탁발승에게 공양하는 게 라오스 사람들의 삶이고 전통이다.

대나무 통밥이라 불리는 '카오람'은 코코넛 냄새가 물씬 풍기는 맛있는 도시락이다. 구운 대나무를 조심스럽게 벗기면 하얀 막과 함께 고소한 찹쌀밥이 나온다. 손으로 떼어서 먹으면 훌륭한 한 끼 식사가

된다. 만드는 방법은 의외로 간단하다.

불린 찹쌀을 토란과 비슷한 타로와 소금, 설탕, 코코넛 물과 섞어서 대나무에 넣어 장작불에 굽는다. 장작불을 피우고 그 양쪽으로 대나무를 가지런히 놓고 타지 않도록 골고루 익을 수 있게 돌려 준다. 약 30분 정도 구워 다 익으면 칼로 대나무의 껍질을 얇게 벗겨 준다. 얇아야 벗겨 먹기가 쉽다. 카오람은 따뜻할 때 먹는 게 가장 맛있으나 식는다 하더라도 맛이 괜찮다. 위양짠 시내에서 약 20km 떨어진 타응언Thangon 다리를 지나 남응음댐Nam Ngum Dam방향으로 가다 보면 길거리에서 대나무를 불에 구워 카오람을 만드는 곳이 길게 줄지어 있는 모습을 볼 수 있다.

쌀은 라오어로 '카오'라고 한다. 일반적인 안남미로 지은 밥은 '카오짜오'라고 하고 찹쌀밥은 '카오니야우', 대나무 통밥은 '카오람' 이라고 한다. 라오스타일의 쌀국수는 '카오삐약센', 쌀로 만든 죽을 '카오삐약카오', 빵은 '카오찌'라고 부른다. 쌀을 주식으로 삼아 온 우리 민족에게 쌀은 삶이자 문화이자 신앙이듯 라오스 사람들에게도 쌀은 삶 그 자체 아닌가 싶다.

라오스 전통 국수 카오삐약

라오스의 음식 문화를 한마디로 표현하면 한 그릇 문화이며 매식 문화다. 라오스를 방문한 사람들이 새로운 음식 문화를 맛보고 싶어서 전통음식을 추천해 달라고 요청하는 경우가 자주 있다. 그럴 땐 참으로 난처하다. 사실 라오스의 전통음식이라고 부를 만한 음식이 별로 없기 때문이다.

50개가 넘는 소수민족들이 모여 사는 나라이며 5개의 나라에 둘러싸인 내륙국가로 라오스 고유의 내세울 만한 특별한 음식이 없다. 경제적, 문화적으로 중국, 베트남, 태국의 영향권 아래 있는 라오스는 각 지역별로 인접한 국가의 밀접한 영향을 받다 보니 전국적인 음식이 없는 것이다. 아울러 바다가 인접해 있지 않아서 음식 문화가 발달하지 못한 것도 하나의 요인이다.

라오스 북쪽의 루앙남타 등은 중국 음식, 동북쪽의 후아판, 씨엥쿠앙은 베트남 음식의 영향을 받았다. 메콩강을 끼고 있는 위양짠, 빡쎄, 싸완나켓, 타캑은 태국 음식의 영향을 많이 받았다. 이렇게 직간접적으로 영향을 받다 보니 자연스럽게 음식문화도 혼합돼 마치 라오스 전통음식처럼 자리 잡은 음식들이 많다.

그래도 라오스 음식을 꼽으라면 첫 번째로 '카오삐약Khao Piak'을 이야기 하고 싶다. 카오삐약은 '센(면)과 '카오(죽)'로 구분한다. 라오스엔 여러 종류의 국수가 있지만 누가 뭐라고 해도 라오스 고유의 국수는 '카오삐약센'이다. '카오'는 쌀이고 '삐약'은 젖다, '센'은 면을 뜻이다.

즉 생면으로 만든 국수를 말한다. 마른 면이 아니고 생면으로 만든 국수라 쫄깃한 맛을 좋아 하는 한국인들에게 잘 맞는다. 굵은 칼국수 면발 같은 느낌이다. 돼지고기와 뼈를 우려서 만든 국물이 시원함을 느끼게 해준다. 돼지고기나 닭고기를 고명으로 올려서 먹기도 하고 돼지고기 튀긴 것을 고명으로 넣기도 한다. 면을 삶을 때 모닝글로리 등을 함께 넣어서 끓인다.

북부 루앙파방 전통국수로 '카오쏘이Khao So/Special Sauce Noodle'가 있다. 카오쏘이는 육수와 면을 내는 방식이 다른 국수와 비슷하다. 다만 국수에 특별한 소스를 고명처럼 올려 주는 것이 다르다. 소스는 라오스타일의 발효 된장에 고소한 땅콩, 매콤한 고추, 토마토 등과 다진 닭고기 등을 넣어서 숙성시켜 만든다. 면은 가는 것과 넓은 것이 있는데 고르면 된다. 취향에 따라 신선한 박하, 바질, 냉이, 라임 등을 넣어서 먹는다.

이외에도 베트남식 쌀국수 '퍼Pho', 한국의 잔치국수 같은 '카오뿐Khao Poon', 밀가루로 만든 노랑 국수 '미Mi' 등의 다양한 국수가 있다.

랍Larp은 라오스 전통요리로 다른 인근 나라에서 인정한다. 랍은 의외로 만들기는 쉬운 요리이나 일반인들이 자주 먹는 요리는 아니다. 잘게 다진 돼지고기를 살짝 데쳐서 라오스 민물 생선소스를 넣고 양파, 고추, 고수, 박하 등 각종 향신료를 넣어서 버무리는 요리다. 그리고 마지막으로 라임을 뿌려 주면 된다. 이 랍은 보통 찹쌀밥과 같이 손으로 섞어서 먹는다.

땀막홍Tam Mak Houng이라 불리는 파파야 샐러드는 라오스 사람들에게 가장 대중적인 음식이다. 우리로 치면 겉절이 김치라고 할 수 있다. 땀막홍은 맵고 신맛이 강해 처음 먹는 것이 어렵다. 하지만 한 번 입에 길들여지면 자꾸 손이 가는 음식이다. 그린 파파야를 칼날로 두들겨 채를 만든 다음 토마토, 고추, 마늘 등과 빠덱이라고 부르는 생선소스를 넣고 절구에서 살짝 버무려 만든다.

구운 고기와 육수를 한꺼번에 즐기는 '신닷Shin Dad'은 라오스에서 인기 높은 음식이다. 뷔페식으로 비교적 저렴한 가격에 맘껏 고기를 먹을 수 있어 라오인들이 무척 좋아하는 메뉴다. 고기를 굽는 넓은 판과 주변부가 움푹 파여 육수를 넣을 수 있도록 만든 불판을 이용한다.

신닷은 숯을 이용해야 제 맛을 느낄 수 있다. 불판 안쪽으로는 소고기, 돼지고기, 해산물 등 다양한 고기를 굽고 불판 가장자리 육수에는 각종 채소, 면, 계란, 두부 등을 넣어 먹는다. 구운 고기와 채소를 동시에 먹을 수 있는 신닷은 고기를 좋아하는 라오인들에게 최고의 건강식이다.

진흙 토기에 육수를 넣고 고기와 채소를 익혀 먹는 '씬쭘Sin Joom'은 한국식으로 보면 전골 같은 요리다. 숯불에 끓이면서 고기와 채소를 넣고 각종 양념과 허브를 섞어 시원하고 맛있는 국물을 만들어 내서 먹는 요리다. 대부분은 신닷과 함께 먹는다.

프랑스 문화의 영향으로 탄생한 샌드위치인 '카오찌Khao Jee'는 역시 왕위양 샌드위치가 가장 맛있다. 왕위양 샌드위치는 우선 종류가 다양하다. 바게트 빵 안에 어떤 재료를 넣느냐에 따라 달라지지만 대부분 고기, 계란, 햄, 채소, 치즈 등을 푸짐하게 넣고 칠리소스와 마요네즈 등을 뿌려서 마무리한다. 특히 짚라인, 카야킹 등 엑티비티를 끝내고 먹는 샌드위치는 정말 꿀맛이다.

잊지 못할 천상의 맛 비어라오

라오스하면 가장 먼저 떠오르는 것 중 하나가 바로 '비어라오Beer Lao'다. 비어라오는 라오스에서 생산하는 맥주 이름으로 라오스 문화를 대표하는 브랜드이다. 얼음이 있는 잔에 적당히 거품을 만들어 마시는 비어라오 한 잔이면 더위도, 시름도 사라지고 즐거움과 흥이 절로 생긴다.

라오스의 모든 일에 빠지지 않고 등장하는 것이 바로 비어라오 맥주다. 비어라오가 없는 모임이나 행사는 김빠진 맥주 꼴이다. 맥주를 사랑하는 라오 사람들은 어릴 적부터 맥주를 접해서인지 맥주를 마시지 못하는 사람이 거의 없다. 비어라오는 전 국민이 사랑하는 음료 같은 존재다. 전국 어디에서나 찾을 수 있고 가장 큰 유통망을 가진, 가장 많이 팔리는 상품이다. 비어라오는 라오스에서 한국의 삼성 같은 기업이다.

1973년 Lao Brewery Co., Ltd.LBC는 프랑스 투자자와 라오 사업가들과 합작 투자하여 설립되었다. 1975년 12월 라오스Lao PDR 창건과 함께 정부는 외국인 주식을 인수하고 라오스 사업가들의 자발적 주

식 양도를 받아 국유 기업화했다.

2002년 새롭게 외국 합작 파트너십을 체결했는데 라오스 정부(50%), 칼스버그 아시아(25%), TCC 인터내셔널(25%)이다. 2005년 Carlsberg Breweries가 지분을 25% 증액해 현재는 칼스버그가 50%을 소유하는 구조로 변경됐다.

비어라오는 위양짠 공장에 이어 2008년 라오스 남부 빡쎄지역에 제2 공장을 지었고 현재 한국, 미국, 호주, 일본 등 12개국으로 맥주를 수출하고 있다.

비어라오는 뉴질랜드(2002년), 벨기에(2003년 및 2005년), 프랑스(2004년), 러시아(2005년) 및 미국(2005년)에서 개최된 '국제 맥주·음료 대회'에서 상을 받았다. 또한 Time Magazine이 2004년 아시아 최고의 맥주로 선정하기도 했다. LBC는 라오스Lao PDR의 맥주 및 음료 업계의 혁신적 리더다. 연간 2억1,000만 리터의 맥주를 생산하고 있고 라오스 맥주시장의 95%를 차지하고 있다.

라오스엔 이외에도 남콩 비어Namkong Beer, 비어 싸완Beer Savan 등 다른 맥주도 있으나 찾기 쉽지 않을 정도로 유통망도 작고 마시는 사람도 많지 않다.

맥주는 현지에서 재배한 재스민 쌀을 기본으로 한다. 흔히 맥주는 맥아와 호프로 만든다고 알고 있지만 비어라오는 쌀이 주성분이다. 맥아는 프랑스와 벨기에서 수입하고 호프는 독일에서 수입해 쌀과 적당한 비율로 혼합해 제조한다.

비어라오는 알코올 도수가 5%로 한국의 맥주에 비해 1% 더 높다. 그런데 오히려 마실 때는 탄산이 많아서 시원하고 고소한 맛이 있다.

라오인들은 맥주에 얼음을 넣어 먹는다. 얼음을 넣어서 마시는 풍습은 아마도 과거 냉장 시설이 부족하던 시절에 시원하게 맥주를 마시기 위해 얼음을 넣었던 것이 습관적으로 이어져 온 것으로 보인다. 덕분에 맥주는 얼음이 녹으면서 자동으로 도수를 떨어진다.

특이하게도 라오스에서는 음식점이나 바에서 맥주를 마실 때 종업원들이 수시로 잔을 채워 준다. 맥주잔이 조금이라도 비어 있으면 채우는 것이 종업원의 중요한 업무다. 손님의 잔을 채우지 않는 것은 근무태만이다. 첨잔添盞을 계속하니 나중엔 맥주를 얼마나 먹었는지 알 수 없을 뿐더러 더 많이 마시게 된다.

'비어라오 라거 오리지널'은 알코올 도수가 5%이며 330mL 및 640mL 병과 330mL와 600mL 캔이 판매되고 있다. 2014년 출시된 프리미엄급인 비어라오 골드는 '카오카이노이'라는 찹쌀로 제조하였으며 작은 350mL병과 캔이 있다. 비어라오 블랙은 흑맥주로 일반 맥주보다 높은 6%이다.

2018년 새로운 마케팅 전략으로 젊은 신세대를 겨냥한 화이트White, 호피Hoppy, 엠버Amber등 3종류의 라거 맥주를 출시했다. 위양짠과 루앙파방 등 큰 도시의 대형 레스토랑에선 생맥주를 판다. 2019년 하반기엔 한정판 비어라오IPA를 출시해 인기를 얻고 있다.

맥도날드는 없지만 KFC(?)는 있다

슬로 삶을 추구하는 라오스엔 세계적 패스트푸드인 맥도날드, KFC, 버거킹, 서브웨이, 파파이스, 피자헛 등이 아직 진출하지 못하고 있다. 인도차이나 전쟁으로 인한 반미 감정으로 들어오지 않는 게 아니라 사실 시장 규모가 작고 정부의 일부 규제 때문이다.

맥도날드는 전 세계 120개국에 3만 7,000여 개의 매장이 있을 정도의 세계적인 프랜차이즈 업체이다. 아시아 지역에서 맥도날드가 없는 나라로 북한과 이란을 꼽는데 사실 라오스도 없다. 맥도날드 매장의 유무로 그 나라의 개방 척도로 본다면 라오스는 여전히 폐쇄적인 나라다.

2016년 9월에 롯데리아가 라오스에 상륙했다. 쏙싸이SOCXAY 그룹이 한국의 롯데리아를 유치해 처음으로 라오스 국립대학교 앞과 삼성센터 앞에 2개 매장을 열고 영업 중이다. 점차 수요가 늘고는 있지만 햄버거는 여전히 생소한 음식이다.

텍사스치킨Texas chickin은 현재 위양짠 강변과 왓탈루앙 광장 두

곳에서 영업 중이다. 텍사스치킨은 미국 조지아 주 애틀란타에 본사를 두고 있으며 미국 내에서는 처치스Church's Chicken치킨이라 불린다. 전 세계 26개국 1,660여 개의 체인점을 두고 있다.

라오스엔 진짜 KFC는 없고 토종 KFC가 있다. 그게 바로 쿠비앙Kuvieng 도로에 있는 프라이드 치킨Fried Chicken집인데, 라오스 사람들은 이를 KFC라고 부른다. 닭다리 한 개와 감자튀김을 담아 주고 1만 낍을 받고 있어 주머니 사정이 가벼운 서민들에게 폭발적인 인기를 얻고 있다. 이외에도 2016년 라오스 자체 브랜드로 문을 연 BKL Burgers 치킨 매장이 450년 시장에서 영업 중이다.

라오스에 세계적인 패스트푸드 매장이 진출하지 못하는 여러 가지 이유 중 하나가 소비층이 많지 않아서다. 1인당 국민소득 2,706달러(2018년 기준), 전체 인구 700만 명, 100만 명이 넘는 도시가 단 한 곳도 없는 나라다. 수도 위앙짠 시의 면적은 3,920㎢로 서울시(605.2㎢) 면적의 6배가 넘는 반면 인구(2018년 기준)는 90만 명에 불과하다. 외국인 노동자, 여행객 등 유동인구를 포함해도 100만 명을 넘지 않는다.

위양짠의 외식 업체 체인들은 대부분이 태국 브랜드다. 피자는 피자컴퍼니(피자 1112), 커피는 아마존과 블랙캐니언, 일식당은 후지, 샤브샤브는 MK스끼 등이 들어와 성업 중이다. 한국 식당이나 한국 카페들은 대부분이 단일 매장으로 운영되고 있다. 자체 체인망을 갖고 운영하는 곳은 망고카페, 피자킹, 파리지엔, 크림 정도이다.

최근 한국 식당 및 카페가 크게 늘어 춘추전국시대를 방불케 하고 있다. 위양짠, 왕위양, 루앙파방 등 전국에 약 100여 개에 이르는 많은 식당과 카페가 문을 열었다. 심지어 짬빠싹 주 씨판돈의 돈뎃 섬이나 루앙파방 주 므앙응어이 오지 마을에도 한국인과 관련된 식당이 문을 열었다.

위양짠에는 가장 오래된 아리랑 식당을 비롯해 최근에 오픈한 쏙디부페 식당까지 80여 개의 음식점(카페 포함)이 성업 중이다. 하우식당은 600석을 보유하고 있어 라오스 최대 규모다. 한국 관광객이 가장 오래 머무는 곳인 왕위양에도 최근 들어 크고 작은 식당과 카페가 급격하게 늘고 있으며 현재 약 20여 개가 영업 또는 준비 중이다.

이렇게 식당과 카페가 늘어난 이유는 소비자와 투자자가 몰리고 있기 때문이다. 한국 관광객이 2016년부터 매년 17만 명 이상 라오스를 찾고 있고 교민들도 매년 크게 증가하고 있다. 또 한국의 국내 경기가 좋지 않다 보니 해외투자에 눈을 돌리는 기업체나 개인들이 늘어나면서 발생한 현상으로 보인다. 한국 식당과 카페가 늘면서 라오스에 한국의 맛과 문화가 널리 알려지는 긍정적인 효과가 생겨나고 있다.

관공서 출입하려면 씬을 입어야

한국엔 한복이 있다면 라오스엔 '씬'이 있다. 베트남의 아오자오, 중국의 치파오와 같은 공식 라오 전통 치마를 씬이라 부른다. 씬은 허리둘레보다 두 배 정도 큰 원통형으로 만든 것으로 입어서 허리에 두른 다음 남은 부분을 앞쪽으로 접어 맨다.

이웃 나라 치마와 다른 점은 트여져 있지 않다는 것이다. 신축성이 없는 치마나 트임이 없는 치마는 활동하기 불편하다. 그러나 통으로 만든 라오스 씬은 허리둘레에 맞게 접어서 입기 때문에 편리하다. 이 접는 부분이 치마의 트임 역할은 물론 멋을 내는 장식 역할도 한다. 앞쪽에 세로로 길게 접힌 줄이 수려한 느낌을 준다. 치마의 접는 방향은 자유다. 입는 사람의 편리에 따라 왼쪽으로 접기도 하고 오른쪽으로 접기도 한다. 양식이 비슷한 태국의 '파눙'은 씬과 다르게 치맛단에 수가 없고 길이가 길다.

라오스 씬은 면으로 만든 '씬화이'와 실크로 만든 '씬마이'가 있다. 씬화이는 주로 공장에서 대량 생산한 것으로 가격이 저렴해서 학생들의 유니폼으로 많이 입는다. 씬마이는 수공에 실크 직조 제품으로 화려하고 비싸다. 관리하기 어렵고 귀한 것이라 주로 예식이나 행사 때 입는다.

어떤 씬을 입었느냐에 따라 직업, 지역, 집안, 배경 등을 알 수 있다. 외국인의 눈엔 재질이나 문양이 비슷해 보여 좋고 나쁨을 구분하기 어렵다. 하지만 라오사람들끼리는 재질, 모양을 쉽게 구분한다. 그래서 씬은 신분을 구분하는 하나의 기준이다.

씬은 정숙함과 간결미를 보여 준다. 전통 블라우스에 잘 어울리지만 최근엔 웨스턴스타일의 블라우스나 티셔츠 등과 함께 입는 경우가 더 흔하다. 또 샌들, 운동화, 단화, 하이힐 등 어떤 신발과도 잘 어울린다. 편하게 입는 평상복일 수도 있고 최고 예의를 갖춘 예복이기도 하다.

유니폼으로 입는 경우도 많다. 관공서에서 근무하는 여성 공무원, 교사, 학생, 경찰은 물론 군인들까지 씬을 제복으로 입는다. 씬은 공공 기관을 출입하기 위해 기본적인 갖춰야 하는 예복이기도 하다. 핫팬츠나 청바지를 입은 여성들도 관공서를 들어갈 때면 씬을 싸들고 와서 갈아입고 출입하는 모습을 심심치 않게 볼 수 있다.

씬은 허리부분(후아씬), 몸통(픈씬), 치맛단(띤씬) 이렇게 3부분으로 구분한다. 이중 가장 중요한 부분이 바로 치맛단이다. 치맛단을 장식하는 문양은 학교별, 직장별, 지역별로 모양이 다르다. 그리고 그 문양에 따라 씬의 가격은 천차만별이다. 보통 비싼 씬은 몸통부분과 치맛단이 하나로 연결된 상태로 수가 놓아져 있다. 반면 저렴한 씬은 아랫단 문양만 별도로 만들어 몸통에 붙인다.

씬은 여성들에게 편리하고 예쁜 옷으로 알려져 있지만 사실 라오스 기후에 비해서는 무척 더운 옷이라고 정평이 나 있다. 그래서 평상복으로 씬을 입는 사람들이 점차 줄고 있다. 또 전통적인 씬보다는 시원한 소재의 개량형 씬을 찾는 이가 늘고 있다.

어쨌든 씬은 라오스 여성들에게 매우 중요한 의복이다. 우스갯소리로 라오스에서 괜찮은(?) 여성을 만나려면 낮 시간에 위양짠 시내에서 씬을 입은 여성을 찾으라고 한다. 시내에서 전통 씬을 입은 사람은 기본적으로 직장인이거나 학생들이기 때문이다. 신분이 확실하고 직장이 안정된 사람들이니 최고의 신붓감으로 꼽힌다.

파란 머리끈은 중학생, 빨강은 고등학생

현재 라오스의 교육제도는 초등학교 5년, 중고등학교 7년, 대학 2~3년, 대학교 4년 등으로 이루어져 있다. 초등학교Primary는 5세부터 시작하여 5학년 과정으로 되어 있다. 중고등학교Secondary는 약 1,000개가 있으며 중등 4학년 과정을 거쳐 고등 3학년 과정으로 모두 7학년이다. 중학교에서 고등학교로의 진학률은 77.6%로 추정된다. 초등과 중등과정은 의무교육이다.

라오스 중고등 여학생들의 머리끈을 보면 궁금증이 생긴다. 예쁜 끈도 많을 텐데 왜 포장용 끈 같은 것으로 묶을까? 그리고 어느 아이는 빨간색으로, 어느 아이는 파란색으로 묶었을까? 노란색으로 묶으면 안 되는 걸까? 하는 여러 가지 궁금증이 생긴다.

빨강과 파랑 머리끈은 학년과정을 알려주는 표시다. 파란색으로 머리를 묶은 학생은 1~4학년으로 중학생이고 붉은색 끈을 한 학생은 5~7학년으로 고등학생이다.

최근 왕위양을 비롯한 일부 지역에선 이런 규칙을 바꾸기도 했다.

빨강, 파랑, 노랑, 초록 등의 색을 허용했다. 머리끈 색깔의 자율화조치인 셈이다.

남학생들의 경우는 이름표 이외에 다른 표시는 없다. 이름표를 보면 중학생의 경우는 파란색 글씨로, 고등학생의 경우는 붉은 색으로 쓰여져 있다. 이름표에는 학교, 학년, 이름, 그리고 자신의 고유 번호가 적혀 있다.

초등학생들 중에는 빨간색 스카프를 두른 학생들이 있다. 북한의 소년단과 같은 조직이다. 태어나서 처음으로 가입하는 정치조직인 셈인데, 붉은색 바탕으로 된 삼각 모양의 스카프는 노동자 계급의 혁명 전통을 상징한다.

또 중고등학생 이상의 젊은이들 중에 가끔 교복인 것 같은데 파란색 남방을 입은 학생들을 볼 수 있다. 이 파란색 셔츠는 라오스인민혁명청소년연합The Lao People's Revolutionary Youth Union의 유니폼으로 보통 월, 수, 금요일에 입는다. 이 셔츠는 전국적으로 모두 같으며 학교표시는 없고 오른쪽 어깨부분에 라오스청년연맹을 알리는 표시가 있다. 청년연합은 국가 발전에 기여하기 위해 만들어진 전국의 젊은이들 집단 조직이다.

즉 라오스 공산당의 청년조직인 셈이다. 이 조직은 1955년 청년전투협동조합으로 시작하여 지금은 15세부터 30세 사이의 24만 3,500명의 회원이 활동하고 있다. 정보, 미디어, 엔터테인먼트, 예술 및 음악 분야에 중점을 두고 있다. 이들은 국가의 주요행사나 축제에 동원된다. 거리질서 유지 등 행사 진행요원으로 봉사하고 그 내용을 기록으로 남긴다. 이런 기록들은 공산당원이 되기 위한 필수적 요소들이다.

라오스 각종 학교 졸업식에선 우리와 같이 꽃다발을 선물하는 것이 기본이다. 그리고 선물로는 인형을 주로 한다. 큰 인형을 받을 수록 인기가 많다고 한다. 대학생의 경우는 화폐로 만든 어깨띠나 꽃으로 만든 월계관을 쓴다. 고등학생들의 경우는 우리와 비슷하게 '졸업빵'이라는 의식을 치른다. 위양짠 시내 학생들은 매직이나 펜으로 셔츠에 서로의 이름을 적어주는 풍습이 있다. 더 이상 교복을 입지 않기 때문에 이런 추억을 만드는 것으로 알려져 있다. 그러나 대부분의 시골학교에서는 교복을 물려주기 때문에 이런 광경을 찾아보기 어렵다.

라오스 국립대학교에는 4만 5,000명의 학생이 있다. 라오스 최고의 교육기관으로 1996년 기존의 여러 단과 대학과 연구소들을 대학교로 만들었다. 메인 캠퍼스는 위양짠 시市 싸이타니 구區 동덕 마을(반동덕)에 있기 때문에 그냥 줄여서 동덕대라고 부른다. 라오스 국립대학교의 공식적인 라오스어 표기로는 '마하위타라라이행산'이다.

학부는 교육, 어문학, 사회, 경제경영, 농업, 산림과학, 건축, 공학, 자연, 환경, 법률행정, 수자원 등으로 구성되어 있다. 종합대학이기는 하지만 아직 4개의 캠퍼스로 나뉘어져 있다. 중심 캠퍼스는 동덕, 공학대학은 쏙빠루왕, 법률행정대학은 던녹큠, 농업대는 나봉에 각각 별도로 있다. 의과대학은 2007년 보건과학 국립대학교로 분리돼 보건부 산하 교육기관으로 독립되었다.

루앙파방의 국립종합대는 첫 번째 대통령인 쑤파누웡의 이름을 따서 '쑤파누웡 대학교'다. 2007년 7월 개교한 이 대학교 캠퍼스 조성에 한국의 전폭적인 지원이 있었다. 숨은 공로자는 바로 조원권 우송대 부총장이다. 학교 설립에 큰 역할을 한 조원권 부총장에게 라오스 정부는 외국인에게 수여하는 최고 훈장인 우정훈장을 수여하고, 주한 라오스 명예 영사로 임명했다.

위양짠의 국제학교로는 위양짠 국제학교Vientiane International School, 케티삭 국제학교Kiettisack International School, 판야팁 국제학교Panyathip International School, 호주 국제학교The Australian International School, 프랑스 국제고등학교French International High School Vientiane, 히쓰필드 국제학교Healthfield international school, 이스턴 스타 스쿨Eastern Star internationnal school, 생다라Sangdara international school 등 10여 개가 넘게 있다.

위양짠 지역엔 한국인들이 직접 운영하는 대학 교육기관이 있다. 탑컬리지Tap College, 로고스컬리지Logos College, 라오-코리안 대학Lao-Korean College 등으로 라오스의 젊은 인재를 키우고 있다.

코이카에서 2004년 설립한 '한라기술개발원'(LAKISD/구, 한라오스직업훈련원)이 있는데, 직업 훈련을 목적으로 한 자동차과, 전자과, 전기과, 목공과, 미용학과, 요리학과, 제봉과, 컴퓨터학과 등으로 구성되어 있다.

한국인 운영 국제학교로는 글로리국제학교(Glory Internationnal School /유치 초중고)와 샤론국제학교(Sharon International School / 유치 초등)가 있다. 이외에도 한국인이 운영하는 현지사립학교로 라오-코리아 초등학교(Lao - Korean School /유치 초등)도 있다.

음력 16일이 없는 달력

라오스에서 음력 16일을 약속 날짜로 잡을 수 있을까? 아마도 수만 년이 지나도 만날 수 없을 것이다. 라오스는 불교의 나라답게 불력과 음력을 중요시 한다. 그런데 16일이 없다는 말은 무슨 뚱딴지 같은 소리일까? 하지만 실제로 그렇다.

라오스의 공식 달력은 양력이지만 라오스 사람들은 음력에 따른 생활이 몸에 배었다. 특히 절에 가야 하는 날도 음력에 맞춰져 있고 대부분 중요한 행사들도 음력에 맞춰 진행된다. 그래서 양력 달력에 조그만 글씨로 음력이 표기되어 있는데, 실제로 음력 16일부터 30일까지는 없다.

작은 글씨로 표기된 음력을 자세히 살펴보면 라오어로 큰1, 큰2, 큰3… 이렇게 큰15까지 이어지고 다시 햄1, 햄2, 햄3… 햄15로 끝난다. 그러면 달이 바뀐다. '큰'은 오른다는 뜻으로 상현을 말하는 것이고 '햄'은 하현이다. 달이 차는 상현, 달이 기우는 하현으로 구분해 15일씩을 나누어 놓았다. '햄'이라는 것은 영어식으로 표현하면 over night 라고 할 수 있다. 그래서 밤을 지내는 집을 '홍햄Hotel'이라고 부른다.

따라서 음력 15일은 상현과 하현을 가르는 매우 중요한 날이다. 이날을 '완씬'이라고 부르는데, 불교신자들은 반드시 절에 가서 복을 빈다. 라오인들은 완씬 날에 설령 출근이 늦거나 아예 출근을 못한다 하더라도 절에 가는 것을 빼놓지는 않는다. 특히 노동자들은 이날 사원에 가지 않고 일을 하면 다친다고 믿는다. 그래서 보름마다 각 공사장의 일이 중단되는 경우가 허다하다.

라오스 내의 모든 축제도 완씬에 맞춰져 있다. 카오판싸, 억판싸, 분쑤앙흐아, 분탇루앙, 분왓푸, 분쌍, 분마카부싸, 부처님오신날, 분허카오바답딘 등 각종 축제와 불교 행사는 모두 보름달이 뜨는 날에 치러진다.

한국에서는 음력이 양력을 앞서는 경우는 없다. 늘 1개월 정도 차이를 두고 양력이 음력을 앞서간다. 그러나 라오스에선 음력이 양력보다 1~2개월 정도 앞서 간다.

라오스의 국경일은 예상외로 적다. 1월 1일 새해, 3월 8일 국제 여성의 날(어머니의 날), 4월 15일 경 라오스 새해(분삐마이), 5월 1일 노동자의 날, 12월 2일 라오스 국가 창건일 등이 공식 공휴일이다. 이 중 라오스 새해인 분삐마이에는 3일 연휴를 쉬도록 되어 있지만 실제로는 일주일 이상을 쉰다.

2018년부터 여성연맹 창건일(7월 20일)도 여성들만을 위한 공휴일로 추가했고 이듬해인 2019년부터 공식 공휴일로 지정되었다. 이처럼 라오스의 공식 공휴일은 1년에 겨우 8일에 불과하다.

만약 라오스인들이 규정대로 달력에 표시된 공휴일만 쉰다고 하면 어찌될까? 아마 미쳐 버릴지도 모른다. 그들은 각종 기념일 등에 적당히 이런 저런 구실을 붙여 융통성 있게 쉰다. 그중 여러 불교행사들은 막힌 숨을 뚫어 주는 좋은 핑곗거리다.

내가 아는 지인의 사무실에 자주 결근하는 여직원이 있었다. 결근을 한 이유를 물으면 라오스 기념일이라 쉬었다고 당당히 답했다고 한다. 그래서 일에 참고할 수 있게 쉬어야 하는 날을 달력에 체크해 달라고 요청을 했단다.

그랬더니 엥겔, 쑤파누웡, 까이쏜 폼위한, 호치민 등 공산당 관련 인물 탄신일은 물론 라오스 청년연맹, 라오스 여성연맹, 라오스 인민혁명당, 인도차이나공산당 등 공산당 관련 창건일도 모두 체크해 놓았다. 그리고 카오판싸, 분쑤앙흐아, 분억판싸 등 전통적인 불교 행사일과 스승의 날, 어린이 날, 세계우정의 날 등 달력에 표시된 특별한 날을 모두 쉬는 날이라고 적어 왔단다. 기가 막혀 입이 딱 벌어진 채 다물어지지 않았다고 한다. 결국 그 여직원은 어떻게 되었을까?

카르스트 분지지형인 캄무완 콩로동굴 담배밭에서 일하는 농부 사이로 햇살이 퍼져 나오고 있다.

곡소리 없는 좋은 집 '상가(喪家)'

라오스에 없는 것을 꼽으라면 바다, 동전, 터널, 경적소리, 상가의 울음소리라고 한다. 라오스 사람들은 전통적인 불교의 윤회사상을 믿는다. 죽은 사후의 세계가 현세보다 더 좋아지도록 하기 위해 끝없이 기도와 선한 행동을 한다.

태어남은 업業을 얻는 것이고 죽는 것은 업을 놓는 것이다. 라오 사람들은 삶과 죽음을 아주 가볍게 받아들인다. 아이가 태어난 집은 '흐안깜'이라고 부른다. '흐안'은 집이고 '깜'은 업, 업보를 뜻한다. 아이가 태어난 집은 결론적으로 업보가 시작되는 집이란 뜻이다. 깜은 인도 범어 산스크리트어의 '까르마', 팔리어의 '깜마'에서 나온 말이다. 영어로 'karma'로 업, 인연, 운명을 뜻한다.

사람이 죽은 집을 우리는 상가喪家라고 부른다. 이곳에선 '흐안디'라고 한다. '흐안'은 집이고 '디'는 아주 좋다는 뜻이다. 결론적으로 상가는 '좋은 집'이란 뜻으로 풀이된다. 이승의 모든 업보를 놓고 좋은 내세의 세상으로 갔다고 생각하는 것 같다.

한국과 다르게 분위기가 무겁지 않다. 서러운 곡소리가 전혀 들리지 않고 오히려 간간히 음악 소리가 들리는 경우도 있다. 고인을 떠나보내는 것이 현실이고 다시 살아 올 수 없다는 것을 알기에 평소 즐겼던 음식과 술, 음악을 준비해 편안하게 떠날 수 있도록 배려해 주는 것이 이곳의 풍습이다.

상주는 머리와 눈썹을 밀고 장례 절차를 진행한다. 남자 상주들은 대부분이 주황색 가사를 입고 있어 상가엔 여자들만 보이는 것 같다. 이들은 부모님이 돌아가셨을 때 복덕을 닦아 부모님께 참회하고 회향하는 의미로 단기 출가한다.

보통 3일장을 치르는데 마지막 날 오후에 화장터가 있는 절로 향한다. 트럭을 장식한 장례 영구차에 관을 싣고 위에 탑 모양 장식과 치장을 하고난 뒤, 살던 곳을 한 바퀴 돌아서 간다. 뒤로는 친인척들의 차량들이 길게 이어진다. 돈이나 권력이 있는 집은 경찰들이 나서서 교통을 정리해 준다.

보통 화장터는 절 또는 절 인근의 공터에 마련되어 있다. 절이 없는 곳엔 마을 공동 화장터가 있다. 화장터 주변에 부도탑이 있다. 위양짠 시내 한가운데 대통령 궁과 빠뚜싸이(승리의 문)사이에 있는 왓탓훈Wat That Phone사찰 안에 현대식 화장 시설이 마련돼 있다.

한 사람이 태어나서 죽을 때까지 거치는 통과의례인 관혼상제冠婚喪祭, 생로병사生老病死 등은 절에서 스님들이 관장한다. 스님으로부터 축복을 받으며 태어나고 스님의 축언 속에 이승을 떠난다.

화장터에 시신이 안치되면 여자들은 코코넛 물과 꽃을 관 주변에 올린다. 이때 장례 절차에 참석한 스님들이 사용할 붉은색 가사 등도 함께 올린다. 스님은 가족들과 함께 실을 잡고 망자에 대한 축원 염불을 한다. 그리고 마지막 고인을 떠나보내기 전에 모여서 기념 촬영을 한다. 시신에 불을 붙이는 방식이 캠프 파이어 하듯 특별하다. 관까지 연결된 철사 줄에 폭죽을 달아놓고 불을 붙이면 불이 날아가 화장이 시작된다. 이때 불을 댕기는 일은 장녀들이 맡는다.

화장이 시작되면 상주들은 마지막 사진을 다시 한번 찍는다. 이 시간이 되면 대부분 참석자들이 한둘 떠나기 시작한다. 마지막까지 상주가 화장을 지켜볼 것이란 생각은 우리의 착각이다. 상주는 고인의 사진을 모시고 집으로 돌아가고 스님들은 관에 올렸던 가사를 들고 절로 돌아간다. 시신의 모두 타고 난 후 인부들이 고인의 뼈를 모아 항아리에 담아 집으로 모셔다 드린다.

49일째 다시 유가족들이 모여서 마지막 제를 지내고 뼈가 든 항아리를 납골탑에 모시는 것으로 장례절차가 끝난다. 사원의 담장은 화려한 탑으로 만들었는데, 모두가 납골 탑이다. 떠나신 부모를 절에 모시는 일이 자식으로서 마지막으로 할 수 있는 효도이기에 사원 담을 비롯해 경내 곳곳에 납골 탑이 모셔져 있다.

이상은 라오스 주류인 라오족의 보편적인 장례절차다. 49개 소수민족들의 장례절차는 모두 다 다르다. 라오족 다음으로 많은 전체 인구의 11%를 차지하는 크무족khum은 장례절차가 무척 간소하다. 심지어 오전에 죽은 경우 오후에 장례를 치르는 경우도 있다. 또 다른 소수민족 몽족(8%)은 우리의 장례와 아주 흡사하다. 상주들이 곡을

화장장을 치루는 라오스는 슬퍼하기보다는 더 나은 다음 생을 위해 기도한다.

하며 남성 중심으로 장례를 치른다. 화장이 아닌 매장을 하며 일부에선 여성들의 장지 참석을 막기도 한다.

덕쿤이 피면
더위가 찾아온다

꽃은 식물의 번식을 위한 표현이다. 매혹적인 자태로 나비와 벌은 물론 사람들도 유혹한다. 가로수나 집에서 키우는 아름답고 예쁜 꽃들도 많지만 지천에 널린 이름 모른 꽃들이 넘쳐 난다. 온통 꽃밭이고 꽃향기 가득하다. 특히 가뭄 끝인 3~4월엔 특별히 많은 꽃들이 핀다. 꽃향기 넘치고 순수한 마음을 지닌 사람들이 사는 바로 이곳 라오스가 화향천리花香千里 정향만리情香萬里라는 말이 어울리는 나라가 아니가 싶다.

○ 덕짬빠

'덕짬빠'는 라오스 국화國花다. 흔히 '러브하와이Love Hawaii'라고 부른다. 학명은 프루메리아Plumeria다. 덕짬빠는 몽환의 향이라고 불릴 정도로 향이 진하고 매혹적이다.

특히 밤중에 나방 등 벌레를 불러 모으기 위해 아주 짙은 향을 뿜어낸다고 한다. 유명 여배우 마릴린 먼로가 즐겨 쓰던 샤넬의 대표 향수 No.5의 재료라고도 한다. 비누, 양초, 향수 등의 주원료로도 사용된다.

이 꽃은 기관이나 회사에서 문양으로 사용된다. 라오항공Lao Air Lines은 노란 덕짬빠 꽃을 로고로 만들어 사용하고 있다. 여성 승무원들이 덕짬빠 머리핀을 꽂아 우아함과 단아함을 한꺼번에 느낄 수 있다. 라오스 관광청Tourism Marketing Department에서도 덕짬빠 꽃을 로고로 사용한다. 꽃 그림 안에 라오스 상징물인 탇루앙 탑을 음영으로 넣어 디자인했다.

라오스 국화는 흰색 꽃이지만 가운데가 노란색으로 물든 것이 오리지널이다. 흰색, 노랑, 분홍, 자주색 등 꽃잎의 색이 여러 가지 있다. 5겹 꽃잎을 가졌으며 꽃술이 없다. 꺾어 심기가 가능한 꽃으로 쌍떡잎식물 용담목 협죽도과科 나무다.

하와이에선 이 꽃을 머리 왼쪽에 꽂으면 기혼이나 사귀는 사람이 있다는 뜻이고 오른쪽은 싱글이란 뜻이 있다고 한다. 라오스엔 꽃이 꽂힌 위치에 따라 구별되는 방법은 없다. 그냥 꽃을 꽂고 다니는 사람이 여행자를 빼고는 별로 없기 때문이다. 만약 꽃을 꽂았다면 영화 '웰컴 투 동막골'에서 동구가 여일에게 "니 머리에 꽃 꽂았제?" 라는 대사가 어울릴 상황일 것이다.

○ 덕쿤

라오스의 진짜 더위는 '덕쿤'의 개화와 함께 찾아온다. 덕쿤은 태국의 국화國花로 태국현지에선 '덕 라차프룩Dok Rachapruek'이라고 불린다. 노란 포도송이처럼 생긴 이 꽃은 마치 샤워꼭지에서 황금 물방울이 떨어지는 모양이다. 그래서 흔히 골든 샤워 트리Golden Show Tree라고 한다.

꽃은 라오스 새해인 삐마이(삐=년, 마이=새) 전후가 절정이다. 삐마이 기간에 사람들은 이 꽃을 물에 적셔 서로에게 뿌려 주며 새해 건강과 행운을 기원한다. 그리고 차량 앞이나 사이드미러에 달고 다니기도 한다. 집 문에도 걸어 행운을 부른다.

○ 덕황댕

봉황목이라고 부르는 '덕황댕'도 라오스 새해인 4월 삐마이를 기점으로 꽃이 피기 시작한다. 이 시기가 되면 봉황목鳳凰木이 거리를 온통 빨갛게 물들인다. 불꽃나무flame tree라고도 불리는 이 나무의 꽃을 '덕황댕'이라고 부르는데, '덕'은 꽃이고 '황'은 나무이름이고 '댕'은 붉다는 뜻이다. 개화할 때는 잎 없이 꽃만 핀다. 붉은 꽃이 푸른 잎에게 자리를 물려주고 나면 비로소 우기가 시작된다. 꽃은 한 달 이상을 불꽃처럼 붉게 타오른다. 한국에선 열흘 붉은 꽃이 없다고 '화무십일홍花無十日紅'이라 했는데 라오스에선 한 달 붉은 꽃이 있으니 '화유삼십일홍花有三十日紅이라고 해야 할 것 같다.

○ 덕찌아-부겐빌리아(Bougainvillea, Paper flower)

'덕찌아'는 종이꽃이라고 불린다. 원래 이름은 '부겐베리아'로 사우디아라비아의 국화國花이며 괌의 상징 꽃이다. 라오스어로 '찌아'는 종이라는 뜻이다. 한국에서도 이 꽃을 종이꽃이라고 부른다. 만져보면 마치 얇은 한지를 만지는 느낌 그대로다. 꽃이 펴서 질때까지 3번 색이 변한다고 한다.

겉으로 화려해 보이는 이 꽃의 진짜 꽃 부분은 볼품이 없다. 흔히 꽃이라고 부르는 것은 포엽苞葉이다. 포엽이라는 것은 꽃 또는 꽃받침을 둘러싸고 있는 작은 잎이다. 포엽 안쪽에 있는 아주 조그마한 흰색 꽃이 진짜 꽃이다. 이 포엽이 화려하다 보니 방화곤충들이 찾아와 수분수정을 돕는다. 루앙파방, 위양짠 등 옛 도심에서 자주 보인다. 세월의 흔적이 남아 있는, 낡았지만 지조가 있어 보이는 건축물과 잘 어울리는 꽃이다.

○ 덕푸라홍-히비스커스(Hibiscus)

무궁화처럼 생긴 히비스커스는 건강식품으로 유명하다. 히비스커스는 일명 하와이 무궁화라고 불린다. 말레이시아 국화國花로 꽃말은 여성스러움, 아름다움, 영광이란 뜻을 지니고 있다. 신에게 바치는 꽃이란 뜻을 지닌 이 붉은 꽃은 기다란 꽃술과 강렬한 붉은 색으로 숨이 넘어갈 정도로 섹시하다. 주로 꽃잎을 우려 차로 마신다. 살짝 시큼한 맛이 나지만 비타민 C와 미네랄이 풍부하다. 안토시아닌이 풍부해 성인병을 예방하고 혈액순환을 원활하게 해 준다. 감기, 심장질환, 신장, 혈관 건강에 좋으며 피부노화를 방지하고 다이어트 효과가 크다.

○ 덕다라(Ginger Flower)

조화造花 같아서 더 주목받는 꽃이다. 연한 붉은색을 띤 이 꽃은 현지에선 생강꽃 또는 다라꽃으로 불린다. 영문이름은 Long Ginger 또는 Ornamental Ginger이다. 꽃이 인공적으로 만든 플라스틱 장식물 같아서 이런 영문 이름이 붙은 것 같다. 일반적으로 3~6m 높이로 성장하는 초대형 초본식물의 꽃이다. 유기질 많은 축축한 토양을 좋아하며 루앙파방 꽝시폭포 주변에서 많이 볼 수 있다.

○ 덕삐(바바나꽃)

보라색 바나나 꽃은 연꽃같이 청순하면서 은은하고 기품이 있다. 바나나는 파초과 파초속에 속하는 세계에서 가장 중요한 식용작물로 꽃이 필 땐 하늘을 향하지만 꽃 아래로 바나나가 열리면 무게를 이기지 못하고 땅을 향하여 매달리게 된다.

바나나의 종류만큼이나 꽃의 색깔도 다양하다. 대표적으로 보라, 노랑, 붉은 색 등이 있다. 그러나 이 꽃을 직접 볼 기회는 그리 많지 않다. 식용으로 먹거나 시장에 내다 팔기 때문이다. 열매가 맺히면 꽃은 따서 튀김, 샐러드, 볶음 등으로 먹는다. 보라색 꽃잎과 꽃잎 사이로 즉, 포엽과 포엽 사이에 성냥개비처럼 생긴 화려한 여러 개의 암술이 자리 잡고 있다. 뒤에 이것이 바나나가 된다. 마치 호박꽃 뒤로 호박이 열리는 것과 같다. 바나나가 자라기 시작하면 꽃의 역할은 다 한 것이다.

바나나는 심고 2년 정도면 꽃이 피고 열매를 맺는다. 하나의 줄기에서 한번 꽃을 피우고 열매를 맺기에 열매를 수확하면 반드시 줄기를 잘라주어야 새 줄기가 올라와 꽃을 피운다.

Part III
이해해야 하는 라오스

라오스는 우기와 건기로 나눈다.
우기는 땅으로 내리꽂는
번개로부터 시작된다.

본명은 너무 길어서 몰라요

시내를 걷다 '너이'라고 부르면 많은 사람들이 뒤돌아본다. 라오스에선 그만큼 흔한 이름이다. 한국인들이 라오스 사람들을 잡고 자신이 알고 있는 '너이'를 아냐고 물어본다. 서울에서 김씨를 찾는 격이다. 라오스 사람들의 이름에 대한 모르면 벌어지는 일이다.

사람의 이름은 태어나서 죽을 때까지 그 사람을 통칭하는 단어로 인생의 길흉화복을 좌우한다. 라오스는 보통은 성(남싸꾼)과 이름(쓰)으로 구분되어 있다. 성은 보통 아버지의 성을 따라 쓴다. 어머니 집안이 덕망 있는 경우는 어머니의 성을 따서 쓰기도 한다. 그래서 성을 보면 어느 집안의 사람인지를 구분할 수도 있다.

라오스 사람들이 흔히 부르는 이름은 본명이 아닌 별명이다. '쓰린'이라고 하는 것은 닉네임으로 보면 될 것이다. 본명은 공적인 경우나 서명을 할 때 사용하지만 일반적으로 집이나 친구들 사이나 직장에서도 그냥 '쓰린'을 쓴다. 흔히 한국에선 이름을 지을 땐 사주나 의미를 부여해 짓는 것과는 달리 쓰린은 보통 태어난 아이의 모습을 보고 정한다. 아이가 보석처럼 예쁘면 '깨우(보석)', 태어난 아기가 작으면 '너이(적다)', 크면 '야이(크다)'라고 짓는다. 라오스 사람들은 신체적인 유전자 특성과 영양부족 등으로, 태어난 아이들의 대부분이 작아서 '너이'라고 이름 짓는 경우가 많은 것 같다.

이름으로는 요일과 달을 쓰는 경우도 있다. '짠'이라는 이름을 가진 이들은 대부분 월요일에 태어난 사람들이다. 짠은 라오어로 달月이다. '칸'은 화요일, '쑥'은 금요일에 태어난 사람들이다. 달의 이름을 쓰기도 한다. 3월에 태어난 아이는 '미나', 4월에 태어나서 '메싸'라는 이름을 쓴다. 한국말로 바꾸면 뭐 '삼월이'나 '사월이'라고 할 수 있겠다.

'라'라는 이름은 막둥이 막내를 말한다. 한국에서는 종철, 종숙, 말자 등 과 같은 의미다. 양념의 이름을 쓰기도 한다. 소금처럼 귀한 존재라고 '끄아', 설탕처럼 달콤하라고 '남딴', 사탕수수를 닮아서 '어이' 등과 같은 이름도 많이 쓴다. 최근엔 시원한 음료수 '펩시' 같은 이름으로 짓는 경우도 있고, 카메라를 뜻하는 '컹', 필름을 뜻하는 '핌'은 물론 '제니', '쏘니' 등 외래어 이름을 쓰는 경우도 늘고 있다.

가끔은 이름과 이미지가 정반대라서 웃음이 나는 경우도 있다. 쩌이(홀쭉이)라는 이름에 커다란 덩치를 가진 이들이 있고, 반대로 뚜이(뚱뚱보)라는 이름을 가진 가냘픈 이들도 있다. 야이(크다)라는 이름을 쓰는 사람이 작고 마른 경우도 있으니 이름과 너무나 다르다. 태어났을 때 모습이 다 큰 뒤에 바뀌는 경우가 허다하니 어쩔 수 없는 일이다.

의료, 보건 시설의 부족으로 영유아 사망률이 높다 보니 귀한 집 자식의 경우는 이름을 천하게 짓는다. 그중에 대표적인 이름이 '함'으로 '불알'이라는 뜻이다. 한국에서도 예전에는 귀한 자식을 저승사자가 데려가지 못하도록 '개똥이'라고 부르는 등 천한 이름을 붙이는 풍습이 있었는데, 이와 비슷한 풍습이라고 보면 된다.

신체적인 이름 중엔 눈과 관련된 이름이 많다. 눈이란 뜻의 '따'를 이름에 붙인다. 검은 눈은 '따담', 큰 눈은 '뚝따' 또는 '따야이', 작은 눈은 '따노이' 등이 있다. 궁뎅이를 뜻하는 '꼰'이란 이름을 쓰는 이도 있는데 참으로 웃긴 이름이다.

보석 이름을 많이 사용하기도 한다. 금이란 뜻으로 '캄', 유리 또는 보석이라는 뜻으로 '깨우', 금강석을 뜻하는 '펫', 동을 나타내는 '텅' 등이 있다. 빛·광선·보석 등의 뜻을 지닌 '쌩', 천국·하늘이란 뜻의 '싸완', 별이란 뜻의 '다오'란 이름도 흔히 들을 수 있다. 그리고 동물도 이름으로 쓴다. 여자들은 새를 나타내는 '녹', 닭을 나타내는 '까이' 등을 쓰고 남자는 코끼리인 '쌍', 호랑이인 '쓰아' 등을 쓴다.

우리의 억양에 좀 이상하게 들리는 이름도 있다. 원래 발음으로는 '떵'이지만 '똥'으로 들리는 황당한 이름도 있다. '떵'은 '맞다'라는 뜻을 가진 아주 좋은 이름이다.

좋다라는 뜻인 '디'는 한국인들의 이름에도 쓰는 좋을 호好자라고 보면 된다. 밝음 또는 깨끗함을 뜻하는 '쏜'은 밝을 명明, 행복 또는 복이란 뜻을 지닌 '분'은 복 복福과 같다.

그리고 '쓰린'으로 불리는 단어가 본명에 들어간 경우가 있다. 그중에 많이 쓰는 단어를 보면 캄(금), 쌩(만), 텅(구리), 깨우(보석), 펫(금강석),

다오(별), 짠(월, 달), 칸(화, 매혹적인), 쑥(금, 행복하다) 등이 있다.

예를 들어 금이란 단어인 '캄'과 좋은 뜻이 들어간 또 하나의 단어를 결합해서 이름을 짓는 경우도 많다. 캄쌩, 캄펭, 캄라, 캄디, 캄짠, 캄깨오, 캄판, 캄다, 캄댕, 캄만, 캄미싸이, 캄마니, 캄푸마니 등 셀 수 없을 정도로 많다.

이름 앞에 '낭'은 여성을 칭하는 접두사로 미스 또는 미세스Miss, Ms를 나타낸다. '낭'은 사람뿐만 아니라 동식물에도 붙일 수 있다. 남자의 이름 앞에는 '타우'라는 접두사를 붙이는데 영어식으로 보면 미스터Mr이다. 그리고 지위가 높은 사람들 앞엔 '탄'을 붙인다. '탄'은 2인칭대명사로 선생, 귀하, 각하 등의 뜻을 지니고 있다.

이름이 같다고 인생이 똑같지는 않다. 이름이라는 것은 단순하게 사람을 구분하는 역할을 할 뿐이다. 모든 사람은 저마다의 삶을 영위한다. 좋은 이름을 가졌다고 반드시 그 사람이 빛나는 게 아니다. 반대로 이름이 좋지 않다 하더라도 열심히 노력해 훌륭한 사람이 되면 그 사람의 이름이 자연스레 빛난다. 사람들은 그 사람의 언행, 활동, 성공 등을 존경하는 것이지 이름 자체를 존경하는 것이 아니다.

고산 마을인 푸쿤에서 새벽 밭일을 나가는
자매 사이로 산들이 안개에 가려 있다.

집과 땅은 우기에 골라라

산이 높으면 골이 깊고 땅이 평탄하면 강이 넓다. 수도 위양짠을 중심으로 남쪽 메콩강변을 따라 여행을 한 사람들은 라오스는 평야지대가 많아서 좋겠다고 말한다. 반면 북쪽으로 여행을 한 사람들은 온통 산이라 먹고살기 힘들겠다고 말한다.

라오스의 동북은 높고 서남은 낮은 지형이다. 위양짠 메콩강 상류와 하류의 지형은 극명하게 다르다. 메콩강 북쪽은 라오스 태국 미얀마가 국경을 맞대고 있는 골든트라이앵글, 후아이싸이, 루앙파방 등의 도시를 빼면 평야지대가 없을 정도로 모두 가파른 산악지형이다. 반면 남쪽으로는 캄보디아 국경이 있는 컨파펭 폭포까지는 강을 따라 넓은 평야지대가 이어진다. 강을 따라 발전한 위양짠, 타캑, 싸완나켓, 빡쎄 등의 도시들은 평야지대에 위치해 있다.

라오스에서 집이나 땅을 구할 때 지명만 알아도 최소한 우기에 집 마당이 양어장으로 변하는 것은 막을 수 있다. 지대가 낮은 곳은 흔히 땅 사는 값보다 땅을 돋우는 흙 값이 더 많이 들어간다고 한다. 특

히 지대가 낮고 습지가 많은 위양짠에서는 산이나 언덕이 없어 흙을 구하는 것도 어려운 일이다. 지대가 낮은 동네를 다니다 보면 집안에 연못이나 웅덩이가 많다. 집을 지을 때 한쪽 흙을 퍼 올려 땅을 북돋아 짓고 퍼낸 곳은 그냥 두면 자연스럽게 집안의 연못이 된다.

언덕에 관한 단어로는 '폰', '넌', '던', '콕' 등이 있다. 이런 단어로 시작되는 동네는 일단 배수가 잘 되는 높은 지역으로 보면 된다. '폰'은 작은 구릉이란 뜻이 들어가 있다. 위양짠에서 한국인들이 많이 거주하는 지역으로 폰탄, 폰씨누완, 폰빠빠오 등이 있다.

구릉을 뜻하는 '넌'이 들어간 지역으로는 넌싸완, 넌싸왕, 넌쪼빠 등이 있다. 저습지의 반대말로 높은 지역을 뜻하는 '던'이란 단어가 들어간 곳으로는 던커이, 던노콤, 던눈 등이 있다. 언덕 구릉을 뜻하는 '콕'자가 들어간 곳으로는 소금마을이 있는 콕싸안을 비롯해 콕너이, 콕싸이, 콕씨위라이 등이 있다.

평야지대는 '통'자가 들어간다. 씨엥쿠앙 항아리 평원으로 유명한 곳의 지명이 '통하히힌'이다. 위양짠에선 재래시장으로 유명한 통칸캄 지역도 있다.

논이나 습지인 지역의 이름엔 '넝', '나' 등이 동네 이름 앞에 붙는다. 태국 국경에 있는 넝카이가 대표적이다. 강주변에 위치한 넝하이, 넝복, 넝땡, 넝다 등의 지명을 보면 모두 습지다. '나'는 논을 뜻한다. 나하이, 나노, 나싸이, 나쏜 등은 대부분 논이 있을만한 낮은 평야지대에 있는 마을 이름이다.

숲은 '동'이나 '빠'가 들어간다. 흔히 한국인들이 라오스 국립대(마하위타라나이행쌉)를 동덕대라 부른다. 이 대학이 있는 곳이 동덕마을이라 그냥 줄여서 동덕대라고 부르는 것이지 한국의 동덕여대하고는 아무 상관이 없다. 동덕은 흔들리는 숲을 의미한다. 동빠란Dong Palane이란 곳의 지명을 해석해 보면 '동'과 '빠'는 숲을, '란'은 글을 쓰는 종이를 뜻한다. 종이나무가 많이 있었던 숲이란 지명이다. 라오스 국립교대가 있는 곳은 '동캄쌍'이다. 번역을 하면 금코끼리 숲이란 뜻이 되겠다. 라오스 정부 기관들이 이전하는 신도시지역은 '동막카이'이다.

산을 나타내는 단어로는 '푸'를 쓰고 절벽은 '파'를 쓴다. 라오스에서 가장 높은 산은 '푸비아Phou Bia'(2,819m), 위양짠에서 가장 가까운 산은 '푸카오쿠와이Phou Khao Khoay', 루앙파방 왕궁박물관 앞 산인 '푸씨Phou Si', 두 번째로 높은 산인 씨엥쿠앙지역의 산 이름이 '푸싸이라이넹Phou Xai Lai Leng'(2,720m)이다. 짬빠싹에 있는 세계문화유산인 왓푸는 산에 있는 사원이란 뜻이다. '왓'은 사원이고 '푸'는 산을 말한다.

'파'는 큰 바위벽, 깎아지른 벼랑이다. 왕위양에서 노을을 보는 절벽이 '파응언Pha Ngeun', 농키아우 옆에 있는 절벽은 '파쌍Pha Xang', 왕위양서 루앙파방을 가는 신도로의 고원이 '파찌아Pha Chia', 왕위양 북쪽에 홀로 서 있는 바위벽 '파땅Pha Thang' 등을 들 수 있다.

쉽게 알 수 있는 강 지명

현재 라오스의 주류 민족은 '라오룸'이다. 라오룸족은 강을 기반으로 저지대에 주로 산다. 강은 물을 기반으로 한 문명의 발상지로 사람들이 모여 살기 좋다. 그래서 강을 따라 사람들이 모여들고 도시가 발달하고 새로운 소식과 물건이 모여든다.

한국에선 나루터를 포浦와 진津, 그리고 도渡로 구분한다. 포는 규모가 큰 항구로 주로 바닷길과 연계된 곳에 붙는다. 김포, 구포, 마포, 영등포, 합포, 목포, 삼천포, 제물포 등이 있다. 진津은 포보다 작다. 단순히 배를 대는 곳이며 주로 좁은 바닷목이나 강 또는 하천을 건너는 곳이다. 당진, 강진, 양화진, 노량진, 광진, 신탄진, 부산진, 삼랑진, 청진, 주문진 등을 꼽을 수 있다. 사람이나 물건을 건네주는 배가 있는 곳으로 삼전도, 임진도 등이 그런 곳이다. 라오스의 나루터는 한국으로 보면 진津이나 도渡에 해당된다.

라오스 말로 나루터 앞엔 '타Tha'자가 붙는다. 대표적인 곳이 수도인 위양짠과 태국 농카이 사이 옛 국경이 있던 '타드아Thadeua'다. 현재 국경인 우정의 다리보다 약 2.5km 하류에 위치해 있다. 국경 다리가 놓이기 전까진 이곳 타드아 나루터가 국경 보드였다.

캄무완 주의 주도인 '타캑Thakhek'도 마찬가지로 나루터다. 태국의 나컨파놈과 교역이 이뤄지는 곳이다. 라오스어로 캑은 손님을 뜻한다. 특히 인도, 스리랑카, 방글라데시 등의 사람들을 일컫는 뜻으로 쓰인다. 즉 타캑은 인도 손님들이 드나들던 나루터라고 해석할 수 있다.

위양짠에서 남응음 강을 건너는 곳에 있는 선상 식당이 있는 '타응언Thangon'과 남응음댐 아래의 남릭과 남응음 강을 건너던 타랃Thalat 등도 유명한 나루터다. 이외에도 타흐아, 타복, 타싸라캄 등의 지명이 있다.

지류가 메콩강과 합류되는 곳의 지명엔 '입'을 나타내는 단어인 '빡Pak'이 붙는다. '빡' 뒤에 지류의 강 이름이 합쳐져 인근 동네의 이름을 짓는다. 라오스 제2의 도시 '빡쎄Pakse'는 남쎄돈이란 강이 메콩과 만나는 지역에 형성된 도시다. 남싼과 만나는 지역은 빡싼Paksan, 남우와 만나는 곳은 빡우, 남가딩과 만나는 곳은 빡가딩이라 부른다. 빡라이, 빡뺑 등의 마을도 강의 입구에 있다.

보통은 강 이름 앞엔 '남Nam'이란 단어가 붙는다. 남썽, 남응음, 남우 등이 그 예이다. 남부지방에서는 특별하게 '쎄Xe'라는 단어가 붙인다. 쎄돈, 쎄껑, 쎄쎈, 쎄커퍼 등의 강이 있다. 2018년 한국의 SK건설이 완공해 담수하던 중에 많은 비로 무너진 쎄삐안-쎄남노이 댐에서도 '쎄'라는 말이 붙는다.

작은 강을 부를 때는 '후와이Huay'를 앞에 붙인다. 시내, 개천이라는 뜻이나 사실은 작은 강을 말한다. 후와이 모, 후와이 박리양, 후와이 미쌍, 후와이 뚜양 등의 강이 있다.

'돈Don'은 섬이다. '도島'라고 할 수 있다. 단 라오스는 바다가 없기에 섬은 모두 강이나 호수에 있다. 위양짠의 메콩강변에 높은 호텔이 하나 있는데 이름이 '돈짠 팰리스'이다. 이 호텔이 위치한 곳이 예전에 물길이 있어 섬으로 구분했다. '짠'은 달을 일컫는데, '돈짠'은 달의 섬이란 말이 된다. 위양짠은 현지식으로는 위양짠이며 '위양'이 도시를 뜻하므로 '위양짠'은 '달의 도시'다. 그래서 '돈짠'은 달의 도시에 있는 달의 섬이라는 뜻이 된다.

라오스 남부 씨판돈 지역은 메콩강 본류에서 가장 넓고 가장 험한 구간이다. '씨'는 4이고, '판'은 1,000이다. 즉 씨판돈은 4,000개의 섬이 있는 지역이라는 뜻이다. 이곳에 돈뎃, 돈콘, 돈콩, 돈싸담, 돈싸홍 등 이름을 가진 섬들이 즐비하다. 유인도도 있지만 대부분은 무인도다. 우기에 사라지는 섬들이 많다. 그러나 건기가 깊어 갈수록 섬들이 수면 위로 모습을 드러내며 4월이 되면 메콩강에 무수히 많은 섬들이 나타난다.

바다가 없는 나라에 물이 많고 강도 많고 섬도 많은 것이 흥미롭다. 게다가 물과 관련된 지명도 풍부하다. 들여다보면 볼수록 재미있는 나라다.

뱀을 닮은 라오어

라오어를 처음 볼 땐 무슨 라면을 부수러 놓은 것 같았다. 알고 보니 라오 문자는 뱀을 형상화해서 만들었다고 한다. 문자 하나하나 보면 작은 원이 있는데 이게 뱀의 머리라고 한다. 그리고 그 작은 원이 글을 쓰는 시작점이라고 한다.

한글 자음과 모음은 모두 왼쪽에서 오른쪽으로 위에서 아래로 쓰게 되어 있다. 라오어도 마찬가지지만 아래서 위로 쓰는 자음과 모음이 특히 많다. 라오어를 쓰는 건 차라리 그린다는 표현이 어울릴 만큼 어렵다. 그리고 띄어쓰기를 하지 않기 때문에 글을 읽고 쓰는 것이 더 어렵다.

라오어는 중국 남부 지방에서 사용된 타이Tai어에서 유래했다. 타이족은 오늘날 라오스와 태국의 주류민족을 이루고 있기에 두 나라의 언어도 비슷하다. 과거 란쌍왕조에 속했던 태국 동북부 지역을 이싼Isan지방이라고 부른다. 이싼은 우돈 타니, 우본랏차타니 등 19개 주로 구성되며, 지역민들이 사용하는 전통적인 라오어를 이싼어라고 부른다. 그런데 지금은 아이러니하게 라오사람들이 태국어를 많이 사용하고 있다. 어려서부터 교육기관을 통해 배운 것이 아니라 텔레비전을 통해 자연스럽게 받아들여서 자국어처럼 사용할 수 있게 된 것이다. 재미없는 라오스 방송이 외면당하고 태국 텔레비전 방송에 안방을 내주면서 생긴 현상이다. 안타까운 일이다.

라오스 문자는 인도의 빨리Pali어, 산스크리트Sanscrit어에서 많이 차용했다. 라오어는 기본 자음 27자, 특수자음 6자, 모음 28자, 복합모음 4자로 구성되어 있다. 그리고 6성조로 분류한다. 성조에는 각각의 다른 성조부호가 있으며 많이 쓰는 부호는 '마이엑'과 '마이토'이다. 라오어는 같은 발음이라도 음의 높낮이에 따라 뜻이 달라지기 때문에 정확하게 발음을 해야 한다. 평음인 한글을 쓰는 한국인들에겐 성조에 맞게 말을 한다는 것이 무척 어려운 일이다.

'까이'라는 말은 가깝다는 뜻이다. 그런데 먼 것도 '까이'다. 닭도 '까이'다. 성조에 따라 뜻이 달라지는데 사실 라오인들도 서로 잘 이해를 못하는 경우가 있다. 그래서 가까운 것은 '까이 까이' 먼 것은 '까~이' 이런 식으로 이야기한다. 아니면 문장으로서 말해서 서로 이해할 수 있도록 한다. 이처럼 어려운 성조를 한국인이 완벽하게 한다는 것은 거의 불가능한 일이다.

한국국제협력단 코이카KOICA의 경우 성조를 높게 하면 남성의 성기를 뜻하는 말로 들린다. 그래서 '코이카'를 '꺼이까'로 읽고 쓴다. 라오사람들은 여성의 성기를 비하하는 말로 '히'라는 단어를 쓴다.

그런데 한국 여성들의 이름에 유난히 '희'자가 많이 들어가 있으니 라오인들이 이상하게 생각할 수밖에 없다.

토착어와 외래어 사이에서 생기는 웃지 못할 일이지만 현지에서 살려면 이런 것을 이해해야 한다. 라오스에서 외래어 중 발음이 우리와 달라 알아듣지 못하는 경우가 빈번하다. 커피숍 '아마존Amazon'은 '아매쏜'으로 인터넷 '데이터Data'는 '다타'로 발음한다.

라오스 사람들이 잘 쓰지 못하는 자음이 있다. 'ㅊ'과 'ㄹ' 이다. 라오인들은 영수증을 달라고 할때 '쎅빈'이라고 말한다. 왜 이 단어는 사전에 나오지 않느냐고 물으니 영어 '체크빌Check Bill'이란다. 알고 보니 발음이 어려운 'ㅊ'을 'ㅆ(ㅉ)'으로 'ㄹ'은 'ㄴ'으로 바꿔 쓴 것이다. 태국어와 이런 면에서 차이가 난다. 태국의 도시라는 뜻인 '치양'은 '씨양'으로, 코끼리는 '창'은 '쌍'으로 바뀌어 발음된다.

흔히 중국에서는 위양짠을 '万象'이라고 쓰고 '완씨앙'이라고 읽는다. 이는 란쌍왕조를 뜻하는 말이다. '란'은 '만万'에서 왔고 '쌍'은 코끼리 '상象'에서 왔다.

라오스어 중 한 음절로 된 단어 가운데 중국어의 영향을 받은 단어가 많다. 더한다는 '익'은 더할 익益에서, 숯은 '탄'으로 숯 탄炭에서, 말은 '마'로 말 마馬에서, 따뜻한 건 '운'으로 따뜻할 온溫에서, 아가씨는 '낭'으로 아가씨 낭娘에서, 불은 '화'로 불 화火에서, 탑은 '탇'으로 탑塔에서, 손님은 '캑'으로 손 객客에서 차음 되었다.

선은 '쎈'으로 줄 선線에서, 익다는 '쑥'으로 익을 숙熟에서, 높은 것은 '쑹'으로 높을 숭崇에서, 보내다는 '쏭'으로 보낼 송送에서, 가루는

'훈'과 '뿐"으로 가루 분粉에서 왔다. 중국은 '찐'으로 부르는데 진나라의 진秦에서 온 것으로 알 수 있다. 대부분 발음이 ㅆ, ㅃ, ㅉ, ㄲ, ㄸ 등 된소리로 변형된 것을 알 수 있다.

숫자를 나타내는 3은 삼三, 4는 씨四, 10은 십十 등도 마찬 가지다. 이외에도 입구를 뜻하는 '카오'는 입 구口의 중국어 발음 '카오'에서 온 것으로 추정된다.

라오스 국립대학교엔 한국, 영어, 프랑스, 베트남, 러시아, 중국, 일본, 독일, 스페인 등 9개 나라 언어학과가 있다. 그런데 신기하게도 주변국가인 태국, 캄보디아, 미얀마 언어를 가르치는 학과가 없다. 자세히 모르긴 해도 이들 국가의 언어는 모두 빨리Pali어와 산스크리트Sanskrit어에서 유래했고 같은 뿌리를 두고 있어 별도로 가르치지 않는 것으로 풀이된다.

최근 한국인들의 라오스 관광 및 사업 진출이 늘면서 한국어과의 경쟁률이 높아지고 취업도 잘된다고 한다. 대부분 한국어를 하는 라오스 사람들은 한국어는 정말 읽고 쓰기는 쉬우나 뜻을 알고 말하기는 너무 어렵다고 한다. 반면 한국인들은 라오스 말하기는 쉬운 편이나 읽고 쓰기는 너무 어렵다고 한다.

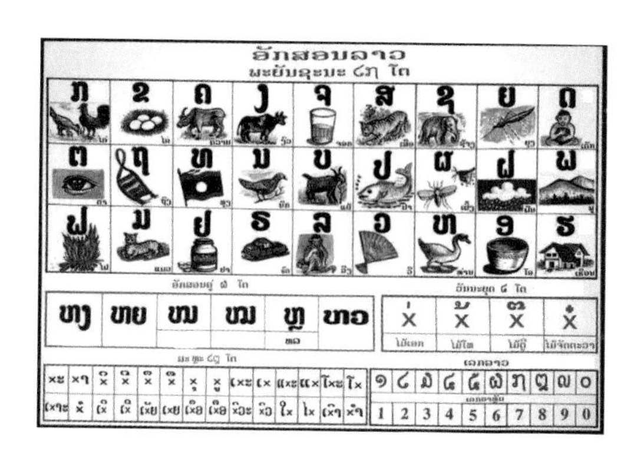

바다는 없어도 소금은 나온다

라오스는 바다가 없는 나라다. 베트남, 캄보디아, 태국, 중국, 미얀마 등 5개국에 둘러 싸여 있는 완전 내륙국가다. 그럼에도 불구하고 라오스에도 그 귀하디 귀한 소금이 생산된다. 히말라야의 네팔이나 부탄처럼 바위벽에서 소금을 캐는 것도 아니고, 폴란드처럼 지하에 소금광산이 있는 것도 아니다. 물론 바다가 없으니 우리나라 서해안에서 볼 수 있는 것처럼 염전에서 소금을 생산하는 것은 더더구나 아니다. 그렇다면 어떻게 소금을 구하는 것일까?

라오스는 과거 바다였던 곳이 융기해 형성된 곳이다. 여기에 비밀의 열쇠가 있다. 지하에는 소금층이 있고 그 소금층 주변으로 흐르는 지하수를 퍼 올려 소금을 얻는다. 이 소금물이 과거 라오스가 바다였다는 결정적 증거다. 지하수를 끌어 올려 끓이거나 증발시키면 소금이 된다. 내륙지방에선 워낙 귀한 것이라 작은 금이라 불렀다. 여느 나라에서도 그렇듯이 이 소금은 음식의 맛을 결정하는 중요한 재료 중 하나다.

수도 위양짠 동남쪽으로 25km 떨어진 반콕싸안 마을을 중심으로 소금 지하수가 흐른다. 이곳에서 북쪽으로 40km 떨어진 위양짠 주 반껀이라는 마을에도 소금공장이 있다. 이걸로 봐서 지하에 길게 소금물이 흐르고 있음을 알 수 있다. 이런 소금마을은 최근 한국 패키지 관광객들이 꼭 찾는 유명 관광지가 되었다. 인기 방송인인 박명수가 출연한 한국의 한 방송 프로그램에서 소개된 영향이 크다고 한다. 화려한 볼거리는 없지만, 소금마을 주민들의 생활 모습을 볼 수 있는 아주 특별한 곳이다.

소금 생산은 이른 아침부터 시작한다. 커다란 철판으로 만든 네모난 수조에 지하수를 받은 다음 9시간 동안 불을 피워 소금을 얻어 낸다. 맑은 물은 불기운을 받으면 기름이 물 위에 떠 있는 것처럼 보인다. 소금 결정이 생기기 시작하는 단계다. 물이 끓어 모두 증발되면 하얀 순백의 소금 결정이 드러난다. 마치 아무도 밟지 않은 하얀 눈밭 같다.

이렇게 뜨겁게 달궈진 수조에선 대략 여섯 바구니 정도의 소금이 생산된다. 바구니에 담은 소금은 한동안 그대로 두어 1차적으로 간수를 뺀다. 어느 정도 빠지면 대나무 창고에 두고 2차적으로 간수를 뺀 후 공장으로 보낸다. 공장에서는 육지 소금에 없는 요오드를 첨가해서 최종적으로 먹을 소금을 생산한다. 요오드가 부족한 경우 몸 안의 에너지 대사에 지장이 생겨 활력이 떨어지고 갑상선 이상, 어린이 뇌 손상 등을 초래할 수 있기 때문에 꼭 첨가한다.

끓여서 소금을 만드는 방식은 1년 내내 같다. 그러나 건기인 11월부터 4월까지는 한국의 천일염을 만드는 것처럼 넓은 노천에 검은 비닐을 깔고 물을 받아서 증발시키는 방식을 쓴다. 이렇게 생산된 소금은 먼지도 많고 여러 가지 불순물들이 들어가 끓여 만든 소금에 비해 덜 깨끗하다. 하지만 땔감이 필요 없고 건조한 날씨를 이용하기 때문에 생산 방식이 단순하다는 장점이 있다.

우기인 5월부터 10월까지는 많은 비가 내리고, 게다가 일조량 부족으로 노천에선 생산할 수 없다. 일손이 많이 들어가기는 하지만 끓여서 만든 소금이 깨끗하고 맛도 좋다. 마치 한국의 전통 소금인 자염煮鹽과 비슷한 맛을 낸다.

현재 한국에서의 천일염은 1907년 일제 강점기때 들어온 소금 제조 방식으로 만든다. 한국 고유의 전통방식으로는 농축된 바닷물을 가마솥에 넣고 끓여 만드는 화염火鹽, 갯벌에 바닷물을 가둬 염도를 높인 다음 가마솥에 넣고 끓여 만드는 자염煮鹽이 있다.

아직도 전통방식으로 소금을 만드는 곳이 있는데 바로 충남 태안이다. 바닷물을 갯벌에 파 놓은 웅덩이에 고여 말리고, 또 고이고 말리고를 반복해서 아주 염도가 높은 소금물을 만든 다음 이를 불판에 올려 가열해 소금을 만든다. 이른바 태안산 자염인데, 라오스에서 소금을 만드는 방식과 같다. 소금을 만드는 방식 하나일 뿐인데, 왠지 동질감이 밀려온다.

라오스는 바다가 없는 내륙국가이지만 지하로 암염수가 흘러 소금을 생산한다.

몽족 소녀가 금줄이 걸린 문 앞에서 전통 수를 놓고 있다.

동전이 없는 나라

한 나라의 역사, 사회, 문화, 경제 등 모든 것을 함축적으로 담아 놓은 것이 바로 돈이다. 라오스의 통화通貨는 1946년 자유라오 낍Free Lao Kip, 1952년 로얄 낍Royal Kip, 1976년 빠테라오 낍Pathet Lao Kip을 거쳐 1979년 라오스 민주공화국 낍Lao PDR Kip으로의 화폐 개혁을 통해 현재에 이르고 있다.

라오스 화폐의 단위는 낍Kip이며 동전은 없다. 500, 1,000, 2,000, 5,000, 1만, 2만, 5만, 10만 등 8종의 지폐가 유통되고 있다. 러시아 Goznak 회사에서 인쇄, 수입해 사용하고 있다. 프랑스 식민시절인 왕정 때엔 프랑스에서 제작한 화폐를, 1975년 정부 수립 이후엔 중국에서 인쇄한 화폐를 사용했었다.

지금은 사용하지 않지만 한때 동전도 유통됐다. 1952년 프랑스어와 라오어가 들어간 10, 20, 50앗(att, 낍(Kip)의 1/100)으로 발행됐다. 동전의 재료는 알루미늄이었고 중국 동전처럼 가운데 구멍이 있었지만 곧 발행 중단됐다. 1980년 28년 만에 동전이 재발행됐는데, 종전처럼 3가지 종류인 10, 20, 50앗이었다. 동전의 앞면은 국가 상징, 뒷면은 농경 모습이 담겨 있다.

1985년에는 라오스 인민민주공화국의 창건 10주년 기념으로 1, 5, 10, 20, 50낍 동전을 만들었다. 하지만 1991년의 소비에트 붕괴로 인한 경제적 손실과 만성적인 인플레이션으로 인해 재차 동전이 사라지게 됐다.

현재 유통되는 지폐의 앞면엔 공통적으로 까이쏜 폼위한Kaysone Phomvihane 초대 총리의 초상과 탇루앙That Luang 또는 왓씨엥통Wat Xieng Thong 사원이 그려져 있다. 까이쏜은 라오스 독립을 성취하고 좌우 진영의 분열 속에서 사회주의 혁명을 성공시킨 인물이다. 오늘날의 라오스 인민민주주의 공화국을 탄생시켰다.

탇루앙은 루앙파방에서 위양짠으로 수도를 옮긴 쎄타티랏왕이 1566년 세운 라오스 불교 최고의 탑으로 석가의 가슴뼈가 봉안되어 있다. 라오스 국장國章에 들어가는 상징성을 띠고 있는 탑이다.

왓씨엥통은 루앙파방에 있는 사원으로 왕실에서 치러지는 의식을 주관하던 사원이다. 화려한 금장식의 건물 정면, 생명나무 등 다채로

운 벽화, 유리 모자이크가 아름답다. 또한 경사가 기울어진 세 겹의 독특한 지붕양식은 아시아에서 보기 드문 사원의 건축양식이다.

화폐에 표시된 금액이 아라비아 숫자 이외에 라오스 고어를 사용, 외국인들은 계산할 때 헷갈리기 일쑤다. 고어의 '1'자가 '9'자 처럼 '2'는 '6'자처럼 생겨 혼돈하기 쉽다. 1만, 2만, 5만, 10만 낍엔 시각장애인들이 구분할 수 있도록 점자를 도입했다.

대부분의 돈은 2003년과 2004년에 제작되었으며 10만낍과 2,000낍은 2011년에 만들어졌다. 라오스 환율(2019년 8월 기준)은 1달러($)=8,600낍 정도이다.

500낍의 경우는 과거 화폐형태로 1988년에 제작된 것이다. 현재 유통되고 있는 지폐와는 디자인부터가 다르다. 1979년 발행된 1, 5, 10, 20, 50, 100낍 등과 비슷한 도안을 가지고 있으며 가장 오랫동안 사용된 지폐로 현재는 거의 통용되지 않는 돈이다. 500낍의 국장은 탇루앙 탑 대신 공산당을 상징하는 낫과 망치, 별이 그려져 있다. 그러나 2015년 재발행된 화폐에서는 낫과 망치 대신 탇루앙으로 바뀐 국장을 사용하고 있다. 그리고 경제발전을 뜻하는 수력발전시설, 관개수로, 경지정리 하는 모습을 그려 넣었다. 뒷면에는 대나무 바구니를 등에 맨 여인들이 남부 빡쏭Paksong에 있는 볼라웬Bolavan 고원에서 커피를 수확하는 모습이 그려져 있다.

1,000낍은 다른 지폐와는 달리 까이손 폼위한 초상 대신 라오스 3대 대표 민족의 전통복장을 한 라오룸(라오족), 라오텅(크무족), 라오쑹(몽족) 여인들의 모습이 도안돼 있다. 아마도 다민족의 융합을 강조하기

위한 것으로 생각된다. 이 분류법은 지금은 사용하지 않는다.

뒷면엔 농업국답게 풍요와 다산을 뜻하는 물소가 있는 평화로운 농촌 풍경인데 그 풍경 뒤로 전력 송전탑을 살짝 그려 넣어 경제성장의 모습도 보여 주고 있다. 현재 1,000낍은 작은 단위의 돈으로 분카오판싸, 분억판싸, 분탇루앙 등 축제 때 절에 시주하는 돈으로 주로 사용되고 있다.

2,000낍 뒷면엔 수력발전소가 그려져 있다. 이 발전소는 남부 쌀라완Salavan 주에 반쎈왕 마을에 있는 쎄쎈Xeset 발전소다. 5,000낍 뒷면엔 왕위양Vang Vieng 입구에 있는 시멘트 공장이 그려져 있다.

1만 낍과 2만 낍은 디자인이 비슷하다. 앞면엔 공통적으로 까이손 폼위한의 초상이 그려져 있고 1만 낍엔 탇루앙That Luang, 2만 낍엔 왓씨엥통Wat Xieng Thong 사원이 각각 새겨져 있다. 이 두 지폐는 2003년에 제작되었다. 1만 낍 뒷면에는 라오스 제2의 도시인 빡쎄Pakse에 있는 우정의 다리Laos-Japanese Bridge at MeKong River가 그려져 있다. 이 우정의 다리는 일본에 의해 메콩강에 두 번째로 세워진 다리로 라오스의 경제성장 및 현대화를 상징하는 구조물이다. 2만 낍 뒷면엔 보리캄싸이Bolikhamsai주 남까딩 강을 막아 만든 남턴 힌분Theun-Hinboun 수력발전소가 도안되어 있다.

5만 낍은 가장 많이 유통되고 있는 고액권이다. 뒷면엔 대통령궁을 도안했는데 2012년 11월 라오스에서 열린 아셈회의(아시아유럽정상회의, ASEM)를 앞두고 대통령궁의 지붕을 전통양식으로 새롭게 증축했기 때문에 지폐에 나오는 대통령궁과는 모양이 달라졌다.

대통령궁의 원래 명칭은 '탐니얍 파탄파텐'으로 '탐니얍'은 '관저 혹은 청'이란 뜻이고 '파탄파텐'은 '대통령'을 말한다. 한마디로 '대통령궁'이다. 흔히 황금을 모신 집이라는 뜻으로 '허캄'이라고 부른다. 하지만 한국의 청와대나 미국의 백악관하고는 다르게 대통령이 상시 거주하면서 업무를 보는 장소는 아니다. 대통령은 국제 외교적인 일이 있을 때만 사용한다.

라오스 최고의 고액권은 10만 낍으로 2010년 위양짠 수도이전 450주년과 라오 인민민주주의공화국 창립 35주년을 기념해 처음 발행됐다. 이 화폐는 기념화폐로 제작했기 때문에 현재는 시중에서 찾아보기 어렵다.

현재 유통되는 10만 낍 화폐는 2011년에 발행된 것이다. 원화로 계산하면 대략 1만 3,500원 정도 된다. 앞면엔 까이쏜 폼위한의 초상과 해 뜨는 탇루앙의 모습이 그려져 있다. 뒷면엔 까이쏜 폼위한 기념관이 있다. 2012년 1월부터 전국에 유통된 가장 최근의 고액권이라 위조 방지용 홀로그램 테이프가 붙어 있다.

라오스 화폐는 국제적 신인도가 아주 낮다. 그래서 태국이나 베트남 등 인접국에서도 전혀 통용이 안 된다. 반면 라오스에선 태국의 바트Bath, 미국의 달러USD 등은 현찰처럼 사용이 가능하다.

카지노는 국경, 돈은 태국 돈으로

라오스는 태국의 경제적 속국이나 마찬가지다. 인접국인데나 식품, 연료, 제조 상품을 포함하여 라오스의 무역은 대개 태국을 통해 이루어진다. 최근 중국의 라오스 투자가 크게 늘긴 했지만 여전히 수출입 모든 부문에서 태국의 의존도가 크다. 태국은 라오스와의 접경 지역에 경제특구를 설치하고 다수의 기업을 진출시켜 태국의 자본·기술과 라오스의 저임금 노동력을 결합한 '타이 플러스 원Thai plus one'정책을 펼치고 있기도 하다.

하지만 태국보다 앞선 부문이 몇 가지 있는데, 그중 하나가 바로 태국에 없는 카지노다. 태국은 전통적인 관광 국가로 볼거리, 즐길거리, 먹거리 등이 풍부하다. 그래서 사람들은 태국에 당연히 카지노가 있을 것이라고 생각한다. 그러나 실상은 카지노가 한군데도 없다. 2016년 서거한 푸미폰 아둔야뎃(라마9세)왕이 자국의 카지노 산업을 반대했다고 한다.

그 바람에 태국의 인접국가인 라오스, 미얀마, 캄보디아의 국경 도시에서 카지노가 활발히 자리 잡게 됐다. 아이러니하게도 카지노에서 사용되는 돈은 라오스의 낍kip도 아니고 달러도 아닌 태국 바트 Bath다. 사실 국경 지대에 있는 카지노를 출입하는 사람들은 대부분 태국인들을 비롯한 외국인들이다.

라오스는 위양짠엔 타나렝(프렌드쉽브리지1)과 덴싸완 등 2곳의 국경 지대에 카지노가 있다. 태국과 국경을 맞대고 있는 도시 싸완나켓, 후아이싸이(골든트라이앵글) 등 모두 5곳에서도 카지노가 운영되고 있다.

라오스의 최북단에 위치한 루앙남타 경제특별지구 보텐Boten에 2003년 홍콩개발자들이 카지노를 세웠다. 그러자 중국 위난Yunnan성에서 방문객이 물밀 듯이 몰려들어 호황을 이뤘다. 심지어 황금도시 보텐Boten Golden City이라고 이름을 바꿀 정도였다.

그러나 중국인들이 재산을 탕진하고, 살인과 마약 등의 각종 사고를 빈번히 저지르자 2011년에는 중국 외교부가 카지노를 폐쇄하도록 압력을 넣었다. 카지노가 폐쇄되자 관광객이 뚝 끊기고 경제특별지구 전체가 유령의 도시로 변해 버렸다. 최근 보텐은 내륙의 물류기지로 다시 발돋움하기 위해 많은 노력을 기울이고 있다.

라오스, 태국, 미얀마와 국경을 맞대고 있는 라오스 툰풍 지역 골든트라이앵글 경제특구에 있는 킹스로먼스 카지노는 중국인 자오웨이가 소유주로 되어 있다. 2009년 문을 연 이 카지노는 미얀마 최대 반군세력 와주연합UWSA의 마약 유통거점이자 자금세탁 장소로 쓰이고 국제 조직범죄에 연루돼 있다는 이유로 2018년 미국 재무부가 제재를 시작했다. 카지노는 이에 반박 성명을 냈으며, 현재도 정상적으로 운영하고 있다.

라오스 정부는 2011년 싸완나켓 카지노를 마지막으로 더 이상 카지노 허가를 하지 않겠다고 발표했다. 아마도 카지노를 운영함으로써 발생하는 문제점이 만만치 않다고 판단했을 것이다. 카지노에서 돈을 잃은 사람들은 "카지노에 투자해 놓았는데 아직 배당(잭팟)이 나오지 않았다"면서 "좀 더 투자해야 할 것 같다"는 우스갯소리를 한다.

흔히 알콜 중독을 끊게 하려면 마약을 가르치고, 마약을 끊게 하려면 도박을 가르치면 된다고 한다. 알콜이나 마약 중독자는 최소한 자식이나 처를 팔아서 술이나 마약을 사지 않는다는 것이다. 그러나 도박을 하는 사람은 주변에 팔 수 있는 모든 것을 다 팔아서 한다고 한다. 그만큼 끊기 어려운 것이 도박이라는 것이다.

라오인이나 태국인들은 내기와 도박, 복권을 좋아한다. 태국은 복권의 천국이라 불린다. 라오스는 좀 다르다. 현 라오스 통론 총리는 복권 판매 규제를 많이 한다. 그럼에도 수요일 오후가 되면 위양짠 시내 도로변에 많은 복권상들이 등장한다. 또 이를 기다렸다는 듯이 복권을 구매하는 사람들이 줄을 선다. 힘든 삶 속에서 복권은 인생역전을 부르는 한줄기 희망인 것은 어느 세상이나 다 똑같은 것 같다. 끊기 어려운 것이 역시나 도박이다.

자동차 번호판은 권력이다

한국인들은 번호판 없이 다니는 라오스 차량들을 보고 놀란다. 차량에 번호판이 없으니 당연히 무적차량으로 알고 있으나 대부분은 운행 허가서류를 구비한 차량들이다. 라오스에서는 차량을 사고 바로 번호판을 달 수 없다. 최소 보름 이상 한 달은 기다려야 번호를 달 수 있다. 번호를 달기 전까지는 그냥 다닐 수밖에 없다. 운행을 하는 차에는 항상 운전면허증, 차량등록증, 보험등록증 등 차량에 관한 서류를 갖추고 있어야 한다. 차량 전산화가 이뤄지지 않은 탓에 서류가 없으면 불법이다.

라오스의 차량 등록 번호판은 1950년부터 도입되었다. 현재 버전은 2001년에 시작되었다. 라오스에서 자동차 번호판 형식은 예전 한국과 비슷하다. 상단의 작은 글씨는 차량등록을 한 주州의 이름이 들어가 있다. 그러나 위양짠의 경우만 예외로 '캄팽나컨'이라는 글이 쓰여 있다. 번호판 큰 글씨는 라오스어語 자음 2개와 4자리의 아라비아 숫자로 구성되어 있다.

라오스에선 차량 번호판의 숫자가 권력이고 부의 상징이다. 8888,

9999, 7777 등 같은 번호를 최고로 치고, 1234, 5678 등 연번 또는 5588, 7878, 8668 등의 겹치는 숫자의 번호판을 선호한다. 물론 일부는 좋은 번호를 높은 가격에 판매한다. 중국인들의 영향을 받았는지 돈을 벌게 해 준다는 발음이 비슷한 8자를 가장 좋아한다. 그리고 6, 3, 7, 9 등의 번호도 좋아한다. 차량번호로 한국인들이 싫어할 1818 또는 4444 등도 이곳에선 선호하는 번호 중 하나다.

번호판의 색깔에 따라 개인, 영업, 정부, 면세 차량 등으로 분류한다. 노랑바탕에 검정글씨로 새겨진 차량은 개인차량이다. 노랑바탕에 파랑글씨는 외국인 영주권자 소유차량이다. 이 차량 같은 경우 외국인 소유자가 교통사고를 낸 후에 외국으로 달아나는 등 문제가 발생하는 까닭에 최근 발급이 까다로워졌다.

흰 바탕에 검정글씨는 회사 또는 법인 차량으로 업무용이나 영업용이다. 일부는 할부차량, 렌터차량도 있다. 흰 바탕에 하늘색 글씨는 외국인 투자 법인으로 1% 세금을 낸 차량으로 흔히 면세차량으로 불린다. 정부에서 외국인 투자자들에게 차량 구매 시 세금을 면제해 주기 위해 만든 번호판인데 남발되는 등 각종 문제로 현재는 발행이 어려운 것으로 알려지고 있다. 이 번호를 단 차량을 다른 사람에게 팔 경우 면제된 세금을 다시 내야 한다.

빨강바탕에 흰 글씨는 경찰과 군인이 사용하는 차량이다. 경찰(빠꺼써)이라고 쓰여 있는 차량은 공안부 소속 차량이고 군인(타한)이라고 적혀 있는 차량은 국방부 소속 차량이다.

파란바탕에 흰 글씨는 정부부처의 차량이다. 1억 원이 훌쩍 넘는 비싼 파란 번호판 차량들도 즐비하다. 외국에서 ODA(무상원조) 사업이 끝나고 물려 준 차량들이다. 원조사업이 끝나면 본인들이 탈 심산으로 사업이 시작할 때 좋은 차로 사라고 코치(?)를 해 준 결과라고 한다.

흰 바탕에 하늘색으로 대사관(싸탄툳)의 약자가 적힌 차량은 외국 대사관 차량이다. 나라별로 번호가 부여되었는데 한국 대사관은 37번이다. 37-01 차량은 한국 대사大使의 공무차량이다.

지난 2017년 현 총리인 통룬 씨쑬릿의 업무차량인 BMW 차량과 대통령, 부통령, 국회의장, 라오스국가건설전선 위원장 등 고위직 차량과 국가행사 및 지도자급 차량을 공매 처분했다. BMW와 Mercedes Benz 등 총 14대의 차량을 공개 경매 입찰로 팔아 약 16억 원의 국가 수입을 올렸다. 2018년에도 정부귀빈 영접차량으로 사용했던 Mercedes Benz E350 15대와 S350 1대 등 16대도 경매 처리했다.

라오스에선 한국인을 비롯한 외국인들은 차량을 구매 소유할 수 없다. 외국인들이 차량을 소유하려면 영주권이 있어야 가능하다. 그러나 사업체 법인 이름으로는 등록이 가능하다. 또 NGO등 국제기구에 소속된 직원들은 차량을 등록할 수 있다. 간혹 외국인들이 현지인의 이름으로 차량을 구매해 타고 다니는 경우도 있다 보니 서류상으로는 차량을 몇 대씩 소유하고 있는 라오인도 있다.

북한은 영원한 정치적 동반자

라오스와 북한은 정치적 혈맹관계다. 라오스 우파정부군과 빠테라오 간 연립정부를 발족한 두 달 후인 1974년 6월에 양국은 수교를 맺었다. 한국도 1974년 라오스와 수교했다가 1975년 7월 라오스 정부로부터 강제로 외교관계가 단절되었다. 다시 국교를 맺은 것은 그로부터 20년 후인 1995년이다.

라오스에서 '북한'이라고 하면 떠오르는 사건이 있다. 2013년 탈북 청소년이 당국에 체포되어 다시 북한으로 보내졌던 북송 사건이다. 북한의 청소년 9명이 탈북해 중국을 거쳐 라오스 보텐Boten 국경을 선교사들과 함께 넘다가 라오스 정부에 체포되었다. 이후 이 청소년들은 북한 외교관에게 넘겨졌고 북으로 다시 보내져 국제적으로 논란이 일었다. 탈북 청소년 강제송환 논란과 관련해 라오스 정부는 "판단능력이 미숙한 10대의 정치적 망명(탈북)을 인정할 수 없었다"라고 밝혔다.

이 때문에 라오스와 남·북한 3국간 미묘한 정치적 문제로 한동안 긴장감이 일었다. 라오스는 한국의 거듭된 투자와 원조 등 경제적 관계를 유지해야 하는 반면, 북한과는 숙명적으로 정치적 긴밀 관계를 유지해야 한다. 이 삼각관계 속에서 라오스는 오랜 정치적 의리 관계를 우선적으로 택한 것이다.

2008년부터 2017년 10월까지 라오스 산업부에 등록된 북한 기업 및 개인 사업자는 총 6개다. 수도 위양짠에 요식업 4개, IT업체 1개 등 4개 업체가 있다. 루앙파방에 요식업 1개, 왕위양에 관광업 1개사 및 스포츠업 1개사가 영업 중이다.

위양짠 시내에는 북한식당이 3군데 있다. '조선평양식당'과 '금강산식당'이 각각 영업중이다. 2019년 말 캄보디아 북한 식당들이 문을 일제히 닫은 것은 캄보디아는 국제통화기금에 가입이 되어 있어 미국의 북한 제재에 동참을 했고 라오스는 가입이 되어 있지 않아 영업을 계속할 수 있다고 알려졌다. 평양식당에서는 냉면, 김치, 만두, 돼

지족발 등 북한 특유의 정갈한 음식 맛을 볼 수 있다. 특히 미모의 북한 종업원들이 펼치는 신명나고 절도 있는 공연은 찾는 이들의 귀와 눈을 즐겁게 한다. 게다가 이들이 모두 우리 동포이니 동질감까지 느껴진다. 한마디로 외국에서 동포애를 느낄 수 있는 곳임이 틀림없다.

개성공단 폐쇄 등 강경정책을 쓰던 때엔 정부에서 북한식당 이용을 막았으나 최근 문재인 정부가 들어선 이후엔 자연스럽게 식당을 이용하는 한국인들이 늘고 있다. 관광객들이 많이 찾는 왕위양 지역에 최근 '조선평양식당(취풍덕)'이라는 북한 식당도 문을 열었다. 이름에서도 알 수 있듯이 중국인을 대상으로 영업을 시작한 식당이다.

라오스 내에는 북한에서 제작한 동상들이 많다. 척 보면 북한 스타일이란 걸 바로 알 수 있다. 텔레비전을 통해 그동안 보아온 북한 스타일의 동상들과 거의 비슷하다. 만수대 아트 스튜디오 예술가들이 만든 조각품들을 수입하기도 하고 특별한 경우 북한에 직접 제작 의뢰하기도 한다.

정부 각 부처에 설치된 까이쏜 폼위한 흉상, 까이쏜 폼위한 박물관 앞의 대형 동상은 북한에 제작 의뢰해 수입한 것이다. 까이쏜 동상의 좌우에 설치된 군상들은 라오스 건국에 관한 내용을 이미지로 옮겨 놓은 대형 조각상인데 이 역시 북한의 솜씨다.

박물관에는 까이쏜 폼위한이 각국의 정상들로부터 받은 선물이 전시되고 있다. 한때 북한에서 받은 선물도 전시되었는데, 그게 바로 고려 인삼이다. 전시품의 속 내용은 없고 빈 철재 인삼케이스만 덩그렇게 놓여 있었다. 우스운 것은 이 케이스가 대한민국 전매청의 것이라는 점이다. 전시장을 찾은 많은 한국인들은 "김일성 주석이 선물했다는데, 왜 고려인삼 케이스가 대한민국 전매청이지?"라고 궁금해했다. 하지만 궁금해할 것 없다. 박물관을 만들고 선물을 찾아 전시를 하려고 보니 이미 인삼도 다 먹었고 심지어 케이스도 없어진 상태였다는 것이다. 비슷한 케이스를 어찌어찌 구해다 간신히 전시를 했는데, 그게 하필이면 대한민국 전매청 것이었다는 얘기다. 한글과 한자 혼용으로 제작된 된 고려 인삼케이스가 남북한 어디 것인지 구분하지 못해서 생긴 해프닝이었다. 물론 지금은 치워져 볼 수 없는 풍경이다.

2011년 9월 라오스 쭘말리 싸이야썬Choummaly Sayasone 대통령이 북한을 방문해 2박 3일간의 일정으로 김정일 국방위원장을 만나 라오스 전통 은그릇을 선물하고 회담을 가졌다. 2012년엔 북한 최고인민회의 김영남 상임위원장이 쭘말리 싸이야썬 대통령을 공식 방문하기도 했다.

라오스는 여전히 북한과 이념적인 동지이기 때문에 고위층의 상호 방문도 잦고, 매년 김일성 주석 사망일엔 신문에 찬양 기사를 내보내며 정치적 관계를 돈독히 하고 있다. 최근 남북한 간 화해의 무드가 조성되고 있어 향후 라오스와 남북한이 어떠한 관계로 발전해 나갈지 자못 궁금해진다.

라오스 소수민족은 49개? 50개?

라오스 인구는 700만 명에 불과해 동남아시아에서 인구밀도가 가장 희박한 나라다. 그러나 의외로 다양한 소수 민족들이 모여 살고 있어 소수민족의 고향이라고 불린다. 공식적인 소수민족은 50개다. 그동안은 정부는 49개의 소수민족만 인정했지만 2018년 12월 5일 라오스 국회는 '브루Brau/Bru'족을 공식 소수민족으로 승인해 50개로 늘어났다.

실제로는 소수민족을 세분화한다면 130개라고도 하고 어떤 이는 230개라고도 한다. 이번에 공식적 소수민족으로 분류된 브루족은 오랜 역사를 가진 민족 중 하나로 베트남 국경지대 등 라오스 중부와 남부지방에 거주하고 있었다. 태국과 베트남, 캄보디아에서는 이미 정식 소수민족으로 인정받은 민족이다. 브르족은 주로 베트남과 태국을 연결하는 캄무완과 싸완나켓 등지에 모여 산다.

라오스의 소수민족들은 오랜 세월동안 각기 고유의 언어, 문화 등을 지키며 살아왔다. 지리적으로 라오스는 험준한 산악지형으로 이뤄져 외부와 교류 없이 부족끼리 자급자족이 가능했다. 그리고 메콩강의 지류가 실핏줄같이 라오스 전역에 흐르고 있어 식량을 얻기 쉬운 강변을 거점으로 삶의 터전을 꾸려 오기도 했다. 이러한 점들 때문에 라오스의 소수민족은 외부와의 접촉 없이도 수백 년간 명맥을 유지할 수 있었다.

1975년 빠테라오가 왕정으로부터 정권을 이양 받고 가장 먼저 시작한 일중 하나가 언어의 통일이었다. 라오어를 사용하지 못하는 인민들, 즉 각 민족마다 사용하는 모태 언어가 따로 있기에 언어를 통일하는 일이 가장 시급했다. 정부는 바로 문자개혁에 들어가 어려운 부호와 문자를 최대한 없애고 간단하게 만들어 문맹을 낮추고 공식적인 라오어를 사용할 수 있도록 유도했다.

그리고 라오스 정부는 소수 민족들을 지리적 분포에 따라 구분하는 인위적인 분류체계를 만들었다. 저지대 골짜기 및 강둑 거주민들은 라오룸Lao Loum, 구릉지 및 산악경사와 고지대계곡 거주민들은 라오텅Lao Theung, 산악지대 거주민들은 라오쑹Lao Soung으로 분류했다. 1,000낍짜리 지폐에 나오는 3명의 여인은 이 분류에 따른 것이다.

하지만 이 분류법에 많은 문제가 있어 현재는 공식적으로 사용하지 않는다. 이 분류는 사람들이 사는 복잡한 환경을 지나치게 간소화하다보니 맞지 않는다는 지적이 많았다. 예를 들면 라오 쑹으로 간주되는 많은 몽hmong족들은 저지대 마을과 평원에 정착해 있으며, 세콩에 있는 카뚜Katou족 같은 라오텅은 전통적으로 산꼭대기에 거주해 왔다. 그리고 전체 인구의 60%를 차지하는 지배 종족인 라오룸과 피지배 종족인 라오쑹 사이에는 보이지 않는 갈등이 존재하고 있으

전통복장을 한 아카족 여인

므로 완화 차원에서도 이 분류법을 금하고 있다.

라오스 사람들에게 어떤 소수민족이냐고 물어보면 대부분은 '라오룸'이라고 답한다. 이들이 말하는 라오룸은 우리로 이야기하면 서울 사람이라고 보면 된다. 주류 민족이고 싶은 마음이 숨겨져 있는 것이다. 설령 자신의 세부적인 민족명을 말해도 외국인이라 모를 것이라고 생각해서 라오룸이라고 하는 것이다.

그렇다고 민족을 자기 마음대로 바꿀 수는 없는 일이다. 라오스 사람들은 자신이 속해 있는 소수민족이 철저히 정해져 있다. 그래서 민족을 세탁하는 일은 쉬운 일이 아니다. 주민등록증에는 이름, 생년월일, 출신지, 거주지, 민족까지 모두 표기되어 있다. 그리고 각 가정에서 개별 보관하고 있는 가족등록부(쁨쌈마노쿠와)에도 부모의 소속 소수민족이 모두 적혀 있다.

일반인들 사이에선 기존 명칭인 라오룸, 라오퉁, 라오쑹이 여전히 통용되고 있고 이 분류법을 고집하는 사람들도 많다. 크무, 몽 등 인구가 비율이 높은 민족들은 자신의 민족명을 당당하게 밝히지만 나머지 소수민족들은 그렇지 않은 경우가 많다.

현재는 라오스 소수민족 분류를 언어적 특성에 따라 구분한다. 50개 소수민족을 언어특성에 따라 라오-타이Lao-Tai어군, 몬-크메르Mon-Khmer어군, 중국-티벳Sino-Tibetan어군, 몽-이유미얀Hmong-Mien어군 등 4개 어군으로 분류한다.

① 라오-타이 어군 : 라오Lao, 타이담Tai Dam, 타이댕Tai Deng, 타이카오Tai Khao 등 8개

② 몬-크메르어군 : 크무Khmu, 쁘라이Pray, 싱무Singmou, 콤Khom, 텐Thene, 이두Idou, 빗Bid, 라멧Lamed, 삼따오Samtao, 까땅Katang, 마꽁Makong, 뜨리Try, 뜨리엥Trieng, 따오이Ta-oi, 예Yeh, 브라오Brao, 바락Harak, 까뚜Katou, 오이Oi, 끄리엥Krieng, 이루Yrou, 수아이Souai, 그나흔Gnaheune, 라비Lavy, 깝깨Kabkae, 크메르Khmer, 뚬Toum, 응우엔Ngouane, 므앙Meuang, 끄리Kri, 브루bru 등 33개

③ 중국-티벳 어군 : 씽싸리Singsali, 씨라Sila, 라후Lahou, 로로Lolo, 허Hor, 아카Akha, 하니Hayi 등 7개

④ 몽-이우미얀 어군 : 몽Hmong, 이우미얀Loumien (Yao) 등 2개

라오스 인구를 어군별 인구 비율로 살펴보면 라오-따이 어군이 67%로 가장 많고 먼-카메 어군이 21%, 몽-이우미얀 어군 8%, 중국-티벳 어군 3%를 차지한다. 크무Khmu족이 전체 인구 가운데 11%로 가장 많고 두 번째로 몽Hmong족으로 8%를 차지하고 있다.

이 두 소수민족의 많은 사람들이 미국 CIA를 도와 라오스 내전에서 빠테라오의 공산주의 군대에 맞서 싸웠다. 1975년 빠테라오가 라오스의 정권을 장악하자, 수만 명의 몽족은 미국, 호주, 태국으로 정치적 망명길에 올랐다.

라오스에서 가장 원시적으로 사는 민족은 '떵르앙'족인데, 공식적으로 등재되지 않은 소수민족이다. '떵'은 바나나 잎을 뜻하고 '르앙'은 노란색을 의미한다. 이들이 사는 집은 주로 바나나 잎으로 만든 허름한 집이라 겨우 비바람을 피하는 수준으로 숲 속과 밀림을 근거지로 살고 있다. 현재는 싸이냐부리 주 므앙 피양이라는 곳에서

10여 명이 살고 있는 것으로 알려졌다.

라오스는 서로 다른 문화와 양식의 언어를 사용하는 다양한 민족이 모여살고 있지만, 큰 분쟁이 없다. 화합하고 사는 조화로운 나라인 셈이다.

불운의 몽족, 이젠 부흥의 시대로

배우이자 감독인 클린트 이스트우드Clint Eastwood가 2008년 만든 영화 '그랜 토리노Gran Torino'는 미국 내에서 이방인으로 살고 있는 라오스 몽족의 이야기를 담고 있다. 미국 꼰대 할아버지 '월트'는 옆집 몽족 소년 '타오'를 대신해 중국 갱단에게 복수를 한다. 폭력을 동반한 복수가 아니라 자신이 총에 맞아 죽는 희생으로 복수를 한다. 이 희생으로 이웃 몽족들은 항구적인 평화를 얻게 된다는 줄거리다.

몽족Hmong은 라오스 소수 민족 중 두 번째로 인구가 많고 우리와 비슷한 얼굴을 가진 민족이다. 얼굴 생김새만이 아니고 부지런하고 머리가 뛰어난 우수한 민족으로 심지어 우리와 같은 성을 쓰고 있다. 몽족은 묘족苗族의 분파이지만 묘족이라고 하지는 않는다. 이들은 오랜 옛날부터 한족으로부터 박해를 받아 중국으로부터 남하했다. 현재는 라오스, 베트남, 태국, 미얀마 북부와 남중국에 분포해 있으며 대략 370만 명 정도로 추산된다.

몽족은 주로 산악지대에서 거주하며 자신들만의 언어와 문화를 계승 발전시켜 왔다. 같은 몽족이라도 넓은 지역에서 오랫동안 독립된 생활을 해 왔기 때문에 사용하는 언어가 조금씩 달라 의사소통이 원할하지 않은 경우도 많다고 한다. 몽족은 세부적으로 구분할 때 주로 의상과 언어 등으로 나누는데 몽카우(몽더), 몽담(몽두), 몽라이(몽짜이), 몽키아우, 몽댕 등이 있다. 그리고 수를 놓은 의상에서 조상들의 이동 역사와 분파 등에 대해 알 수 있다고 한다.

라오스에서 한국, 베트남, 중국 업소에 근무하는 몽족들은 1년에 새해를 네 번 맞는다고 한다. 1월 1일 국제적인 양력 새해가 있고, 음력 새해가 있고, 라오스 전통의 4월 삐마이 새해가 있다. 그리고 몽족 전통의 새해인 '낀찌앙 삐마이'가 있다.

낀찌앙 삐마이는 추수감사의 의미로 한 달 동안 먹고 노는 날이다. 대략 음력 10월 31경 치뤄진다. 그러나 지역마다 설 기간이 다른 경우도 있다. 심한 경우는 한 달 정도의 차이가 나기도 한다. 왜 이렇게 다른지에 대해서는 아는 사람이 없다. 씨엥쿠앙, 락하십썽 등 몽족 세력이 큰 마을에선 소싸움이 열린다. 그리고 찹쌀로 인절미를 만들어 먹고 동네 지신밝기를 하는 등 우리와 비슷한 풍습을 가지고 있다.

전통복장을 입은 남녀들이 양쪽으로 길게 줄지어 서서 공을 주고받는 공놀이를 하는데, 막헌Makkhon이라고 부른다. 공을 주고받으며 서로의 건강, 순발력, 인내심, 배려심 등을 알아 가며 짝을 찾는다고 한다. 맘에 드는 여성에게 남자가 먼전 다가가 이름과 성을 물어본다. 만약 같은 성이라면 결혼은 불가하다. 같은 성은 멀리 떨어져 있더라도 같은 집안 식구로 생각하기 때문이다. 따라서 이 시기에 결혼식이 많다. 설을 맞아 고향을 찾아 온 친인척들의 축복을 받으며 혼례를 치르기 위해 이때로 정한다는 것이다.

라오족과는 달리 몽족은 남자 중심의 부계사회다. 여자들이 시집을 가며 동성금혼의 풍습을 유지하고 있다. 아마도 산악지역에서 독립된 생활을 하기 때문에 좋은 유전자를 받고 유전자 열성형질의 문제점을 막기 위해 근친결혼을 금지한 것으로 보인다.

몽족들의 성씨는 모두 18개가 있다. 그중 양, 여, 허, 송, 리, 왕 등의 성씨는 우리와 같다. 그리고 이런 사실을 몽족들에게 말해 주면 무척 신기해하며 친근감을 갖는다.

몽족은 자신들만의 언어를 갖고 있다. 현재 몽족 어린아이들은 라오어를 잘 사용하지만 성인 또는 노인들은 라오어에 서툴거나 아예 모르는 경우가 있다. 아이들에게 라오어는 모국어가 아닌 학교에서 처음 접하는 제2외국어인 셈이다. 몽족은 예전부터 말은 있으나 글이 없다. 1950년대 3명의 선교사가 로마자 알파벳 시스템을 이용해 발음 나는 대로 쓰는 방식으로 문자를 만들었다. 현재는 이 방식으로 문자를 표기한다. 대부분 단어의 마지막 알파벳은 v, b, g, j, s 등으로 끝나는데 이 알파벳은 묵음으로 8가지의 톤을 나타내는 기호이다. 몽족을 뜻하는 'Hmong'을 'Hmongb'으로 쓴다. 이때 b는 묵음이지만 음의 높낮이나 장단을 표시한 것이다. 그리고 인사말인 '안녕하세요'는 '냐우 종Nyob zoo'로 쓰고 '감사합니다'는 '우아자우Ua Tsaug'로 쓴다.

몽족은 아시아 다른 국가와 같이 샤머니즘과 조상숭배를 바탕으로 하고 있다. 악마와 자연의 영들이 있다고 믿으며, 조상신을 숭배한다. 많은 "가택신household spirits"이 있어서 그들이 병과 죽음으로부터 자신들을 보호해 주며 작물과 돈, 가축을 지켜줄 것으로 믿는다. 그래서 집안에 각종 부적을 쓴다. 아이를 낳은 집에선 문 위에 금줄을 친다. 금줄에는 칼 모양을 달아 악귀가 들어오지 못하게 한다. 부엌의 경우는 사람들이 출입하는 문과 귀신이 출입하는 문이 따로 있다. 그리고 대들보와 문을 긴 실로 기둥에 연결해 놓는다. 마을에는 적어도 한 명의 무당 주술사Shaman, Witchdoctor가 있으며 아픈 사람을 치료하고 악귀를 쫓아내는 역할을 한다.

몽족은 특별한 종교를 갖고 있지 않으나 역사적으로 기독교인들과 접촉이 많았고 기독교인들이 선교의 대상으로 삼아 기독교인이 많은 편이다. 위양짠에서 북동쪽으로 약 60km 떨어진 푸카오쿠와이 국립공원 산중턱의 왕호아 마을에는 기독교 교회와 몽족 목사가 있어 매주 예배를 본다.

몽족은 손재주가 뛰어나고 부지런하다. 루앙파방, 왕위양 야시장의 상인들은 대부분 몽족으로 수공예, 은공예, 목공예 등을 이용한 가방, 지갑, 액세서리 등을 만들어 판다. 몽족마을을 둘러보면 학교를 마친 어린아이부터 노인들까지 집에서 수를 놓고 있는 모습을 쉽게 볼 수 있다.

몽족들의 우수함은 각종 경시대회 수상 실적을 통해 알 수 있다. 라오스 내 중고등학생 학력 경시대회 1위에서 6위까지 몽족 출신들이 차지했다. 20위 안에 몽족학생들이 12명에 달할 정도로 머리가 좋은 민족이다. 심지어 중국어를 가르치는 공자학원에서 10등 이내 학생 중 8명이 몽족이다. 라오스 공산당서열 3위이며 최초의 여성 국회의장을 맡고 있는 파니 야토투Pany Yathortou가 몽족이다. 이외에도 많은 몽족들이 관료사회에 진출하고 있다.

몽족마을은 대부분이 산악지대이지만 급경사보다는 구릉지에 위치해 있다. 일반적으로 나무를 베고 태워 밭을 일구는 화전 농법을 주로 한다. 고원지대나 저지대에 사는 사람들은 밭벼와 옥수수를 경작하며, 환금작물로서 양귀비도 재배한다. 높은 고지에 사는 사람들은 쌀보다는 옥수수나 조, 메밀을 재배한다. 몽족아이들이 즐기는 자치기, 팽이치기, 고무줄, 굴렁쇠 등은 한국 어린이들의 놀이 문화와 같다.

라오족과는 달리 집과 부엌이 분리되어 있다. 그리고 라오족들이 기둥으로 집을 땅에서 띄어서 짓는 것과는 달리 집을 모두 땅바닥에 붙여 짓는다. 집의 배수는 경사도가 있어서 큰 문제가 없다.

몽족 최대 거주지는 씨엥쿠앙과 싸이쏨분이다. 이주 지역으로는 위양짠 시에서 52km 떨어진 '락하십썽'인데, 몽족 최대 마을이다. 베트남 전쟁이후 태국으로 탈출하려는 수많은 몽족들이 북쪽으로부터 몰려들었으나 라오스 군인들이 이 지역에서 이동하지 못하게 막으면서 자연스럽게 생겨난 마을이다. 몽족끼리의 이동을 위한 싸이쏨분~락하십썽간 버스 노선이 있다.

라오스의 몽족은 1960년부터 미국 CIA가 주도한 비밀전쟁의 최대 피해자다. 미국 CIA는 베트남 전쟁 동안 라오스의 공산화를 막기 위해 소수민족인 몽족을 무장시켜 빠테라오와 비밀 전쟁을 치렀다. 미군의 손발이 되어 추락한 전투기의 조종사를 구출하고 지상전투를 대리 수행했으며, 정보수집 등의 활동을 펼쳤다. 그러나 미국이 1973년 1월 파리평화협정에서 북베트남과 정전협정에 합의하고, 2월 라오스 침공을 중단한다는 협상을 맺음으로 몽족들은 갈 곳을 잃고 탈출을 시작했다.

라오스 공산화로 35~40만 명의 몽족이 인종청소를 당했다고 알려져 있다. 왕빠오 장군을 비롯한 몽족 전사들과 가족들은 태국을 거쳐 미국으로 정치적 망명길에 올랐다. 메콩강 건너로 탈출한 몽족들은 태국 북동부 러이의 빡촘 반 위나이Ban Vinai지역 난민촌으로 모여들었다. 미국으로 가지 못하고 난민촌에 거주하던 몽족은 한때는 4만 5,000명에 달했다.

난민촌은 태국과 라오스간의 미묘한 정치적 문제로 봉착되었다. 1988년 태국에서는 이들을 불법 이민자로 간주하고 라오스로 강제송환을 했고 라오스는 정치적 이유를 묻지 않고 받아들이기로 했다. 그러나 국제 인권단체들은 라오스로 송환된 몽족들이 정치적 이유로 체포되었다며 송환을 조심스럽게 반대하였다. 이 난민촌은 1992년도 폐쇄되었고 제3국으로 망명을 원했던 이들은 다른 곳으로 이주하고 일부는 라오스로 다시 돌아와야만 했다.

고향을 버리고 미국으로 망명한 몽족들은 각 분야에서 자리를 잡았다. 4살때 아버지를 따라 난민으로 미국에 간 스티브 라이는 2016년 미국 역사상 처음으로 선거를 통해서 북가주(북부 캘리포니아/ Northern California) 엘크그로브Elk Grove시의 시장으로 당선되었다.

40여 년을 미국 등 외국에서 지내던 몽족들이 최근에는 서서히 라오스로 돌아오기 시작했다. 라오스국가건설전서 싸이쏨펀 폼위한 의장은 2017년 11월 재미라오인 대표단을 만나 몽족 등 외국 망명자들이 라오스의 발전을 위해 언제든지 방문할 수 있으며 정치적 문제를 제기하지 않고 안전을 보장해 주겠다고 약속했다.

라오스는 몽족에 대한 포용정책을 펼치기 시작하면서 미국으로 망명한 몽족들과 화해의 제스처를 취했다. 특유의 부지런함과 강인함으로 미국에서 자리 잡은 몽족들이 라오스로 돌아와 다양한 곳에 투자하기 시작했다. 현 정부의 반대 세력으로 찍혀 인종청소 당했던 몽족들이 이제는 라오스를 새롭게 부흥시키는 세력으로 돌아오고 있는 것이다.

Part IV

흥겨운 라오

라오스 불교축제 중 가장 큰 탇루앙 축제에 참가한
한 여학생이 탑에 꽃을 올리고 있다.

유머와 흥이 가득한 기우제인 분방화이에 여장 남자들이 춤을 추며 흥을 돋우고 있다.

삐마이 전설과 일곱 공주

라오스의 새해 삐마이(삐=년, 마이=새로운)는 가장 더운 때인 4월 중순에 있다. 전해 내려오는 새해의 신화는 지혜의 신인 까빈라폼Kabinlaphom과 그의 딸들인 일곱 공주에 관한 이야기로 이루어져 있다.

삐마이 기간에 각 도시별로 낭쌍칸 공주를 뽑아 까빈라폼의 머리를 씻기는 의식을 재현한다. 라오스에서 가장 전통적으로 치러지는 삐마이 행사는 역시 루앙파방이 중심이 된다. 행사의 하이라이트는 단연코 낭쌍칸의 행진이다. 그해 낭쌍칸으로 선발된 공주는 자신의 동물을 타고 아버지 까빈라폼의 얼굴을 쟁반에 받쳐 들고 왓씨엥통으로 가는 행렬에 앞장선다. 나머지 여섯명의 공주도 뒤따라 같이 행진한다. 신화의 이야기는 다음과 같다.

하늘의 신인 까빈라폼이 지상의 똑똑하다고 소문난 탐마반꿈만Thammabankoumman과 지혜 겨루기를 했다. 탐마반은 농부의 아들로 사람들에게 지식을 가르쳤고 어리지만 존경을 받았다. 그리고 그는 동물의 언어를 이해하는 특별한 재주를 가지고 있었다.

지상으로 내려온 까빈라폼은 탐마반을 불러 세 가지 문제를 냈다. 답을 못 맞히면 탐마반이 목을 내놓아야 하고 답을 맞히면 까빈라폼이 목을 내놓기로 했다. 첫 번째는 신체 가운데 아침에 가장 빛나는 곳은? 두 번째는 신체 가운데 오후에 가장 빛나는 곳은? 세 번째는 신체 가운데 저녁에 가장 빛나는 곳은? 이라는 문제였다.

즉답을 하지 못한 탐마반은 일주일의 시간 여유를 받아 고민에 들어갔지만 답을 알 수 없었다. 약속한 날짜가 하루 앞으로 다가온 날, 지쳐 나무 아래서 잠들었다가 우연히 나뭇가지에 앉아 있던 독수리의 대화를 듣게 되었다. 암독수리가 "내일은 무얼 먹을까?"라고 묻자 숫독수리가 "내일은 탐마반의 고기를 먹을거야"라고 말했다. 그러면서 탐마반이 신과 내기를 했고 답을 모르기 때문에 내일은 죽을 수밖에 없다는 사연을 이야기했다.

독수리는 세 가지 문제에 대한 답을 말하며 탐마반을 비웃었다. 첫 번째 답은 얼굴, 사람들은 아침에 얼굴을 닦기 때문이다. 두 번째 답은 가슴, 사람들이 오후에 목욕을 하기 때문이란다. 세 번째 답은 발, 사람들은 자기 전에 발을 닦아 발이 가장 빛난다는 것이다.

이들의 대화를 알아들을 수 있었던 탐마반이 까빈라폼을 찾아가 정답을 말하자 까빈라폼은 어쩔 수 없이 자신의 목을 내놓는 처지가 되었다. 일곱 명의 딸을 불러 놓고 자신의 머리가 잘려 땅에 떨어지면 지축이 흔들리고 불이 들끓을 것이며, 바다에 닿으면 바다가 말라 버릴 것이고, 하늘에 닿으면 비가 멈춰 가뭄이 들 것이라고 말했다. 잘린 머리는 황금쟁반에 잘 바쳐서 메루산(수미산) 기슭의 깊은 동굴에 안치한 후 1년에 한 번씩 꺼내서 씻겨달라고 유언을 남겼다.

공주들은 죽은 아버지에게 경의를 표하고 자연 재해를 막기 위해, 매년 메루산 동굴에서 아버지의 머리를 꺼내 씻기고 경의를 표한다. 라오스의 새해에 낭쌍칸 공주를 뽑는 이유가 바로 이 신화에 기인한다.

까빈라폼의 일곱 공주는 각각 요일을 상징하며 그들을 소지하는 무기, 상징하는 장신구, 좋아하는 물건이나 음식이 모두 다르다.

일요일인 첫 번째 딸 퉁싸Thoungsa는 가루다라는 독수리를 타며 매우 화려한 옷을 입고 오른손에 바퀴(휠)를 들고 있으며 막드아Makdeua 과일 먹는 것을 좋아한다.

월요일인 두 번째 딸 코랃Khorakha thevee은 왼손에 긴 막대기, 오른손에 칼을 들고 호랑이를 타고 다닌다. 아름답게 꾸미는 걸 좋아하고 참깨를 선호한다.

화요일인 세 번째 딸 락싸Rarksa는 오른손에는 세 개의 뾰족한 검, 왼손에는 화살을 든다. 돼지를 타고 다니며 큰 연꽃으로 장식하고 피를 좋아한다.

수요일인 네 번째 딸 몬타Mountha는 오른손에 바늘을 쥐고 왼손으로 막대기를 잡고 당나귀를 탄다. 사파이어와 프루메리아(짬빠꽃)를 입고 우유를 좋아한다.

목요일인 다섯 번째 딸인 끼리니Kirinee는 오른손에 소총을 들고 왼손으로는 코끼리 지팡이를 들며 코끼리를 탄다.

금요일인 여섯 번째 딸 끼미타Kinitha는 오른손에 검, 왼손에 만돌린을 들며 물소를 타고 다닌다. 하얀 사파이어로 장식하고 바나나를 선호한다.

토요일인 일곱 번째 딸 마호텐Manothone은 오른손에 바퀴(휠)을 들고 왼손에 삼지검을 들으며 화려한 공작을 타고 다닌다. 사파이어로 옷을 장식하고, 남자 고기를 좋아한다.

삐마이의 시작일이 무슨 요일인가에 따라 낭쌍칸 공주가 달라진다. 2019년 삐마이 첫날이 4월 14일 일요일이기 때문에 낭쌍칸으로 뽑힌 공주는 첫째 딸인 '퉁싸' 공주다. 자신의 상징 동물인 독수리형태의 가루다를 타고 가두행진을 했다.

2018년의 경우는 토요일로 '마호텐' 공주가 공작인 녹늉을, 2017년은 금요일로 '끼미타' 공주가 물소인 쿠와이를, 2016년은 수요일로 '몬타' 공주가 당나귀를 타고 각각 행진했다.

위양짠에 있는 부다파크(왓씨엔쿠완)에 가보면 까빈라폼 4면 얼굴상 주변으로 그의 딸인 일곱 공주가 오른손을 들고 아버지에게 경의를 표하는 조각상이 있다.

년	요일	상징동물	이름	상징물건	공주이름
2019	일	가루다	타냐쿳	소라와 원(휠)	퉁싸
2018 / 2013	토	공작	녹늉	삼지창과 원(휠)	마호텐
2017 / 2012	금	소	쿠와이	만돌린과 칼	끼미타
2016	수	당나귀	라	바늘과 나무막대	몬타
2015	화	돼지	무	삼지칼과 활	락싸
2014	월	호랑이	쓰아	나무막대와 칼	코랃
2011	목	코끼리	쌍	총과 갈고리	끼리니

라오스의 신년 축제 분삐마이

화려한 하와이 패션의 셔츠, 물놀이 용품들을 가게에서 팔기 시작하면 라오스 새해인 '삐마이'가 가까워진 것이다. 이렇게 되면 사람들은 마음이 들떠 일을 제대로 하지 못한다. 개인 일은 물론이고 심지어 정부 사업도 미뤄진다. 한낮 기온이 섭씨 40도를 넘기고 밤 기온도 30도를 유지하는 가장 더운 때로 새해 축제를 핑계 삼아 모두들 쉬어가기 때문이다.

본격적인 축제가 시작되면 집 앞에 물을 가득 담아 놓고 지나는 이들에게 물 공격을 한다. 적극적인 사람들은 차량에 물을 가득 싣고, 사람들이 많은 곳을 찾아다니며 물싸움을 한다. 차량끼리도 하고, 차량에서 행인들을 향해서 퍼붓기도 하고, 행인들끼리도 한다. 많이 뿌리면 뿌린 만큼 행복하고, 맞으면 맞은 만큼 행복하니 더 많이 뿌리고 맞기 위해 모두가 시내로 모여든다.

시원한 맥주와 흥겨운 음악, 그리고 물이 있으니 모두가 즐겁다. 심지어 비어라오 등이 주관하는 각종 축제장에선 소방차를 동원해 물을 뿌리며 분위기를 고조시킨다. 사람들은 온종일 음악을 틀어 놓

Calvin

MIXOK INN

고 맥주를 마시며 지나가는 사람들에게 물을 뿌려 주고 본인도 물세례를 받으며 즐긴다. 이때는 남녀노소 구분이 없다. 외국인이라도 관계없다. 라오스에 있는 모든 사람들이 물을 통해 축복을 전하고, 음악과 맥주에 취해 하나 되는 때이다. 라오스 사람들은 이 삐마이를 즐기기 위해 1년 동안 참고 돈을 모은다고 한다. 그만큼 이들에게 중요한 축제이며 의미 있는 축제다.

'삐마이'는 지난해의 정령과 헤어지고 새해의 정령을 맞이하는 축제이다. 공식 휴일은 3일이지만 실제로는 일주일 이상이다. 외국인들에게는 물축제Water Festival로 알려져 있다. 서로에게 물을 뿌리면 지난해 액운이 씻겨 나간다고 생각한다. 새로운 축복을 전하는 의미로 물을 뿌리는 이 '혼남' 의식이 축제 형태로 변형되었다.

라오스 새해인 삐마이는 불교적인 의미가 매우 크다. 축제 기간은 사흘로 묵은 해의 마지막 날, 어느 쪽도 아닌 날, 그리고 새해 첫날 이렇게 진행된다.

첫날은 라오스 달력에서 섣달 그믐날인데, 지난해 정령이 각 집을 떠나는 날이다. 사람들은 집안의 불단과 평소에 다니던 절을 청소하고, 스님은 절의 불상을 좌대에서 떼어내 새해를 준비한다. 이때 불상을 물로 씻겨 주는데 이 물을 받아다 아이들이나 어른들에게 물을 부어 주면서 장수와 평안을 축원한다.

루앙파방의 경우는 메콩강의 섬으로 배를 타고 들어가 모래 불탑을 세운다. 모래알은 지난해의 죄를 의미하는데 이를 통해 메콩강에 자신의 죄를 씻어 낸다고 믿는다. 삐마이 기간에 대부분의 절에서 모래를 쌓아 두는 이유도 모래탑을 통해 죄를 씻기 위함이다.

두 번째 날은 묵은해도, 새로운 해도 아닌 날이다. 섣달 그믐날과 설날의 중간의 날이다. 각 집에서는 불단에 곡물과 꽃을 올려 조상의 혼령을 맞이한다. 어린이들과 젊은 세대들이 집안을 청소한 다음 마을 청소를 한다. 어른들에게 물을 부어 드려 무병장수를 축복해 주도록 독려한다. 어른들에 대한 세례 의식이 끝나면 마침내 아이들이나 젊은 세대끼리 서로 물을 뿌려 지나가는 해의 불운과 업을 씻는 물세례를 주고 받는다. 즐거운 물싸움이 시작된 것이다.

새해가 시작되는 첫날, 마을 사람들은 몸을 정갈하게 하고, 오후에 물과 꽃을 준비해 사원에 모여 기도하고 스님의 설법을 듣는다. 물을 뿌리는 곳에 부처상을 놓고 3일간 사람들에게 공개한다. 부처상뿐만 아니라 승려, 사원에 있는 나무 등에도 물을 뿌린다. 젊은이들은 노인들에게 뿌리고, 승려들은 사람들에게 물을 뿌려 장수와 번영을 기원해 준다. 친구끼리도 서로 물을 뿌린다. 이렇게 물을 뿌리는 것은 까빈라폼의 딸들이 아버지 머리를 씻기는 풍습에서 전해져 내려왔다고 한다.

세 번째 날이 비로소 신년의 시작이다. 이날 가정에서는 '바씨Baci' 행사를 한다. 일종의 고사를 지내는 것인데, 바씨를 통해 몸에 탈이 없어지고 병이 나지 않도록 기원한다. 자식들은 부모들에게 마음 상하게 한 것에 대해 용서를 구한다. 그리고 준비한 선물이 있으면 부모나 어른들에게 바친다. 이 바씨 행사가 끝나면 무명실을 서로에게 묶어 주며 축언을 해 준다.

새해 첫날과 신년 축제의 마지막 날 저녁에는 절에 간다. 절에서는 부처를 씻기던 장소에서 원래의 위치로 옮겨 놓는다. 신도들은 불상과 스님들에게 물을 부어 신체를 접촉한 것에 대해 용서를 구하고 스님들은 신도들에게 새해를 축복해 주는 기도를 한다. 새해 첫날 밤 절에서 하는 마지막 행사는 촛불을 밝히는 일이다.

라오스 신년 축제 삐마이는 라오인들의 소비가 집중되는 기간이다. 대부분의 회사는 이때 직원들에게 보너스를 지불한다. 고향을 떠나 도시로 일을 하러 온 젊은이들도 이때에는 거의 고향에 내려간다. 내려갈 때 바리바리 선물을 싸들고 간다. 신년에 어른들에게 선물을 드리는 것이 라오스의 관습이다. 이런 이유로 라오스의 상점들은 신년 축제를 맞이하기 전에 강력한 할인행사를 통해 매출을 극대화한다. 이 기간에 물건을 사면 같은 제품이라도 저렴한 가격에 살 수 있다.

라오스 신년 축제는 짧게 잡아도 보름은 일상적인 업무가 마비된다고 생각하고 일을 봐야 한다. 축제가 끝나고도 정상화되는 데 상당한 시간이 소요된다. 보통 정상 업무가 시작되는 첫날을 완므아이팍(완=날, 므아이=피곤하다, 팍=휴일)이라고 부른다. 며칠간 계속 놀아 힘들어서 하루 더 쉬어야 한다는 뜻으로 축제의 심각한 후유증을 대변하는 말이다. 정상적인 업무를 볼 수 없으며 출근은 했지만 사실상 휴일로 봐도 무방하다.

탑돌이 하는 분탇루앙

탑돌이는 불교의 가장 오래된 무형문화유산 중 하나이다. 부처님이 돌아가신 후 유일하게 남은 형상인 '사리'를 모신 것이 탑이다. 부처님의 지혜와 복덕에 대한 존경의 뜻을 나타내는 마음으로 오른쪽으로 세 바퀴 도는 예법이다. 석가모니 열반 후 진신 사리를 모신 탑둘레를 돌면서 부처의 공덕을 찬미하고 소원을 비는 행위다.

탇루앙That Luang은 라오스에서 가장 유명한 불탑이다. 뜻은 '위대한 탑'이다. 위대한 이유는 부처의 진신 사리, 머리칼과 갈비뼈를 모셨기 때문이다. 이 탑을 더욱 위대하게 만들기 위해 탑 전체를 황금색으로 도금했고 탑신에 순금을 봉헌했다. 탇루앙은 라오스의 상징물이다. 연꽃잎 단 위에 높이 45m의 중앙탑이 있고 그 주변에 호위병처럼 30기의 작은 탑이 두르고 있다. 맨 아래 기단 부분은 크메르와 인도, 라오스 양식이 혼합된 형태로 사방에는 공양을 할 수 있도록 '허와이'라고 부르는 작은 사원이 있다. 국가의 상징인 국장과 화폐에 탇루앙의 모습이 담겨 있다.

1560년 쎄타티랏Setathirath왕이 루앙파방에서 위양짠으로 수도를 옮겼다. 그리고 1566년 부처님의 뼈를 봉안한 탇루앙을 세웠다. 지금의 탇루앙은 1819년, 1930년, 1976년, 1993년, 1996년 등 몇 차례 중건과 보수를 통해 현재 모습으로 자리를 잡았다. 2016년 탇루앙 건립 450주년을 기념해 10kg의 황금으로 탑 꼭대기를 장식했다.

한 해 마지막 축제이며 가장 중요한 불교축제인 분탇루앙Boun That Luang은 11월 보름(라오스 음력 12월)에 열린다. 추수감사절처럼 한 해의 수확을 마무리하는 축제라고 할 수 있다. 라오스 전역의 승려들과 신도들은 3일간의 종교행사에 참가한다. 축제는 '왓씨므앙Wat Si Muang'에서 출발한 행렬이 탇루앙에 도착할 즈음이면 절정을 이룬다. 스님들과 정부 관료들이 깃발을 들고 앞장서고 뒤로는 각 소수민족 복장을 한 여인들의 춤 행렬과 신도들의 행렬이 이어진다. 순례자들은 탑 주변에 꽃과 향을 올린다. 촛불을 들고 탑돌이를 하며 가족의 건강과 안녕을 기원하며 축제의 대미를 장식한다. 탑돌이는 시계방향으로 세 번을 도는데 많은 인파에 떠밀려 가듯이 돌게 된다.

이 축제날은 공식적인 휴일이 아니기에 사람들은 시간 나는 대로 봉헌물을 들고 탇루앙을 찾아 참배와 탑돌이를 한다. 어린 바나나 줄기로 만든 꽃과 왁스로 만든 꽃은 물론이고 돈과 꽃으로 장식된 파쌍펑 등을 탑에 올린다. 탑돌이에 앞서서 같이 온 사람들은 봉헌물을 들고 기념사진 촬영을 한다. 이 탇루앙 축제는 라오스 사람이라면 '평생에 한 번은 반드시 참가해야 한다'고 알려져 있다.

축제의 마지막 날 아침은 전국에서 올라오신 스님들이 긴 탁자 위

에 발우를 올려놓는다. 그러면 신도들은 탑돌이를 하면서 준비해 온 각종 음식물과 돈을 발우에 넣는다. 이때는 비구니 스님인 '매씨'들도 한편에서 참가한다. 아침 공양이 끝나면 지방에서 올라온 스님들은 공양물을 챙겨서 다시 지방으로 내려간다.

탇루앙의 밤은 화려하다. 탇루앙을 배경으로 뜬 둥근 보름달빛을 비추고 불꽃놀이가 진행되는 가운데 사람들이 촛불을 들고 탑돌이를 함으로써 축제 분위기가 한층 고조된다.

이 축제에 참석하기 위해 전국에서 모인 스님들과 사람들의 질서 유지를 위해, 그리고 만약의 사태가 발생할 것을 대비해 축제기간동안 왓탇루앙따이(탇루앙 남쪽 절) 절 안에 군 병력이 주둔한다. 탇루앙 축제장 입구에선 라오청년연맹 소속의 고등학생들이 가방 등 소지품을 검사한다.

탇루앙 축제장 인근은 임시상가들이 들어선다. 최신형 스마트폰부터 음식물까지 다양한 상가들에선 크게 음악을 틀고 호객을 하며 장사를 한다. 신성한 불교 축제장인지 장돌뱅이들이 모인 시장인지 구분이 안 갈 정도로 시끄럽고 혼란스럽다. 이런 상가들의 소음 속에 각 지방에서 모인 사람들로 축제 분위기는 더욱 무르익어 간다. 신성한 탑돌이라기보다는 먹고 즐길 거리가 많은 축제 현장으로 점차 변하고 있다.

비를 부르는 기우제 분방화이

'분방화이'는 모내기를 앞두고 농촌에서 올리는 기우제다. 비를 부르고 출산을 기원하는 축제로 라오스의 토속적인 요소를 많이 보여준다. 축제는 무더운 건기의 끝자락인 매년 4월부터 5월중에 각 마을별로 열린다. 깨끗한 마음으로 정성을 다해 올리는 한국의 기우제와는 달리 라오스 기우제는 흥겹고 익살스럽다.

라오스는 기후로만 보면 3모작도 가능하다. 그러나 모내기를 하고 벼를 키우는 데는 날씨보다는 물이 더 중요하다. 과거 농경사회에선 저수지나 관개수로가 발달하지 못한 관계로 비가 내려야 농사를 지을 수 있는 천수답天水畓이 대부분이었다. 비가 와야 모내기를 할 수 있기에 마을별로 이런저런 기우제를 지냈던 것으로 보인다. 북부 산악지대보다는 남부 평야지대에서 주로 마을 단위로 열었다.

라오스에서의 기우제는 특이하게도 하늘에 로켓을 쏘는 행위로 이루어진다.

로켓은 정교하게 장식된 대나무에 화약을 채워서 만든다. 과거엔 화약을 대신해서 동굴에서 구한 박쥐 똥을 재료로 썼다고 한다. 최근에는 대나무 대신 PVC 파이프를 사용한다.

분방화이에 사용되는 로켓은 각자 집에서 만든다. 회사나 기업의 후원으로 만들기도 한다. 이런 로켓이 행사장에 모이면 스님이 로켓에 소원이 이루어지도록 기원을 해 준다. 이래야 진짜 축제에 사용되는 로켓이 완성되는 것이다. 다른 한편으로 절에서 스님들이 로켓을 직접 만들어 팔기도 한다.

대나무로 만든 로켓을 행사장으로 옮기면서 축제가 시작된다. 각종 색깔의 깃발로 치장한 큰 로켓을 여러 명이 어깨에 메거나 차량으로 행사장으로 옮긴다. 이때 신을 노怒하게 하기 위해 남성들이 여성 분장을 하기도 하고 남성의 남근을 나무로 만들어 행사 내내 들고 다니기도 한다.

어떤 마을에선 남녀의 모습을 작은 인형으로 만들어 성교행위를 묘사하기도 한다. 심지어 카메라 모양으로 만든 목각도 있어 사진을 찍으며 카메라 부분에서 남근이 튀어나오게 만든 경우도 볼 수 있다.

이런 음란한 행동은 하늘 신을 골려 노하게 하려고 한 것이다. 화가 난 하늘 신은 번개와 천둥으로 지상의 사람들은 혼내 준다. 이때 반사이익으로 비를 얻게 되는 것이다.

발사대로 옮긴 로켓을 두고 마을 어른들은 안전을 기원하는 제를 올린다. 그리고 로켓을 검사해 가장 크고 긴 로켓과 가장 아름다운 장식을 한 로켓, 가장 재미있게 로켓을 만든 팀에게 점수를 준다. 물론 나중에 발사했을 때 가장 멀리 오랫동안 날아간 로켓에 가장 많은 점수를 준다. 반면에 로켓이 발사되지 않은 팀은 벌칙으로 진흙탕에 빠트리고 독한 라오스 전통 위스키를 먹인다.

화약을 다루는 일이라 가끔 로켓이 폭발해 인명사고가 발생한다. 또 로켓 쏘는 순서 때문에 언성을 높이는 경우도 있다. 술기운으로 인해 폭력사태로 이어지기도 한다. 과거엔 큰소리 내지 않고, 싸우지 않는 것으로 알려진 라오스 사람들이 점차 과격해지는 것이 아닌가 하는 생각이 든다.

카오판싸,
억판싸 그리고 분쑤앙흐아

한국의 스님들은 하안거夏安居, 동안거冬安居두 번 수행에 들어간다. 라오스에서는 비가 오는 우기에 '카오판싸'Khao Phansa라고 해서 3개월 수도정진을 한다. 카오판싸는 스님뿐만 아니라 불심이 깊은 신도들도 금주 및 금욕적인 생활로 자신을 돌아보는 명상의 시간이다. 비 내리고 불순한 일기에 외출을 금하고 수행에만 정진할 수 있도록 권장하면서 시작됐다.

라오스는 열대 몬순 기후로 건기와 우기로 나뉜다. 우기는 곧 벼농사철이다. 이 기간 동안 스님들은 절 밖으로 나오지 않는다. 절이나 수도하는 장소에 머물면서 부처가 깨달은 진리를 학습하고 수행자로서 명상에 전념한다. 이 시기를 하안거, 또는 우안거雨安居라고 한다. 일생에 한 번은 스님이 되어야 한다고 믿는 라오 사람들의 단기 출가가 집중되는 기간이기도 한다.

라오스 달력 8월의 보름날(양력 7월)이 지나 달이 기울기 시작하는 첫날이 수행에 들어가는 '카오판싸'다. 11월의 보름달이 뜨는 날까지

수행이 이어진다. 이 기간은 스님들이 밖으로 나오지 않기 때문에 신도들이 스님들을 위해 3개월간의 생필품과 음식을 챙긴다.

'카오판싸'가 시작되면 라오스 경제가 얼어붙는다. 이 시기에는 결혼을 한다거나, 부동산 거래와 같은 특별히 큰 거래를 하지 않는다. 한 한국인이 중고차를 팔려고 인터넷에 내놓았는데 문의조차 없어 주변인들에게 물어보니 카오판싸 기간이라 돈을 쓰지 않는다고 했다. 스님의 축원을 받을 수 없기 때문에 결혼식도 올리지 않는다. 외형적으로는 수행 및 금욕생활 때문인 것으로 보이지만 사실은 이 시기가 끝나면 돈을 지출해야 할 곳이 많기 때문에 미리 비축하는 것이다.

지루한 장마가 지나고 하안거가 끝나는 날을 '억판싸'라고 한다. 즉 라오스 달력의 음력 11월 보름(양력 10월)이 수행이 끝나는 날이다. 지루한 우기가 끝났고, 힘겨웠던 금욕 기간이 끝났다고 촛불을 밝히

고 탑을 세 번 돈다. 금욕과 수행을 통한 3개월의 출가로 라오 남자는 사람이 된다고 한다. 단기 출가는 한국 남자들이 군복무를 마치는 것과 비슷하다.

억판싸가 끝나면 '분쑤앙흐아' 배 축제가 열린다. '러이흐안화이'라고 집 주변에 촛불을 밝히고 바나나 잎으로 만든 작은 배에 촛불을 켜고 선향을 꽂아 강에 띄워 보낸다. 강의 신령에게 감사를 올리는 것으로 '러이까통'이라고 부른다. 이날부터는 경사스러운 일을 축하하는 것이 가능해져 그동안 미뤄 두었던 결혼식 등이 열린다.

'분쑤앙흐아'(분=축제, 쑤앙=젓다, 흐아=배)는 억판싸가 끝난 다음 날 낮에 열린다. 전국 각지에서 예선을 거쳐 올라온 배 경주 대회가 위양짠의 메콩강변에서 열리는데, 이를 분쑤앙흐아라고 한다. 배 경주 대회를 구경하려는 사람들과, 자신의 마을을 대표하는 배의 승리를 응원하기 위해 올라온 마을과 지방 사람들로 메콩강변은 입추의 여지도 없

이 메워진다.

작은 배 경주와 큰 배 경주가 있는데, 결승전은 큰 배로 치러진다. 마을별로 자신들이 건조한 큰 배에 45명이 넘는 인원이 타고 구령에 맞추어 배를 저어 승부를 겨룬다. 신년축제를 즐기려면 루앙파방으로 가는 것이 볼거리가 많고, 억판싸 축제는 배경주 대회의 결승전이 열리는 위양짠에서 보는 것이 훨씬 성대하며 즐길 거리가 많다.

위양짠 메콩강에서 열리는 분쑤앙흐아의 결선에 오르기 위해선 지역예선을 거쳐야 한다. 예선전은 지역마다 기간이 다르지만 보통 8~9월에 열린다. 특히 루앙파방의 지역 예선은 남칸 강에서 열린다. 강폭이 좁고 굽어 있어 선수들의 구령소리와 노 젓는 소리가 그대로 가슴에 와 닿는다. 관람객이 마치 배를 타고 경주하는 느낌이다.

경기가 끝나면 배는 보통 마을별 절에 보관한다. 큰 배를 보관할 장소가 다른 곳에는 마땅히 없을 뿐더러 매년 축제에 참가하는 배에 대한 스님들의 축원의식이 보통 절에서 이뤄지기 때문이다. 루앙파방 강변에 있는 고찰엔 배들이 보관되고 있는 모습을 볼 수 있다.

루앙파방 남칸 강에서 열린 분쑤앙흐아 지역 예선전에
출전한 선수들이 힘차게 노를 저며 각축을 벌이고 있다.

Part V

불교와 생활

태어난 요일을 아시나요?

한국인들은 태어난 사주를 중시해 왔다. 사주는 한 인간의 운명을 결정짓는 중요한 요소로 생각되어졌다. 그러나 라오 사람들은 우리와 다르게 태어난 요일을 가장 중요시한다. 태어난 날은 몰라도 태어난 요일을 모른다는 것은 있을 수 없는 일이다. 한국인들은 대부분 태어난 요일에 대한 사회적 용도가 필요 없어 자신이 태어난 요일을 기억하는 사람은 거의 없다.

라오스 사람들은 반드시 태어난 요일을 알아야만 한다. 태어난 요일을 모르면 97%가 상좌부 불교 신자인 라오스 사람들이 절에 가서 자신이 모셔야할 불상을 알 수가 없다. 요일 별로 불상의 모습이 각기 다른데 자신이 모셔야할 부처를 모르니 얼마나 섭섭할 것인가. 그런 사람을 위해서 제8요일의 부처, 자신의 생일을 모르는 딱한 사람을 위한 불상을 하나 더 모셔 두기는 한다.

일요일의 부처는 서 있는 입상이다. 두 손을 아랫배 위에 가지런히 모았는데 왼손 위로 오른손을 덮고 있다. 이 모습은 부처가 보리

수 아래에서 새로운 진리를 깨닫고 난 후 그 감동으로 보리수를 일주일간 서서 바라본 모습을 형상화한 것이라고 한다. 일요일에 태어난 사람은 믿을 만한 사람이며 현명해서 주위의 사람들로부터 사랑을 받는다고 한다. 일요일의 상징은 붉은색이다. 행운의 색은 수요일의 색인 초록색이다. 일요일에 태어난 사람에게 금요일과 그 색인 파란색은 불길하다.

월요일의 부처는 싸움을 말리는 부처다. 손가락을 가지런히 펴서 손바닥을 밖으로 향하게 하고 있다. 농민들이 서로 물꼬를 두고 싸워서 부처가 이를 말리는 모습을 형상화했다고 한다. 이해관계로 싸우지 말고 사람들이 서로 화합하라는 가르침을 나타내는 불상이다. 월요일에 태어난 사람은 기억력이 비상하고, 여행을 좋아한다고 한다. 월요일의 상징색은 노란색이다. 월요일에 태어난 사람에게 행운의 색은 검은 색, 운이 좋은 날은 금요일. 반대로 빨간색은 흉하고, 빨간색의 상징인 일요일 역시 좋지 않다.

화요일의 부처는 누워 있는 와불이다. 오른 손으로 머리를 받치고 왼손은 몸에 가지런히 얹고 있다. 아주 편안한 모습이다. 라오어로 와불은 '파넌'으로 잠을 자는 부처라는 뜻이다. 화요일에 태어난 사람은 편안한 와불의 이미지와는 다르게 활동적이며 용감하다고 한다. 화요일의 상징색은 핑크색이다. 화요일이 생일인 사람은 노란색이 행운의 색이며, 목요일이 좋다고 한다. 그러나 월요일이 좋지 않다고 하며, 하얀색은 피해야 할 색으로 친다.

수요일의 부처는 발우를 두 손으로 받치고 서 있는 모습이다. 한국이나 중국, 일본과 같은 대승 불교에서는 찾아보기 힘든 불상이다. 상좌부 불교는 부처 시대의 율법을 그대로 계승하자는 태도를 가지고 있으므로 스님이 탁발을 하는 것은 당연하다.

수요일의 색은 초록이다. 수요일 오전에 태어난 사람은 감성적이고 창의적인 특성이 있으며, 공손하다고 한다. 자유분방한 예술가들이 주로 수요일 오전에 태어난다. 수요일 오전에 태어난 사람에게 수요일의 상징색인 초록이 행운의 색이다. 화요일과 핑크색은 좋지 않다.

수요일 오후에 태어나는 사람은 진실하고 열심히 일하는 사람인 반면 냉정하고 음모적이라고 한다. 정치가형이라고 할 수도 있다. 이들에게 월요일은 행운을 뜻하지만, 월요일의 상징색인 노란색은 흉하다. 목요일은 흉하다.

목요일의 부처는 결가부좌상이다. 한국, 일본, 중국에서 흔히 볼 수 있는 연화대 위에서 명상을 하는 부처상이다. 목요일에 태어난 사람은 조화로운 성격을 가지고 있고, 침착하며 진실하다고 한다. 스승이 될 사람이 태어나는 날이 목요일이다. 목요일의 상징색인 오렌지색이 길하며 검은색과 토요일은 흉하다.

금요일의 부처는 서서 가슴에 양손을 모으고 있다. 오른손이 역시 왼손을 덮고 있다. 이것은 부처가 깨달은 진리를 중생들에게 깨우치려고 하였으나 그것을 대중들이 알아듣지 못하고 있는 것에 대한 연민을 표현한 불상이다. 금요일에 태어난 사람은 연예인 기질이 있어

사교적이며 재미있는 이야기를 잘하는 특성이 있다. 금요일의 상징색은 파란색이다. 행운의 날은 화요일이며, 화요일의 상징색인 분홍이 행운의 색. 금요일에 태어난 사람은 수요일의 상징색인 초록색과 수요일 오후를 조심해야 한다.

토요일의 부처는 목요일의 부처와 마찬가지로 연화대 위에서 결가부좌를 틀고 있지만 그 밑으로는 뱀의 신이 몸뚱이로 받치고 있고,

부처의 머리 위로는 7개의 머리를 가진 뱀신이 부처를 보호하는 모습을 띠고 있다. 뱀의 수컷 신은 나가Naga라고 하며, 뱀의 암컷 신은 나기니Nagini라고 한다. 둘을 통칭해서 파냐낙이라고 하는데 나가는 산스크리트어에서 유래된 말이며 뱀, 특히 코브라 같은 맹독을 가진 뱀이다. 토요일에 태어난 사람은 차분한 논리형의 사람이며, 은둔형이라고 한다. 토요일의 상징색은 보라색이다. 행운의 색은 파란색, 요일은 금요일이 길하다. 초록색은 토요일에 태어난 사람에게 좋지 않으며, 수요일 낮은 조심해야 한다.

라오스의 문화를 이해하고자 하면 반드시 먼저 자신이 태어난 요일을 알아야 한다.

맨발의 수행
탁발

밥 짓는 냄새가 어둠 속으로 퍼져나간다. 주황색 가사袈裟가 흑백 새벽공기를 가른다. 땅의 냉기는 발바닥을 타고 머리끝으로 가면서 닫혀있던 모든 감각들을 깨운다. 매일 반복되는 맨발 수행인 탁발托鉢이 시작됐다.

따뜻한 찹쌀밥 한 덩어리가 발우에 떨어지는 순간이 바로 삼륜공적시三輪空寂施다. 베풂을 실천하는 신자와 수행을 하는 스님 그리고 보시의 재물, 이 세 가지 요소三輪는 공空이다. 그래야만 진정한 보시이며 탁발이다.

스님들은 절에서 밥을 짓지 않는다. 새벽 탁발에 의존한다. 탁발은 수행자의 자만과 아집을 버리게 하고, 무소유의 원칙에 따라 끼니를 해결하는 것조차 남의 자비에 의존하는 수행 방식이다.

스님들은 하루에 세 번의 예불을 드린다. 새벽 4시, 오전 7시, 오후 6시. 탁발을 해 온 음식은 오전 11시까지만 먹을 수 있다. 스님들은 오후부터 다음날 탁발 때까지 공복으로 지내야 한다. 라오스님들은 오후 불식不食 1일 2식을 한다.

6시경이 되면 작은 종소리가 울리는데, 이때부터 절에서 스님들의 탁발이 시작된다. 주지나 당직을 맡은 스님이 앞장서고 어린 사미승沙彌僧들이 뒤따른다. 스님들은 발길 내키는 대로 탁발을 나서는 것이 아니라 구역과 동선이 정해져 있다.

공양주들과 스님들은 서로 아는 사이다. 만약 매일 보던 공양주가 보이지 않으면 탁발 행렬을 잠시 멈추어서 기다리기도 한다. 이것은 스님들의 공양주에 대한 배려다. 싸이밧을 놓친 공양주가 하루 종일 자책할 것을 걱정해서 기다려 주는 것이다.

탁발은 스님 입장에서는 '탁받'으로 공양을 받는 거고, 공양주 입장에서 보시하는 것을 '싸이받'이라고 한다. 탁받의 '받'은 스님들이 음식을 담는 그릇인 발우鉢盂에서 온 단어다.

새벽마다 스님에게 공양을 하는 이들은 주부들이나 노인들이 많다. 이들은 스님들과 마찬가지로 일찍 일어나 숯불로 찹쌀밥을 찌고, 과자나 자신들이 만든 음식을 챙긴다. 이곳에선 육식도 가능하니 고기 음식도 정성스럽게 준비한다.

공양을 받은 스님들은 보시한 신도들에게 "건강하고 각 가정마다 무량공덕無量功德을 누리시길 바란다"고 축언해 준다. 다만 루앙파방의 경우는 관광객들이 많이 몰려서 참례하는 곳에선 축언을 생략한다. 대신 원주민들이 사는 골목길에선 축언을 하는 모습을 볼 수 있다.

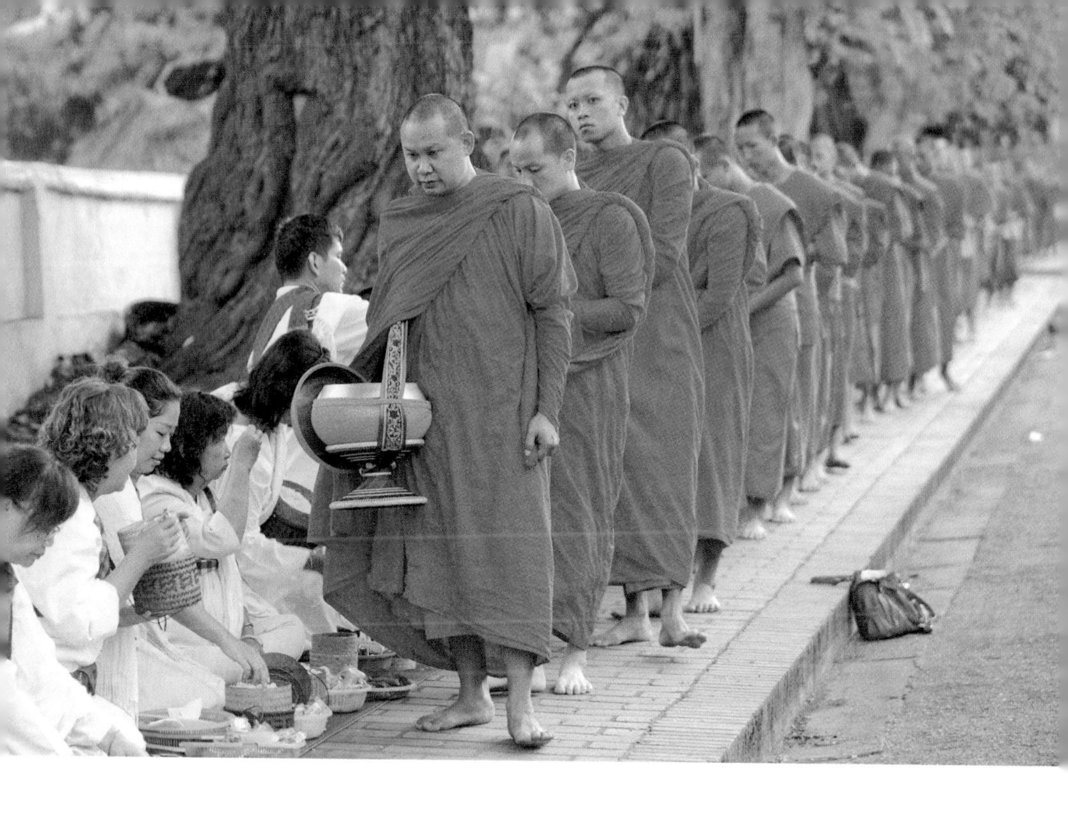

세계문화유산 루앙파방 탁발은 라오스를 보여주는 문화의 상징이다. 주황색 가사를 걸친 스님들이 맨발로 침묵을 지키면서 탁발을 하는 모습은 세계 어디에서도 보기 어려운 장관이 아닐 수 없다.

남칸 강변에서 왓씨엥통을 지나 왕궁까지 이어지는 탁발 행렬이 가장 크고 장엄한 이유는 작은 도시 안에 사원들이 밀집해 있기 때문이다. 또 도시가 메콩강과 남칸 강이 사이에 반도모양으로 생겨 탁발 행렬이 한쪽 방향으로 이어진다.

루앙파방 탁발이 워낙 유명해서 새벽 탁발은 루앙파방에서만 하는 행사로 알고 있는 사람들도 있다. 탁발은 라오스 전역에서 매일 새벽마다 이루어진다. 탁발도 빈익빈부익부다. 사람이 많은 도시는 탁발하는 인구가 많다 보니 공양물이 넘치는 반면 아주 작은 동네나

주황색 가사를 두르고 맨발 수행인 탁발에 나서 스님들이
신도들로부터 공양물을 받은 후 축언을 해주고 있다.

산골의 탁발은 소박하다 못해 궁색해 보이는 곳도 있다. 그리고 스님 혼자 탁발을 하는 경우도 흔한 풍경이다.

루앙파방의 탁발이 스님들의 수행보다는 관광객을 위한 탁발로 변질되어 가고 있어 안타깝다. 체험으로 공양을 올리는 관광객이 크게 늘고, 사진촬영 등으로 어수선한 분위기를 연출해 숭고한 탁발 현장이라기보다는 시장바닥 같다. 최근 중국 관광객의 대거 유입으로 더욱 소란스러워졌다.

가장 큰 문제는 현지 신자들이 크게 줄었다는 것이다. 정부의 문화재 보호로 현지인들은 편리한 도심 외곽으로 이주하고 그 자리에는 외국투자자들이 들어와 호텔, 레스토랑 등을 운영하면서 상가가 대신하면선 현지인 공동화 현상이 생기고 있다.

루앙파방은 많은 관광객들의 탁발 참례로 절에서 나오자마자 스님들의 발우가 공양물로 넘쳐난다. 스님들은 가난한 사람들이 음식을 얻고자 기다리는 곳에서 탁발로 얻은 음식을 덜어 준다. 나눔 행복의 실천인 것이다.

위양짠의 경우는 새벽 탁발에 손수레가 등장했다. 맨 뒤를 따르는 사비승이 손수레를 끌고 탁발행렬에 나선다. 이런 모습을 보면서 수행이라는 고단함보다는 편리함이 우선되는 것 같아 안타까운 생각이 든다. 아니면 세월의 흐름을 따르는 것이라고 해야 할까?

남자는 일생에 한 번 출가?

한국의 초등교육은 근대에 이르기까지 서당書堂에서 이뤄졌다. 라오스의 경우는 20세기 중반까지 절 중심의 왓스쿨Wat School을 통해 교육이 이뤄졌다. 절은 교육기관이자 수행기관으로 마을 중심의 커뮤니티 중심 역할을 해 왔다. 절에서는 어린아이들에게 라오어, 빨리어, 산수 및 사회과목 등을 가르쳤다.

출가는 전적으로 본인의 의지에 맡긴다. 남방불교는 북방불교와 달리 출가가 자유롭다. 출가는 자기 자신에 대해 정진하고 수행하는 기간으로 매우 소중히 생각한다. 승려가 되기 위한 출가는 보통 10세 때 하지만 18세가 넘어서 할 경우는 부모뿐 아니라 나이반(마을이장)의 허락을 받아야 한다. 대부분 남자는 전통적으로 하안거 3개월, 즉 카오판싸에 출가해서 억판싸에 수행을 끝내는 단기 출가를 한다. 그리고 결혼 전이나 부모상을 당했을 때도 단기 출가를 한다.

만 20세 이전의 사미승을 '쭈와'라고 한다. 많은 아이들이 사미승 생활을 한다. 가정이 빈곤할수록 그 기간이 길어지고 재해 등으로 먹고살기 어려워지면 출가하는 아이들이 늘어나는 경향이 있다.

2019년의 경우가 지속적인 가뭄, 돼지콜레라 등 가축전염병 창궐, 벼와 바나나 등 재배작물의 병충해 등으로 어린 남자 아이들의 단기 출가가 크게 늘었다. 절은 기본적인 의식주와 교육이 보장되고 수행을 동시에 할 수 있는 곳이다. 6월부터 8월까지 긴 방학 동안은 사찰에서 학생들을 대상으로 단기 출가를 받는다. 흔히 방학동안만 여는 썸머스쿨Summer School 또는 방과 후 학교인 것이다.

절은 자신이 언젠가 몸을 담을 곳이거나 몸을 담았던 곳이다. 절에서 자랐다고 하더라도 꼭 승려가 되어야 한다는 법도 없다. 절에서 정규 교육을 받고 '환속'해 생활한다고 해서 누구도 비난하지 않는다. 사람들은 부모님의 은혜를 갚는 최고의 방법을 출가라고 생각해 많이 실천하고 있다.

스님들은 새벽 4시에 일어나 5시까지 좌선을 한뒤 6시에 탁발 수행에 나선다, 예불은 새벽 4시, 오전 7시, 오후 6시 등 하루 세 번 한다. 이런 규칙적인 생활을 하기 때문에 어린 남자들은 출가를 통해 올바른 남자로 성장할 수 있다고 믿는다. 마치 한국의 남자들이 '군軍에 다녀오면 사람 된다'고 하는 것과 비슷하다고 할 수 있다.

라오스에서 스님은 사회적인 지위가 높고 존경을 받는 계층이다. 그러나 정치적인 문제엔 관여하지 않는다. 보통 각 가정에선 남자가 출가해 스님이 되는 것을 원한다. 보통 집안에서 일어나는 관혼상제冠婚喪祭는 물론 각종 대소사에 모셔 직접 주관할 수 있기 때문이다.

여성들은 주황색이나 황색의 정식 승복을 입는 비구니계를 받을 수 없다. 비구니는 '매씨' 또는 '매카오'라고 부른다. 남성 승려인 비

구와 같이 경전을 학습하고, 수행을 하며, 재가 신도를 위한 종교의식을 행할 수 있지만 승려들의 조직엔 속할 수 없는 존재이다.

라오스의 승가대학은 위양짠의 왓옹뜨에 있다. 흔히 싸타반붓다 싸싸나(부처종교학회)로 불린다. 옹뜨승가대학(옹뜨 마하위타 Sangha College Ongteu)은 4년제 정식 대학이다. 전국에서 고등학교를 졸업한 스님 중에 60명을 선발해 불교를 가르치며, 두 과로 나눈다. 외국어를 교육하는 일종의 문과와, 과학과 수학을 가르치는 일종의 이과로 구분한다.

루앙파방 왓씨엥먼Wat Xieng Muan 사원에 있는 순수불교미술학교는 회화반과 조각반으로 나눠져 있다. 뉴질랜드 정부의 도움으로 1975년 다시 문을 연 이 학교에서 약 20여명의 스님들은 불교미술(회화·조각)을 공부한다. 이 학교는 세계문화유산지구로 등재된 루앙파방의 문화유산을 제대로 복원해 내는 전문 기술자들을 양성하기 위해 개원됐다.

절이 가득한 도시들

라오스는 불교의 나라답게 도시엔 온통 절이다. 절 옆이 절이고, 절 건너에 또 절로 도시 전체가 절로 뒤덮여 있는 느낌이다. 그도 그럴 것이 전국적으로 2,800여 절이 있다고 한다. 주요관광지인 수도 위양짠에 120여 개, 루앙파방에 80여 개의 절이 도심 한가운데 넓게 자리 잡고 있다.

위양짠 시의 경우는 왓인팽 옆으로 왓옹뜨, 왓미싸이가 있고 맞은편과 뒤편으로 왓짠과 왓하이쏙 등의 절들이 모여 있다. 루앙파방은 왓빡칸, 왓키리, 왓씨엥통, 왓씨분흐앙, 왓쎈쏙하람, 왓씨콘므앙, 왓마이, 왓씨엥먼, 왓쫌콩 등 구도심에 절들이 밀집해 있다.

왓씨싸켓은 위양짠에서 가장 오래된 절로 원형이 가장 잘 보존됐다. 씨암(태국)의 침략으로 위양짠의 절이 모두 불태워지고 파괴되었으나 왓씨싸켓은 태국의 절 양식과 흡사해서 그 화를 면했다고 한다. 루앙파방 왓씨엥통 절은 조형적으로 가장 아름다운 절이다. 란쌍왕국의 대표적인 건축물로 1560년 쎄타티랏 왕이 세웠다. 본당을 보면 어미새가 날개를 펴서 새끼를 보호하는 형상의 3겹지붕으로 완

만한 곡선을 그린다.

라오스의 주류인 라오족은 전체 인구의 65%를 차지한다. 이들 대부분이 도심에서 살고 있으며 인구의 95% 정도가 불교도이다. 이렇다 보니 절이 많은 것은 어쩌면 지극히 당연한 일이다. 과거 종교를 갖고 있지 않았던 소수민족들도 도시화되면서 자연스럽게 불교를 이해하고 적응해 절에 다니는 인구가 점차 늘고 있다.

마을에는 기능적으로 보았을 때, 최소한 절이 두 개 있어야 한다고 한다. 스님들이 수행을 하고, 대중들에게 설법을 하는 공간으로써 절이 있어야 한다. 이는 산 사람을 위한 절이다. 또 상좌부 불교도인 라오사람들은 죽음을 맞으면 화장을 한다. 그러니 화장을 하는 곳과 유골을 모실 공간이 필요했고 이런 기능적 요구가 망자를 모시는 절을 필요로 했다.

라오스의 불교를 이해하기 위해서는 '왓'과 '탇'을 구분해야 한다. 스님들이 거주하는 곳이 왓Wat이다. 탇That은 탑이며, 탑은 죽은 사람의 시신이나 유골을 모아 두는 곳이다. 한국인들의 개념으로는 무덤과 다를 바 없으며, 일종의 납골당이다.

위양짠의 '허파깨오'나 루앙파방 '허파방' 같이 '왓'이 아닌 '허'가 들어간 절이 있다. '허'는 어떤한 임무를 위해 세워진 탑, 절, 관실을 뜻한다. 이들 절은 크리스탈 부처나 파방부처 등 특별한 부처를 모신 곳이다. 그리고 이런 절은 스님이 기거하지 않는다.

라오사람들은 화장 후 유골을 절에 모신다. 마당 한편에 부도탑을 세우기도 하지만 절담 자체가 부도탑이기도 하다. 화려한 양식으로 만들어진 납골탑은 '탇둑'(탇=사리탑, 둑=뼈) 또는 '탇까둑'으로 불린다. 화장 후 보통 100일이면 탈상하고 탇둑을 만든다. 화장을 담당했던 절에 가면 4면의 담이 납골탑으로 만들어져 있다. 탑 안엔 유골이 모셔져 있고, 생몰 연대와 사진이 붙어 있는 모습을 볼 수 있다.

위양짠시 가장 중심지인 란쌍대로변에 '왓탇훈'이란 절이 있다. '훈'은 하얀 가루란 뜻이다. 결국 왓탇훈이란 뜻은 화장 후 나오는 하얀 뼛가루를 탑에 모시는 절이란 뜻으로 해석이 된다. 현재 이 절에선 일반인들의 화장보다는 신분이 높은 사람들이나 특별한 경우에만 화장을 한다.

탇루앙That Luang은 불탑으로서 라오스에서 가장 유명하다. 위대한 탑이란 뜻을 지닌다. 위대한 이유는 부처의 진신 사리, 머리칼과 갈비뼈를 모셨기 때문이다. 이 탑을 더욱 위대하게 만들기 위해 라오 사람들은 탑 전체를 황금으로 도금을 했고 탑신에 순금을 봉헌했다. 쎄타티랏왕이 왕국의 수도를 루앙파방에서 위양짠으로 옮긴 후 탇루왕을 세웠다고 한다. 위양짠 도심에는 검은 탑이란 뜻을 지닌 탇담이 있다.

라오스에서 불교는 1947년 제정된 헌법에 의해 국교로 인정되고 있다. 라오스의 승단에 관한 모든 종무는 1951년에 제정된 '라오스 승가법'에 의거하여 결정한다. 국가로서 라오스는 인민혁명당의 유일한 지도를 받고 있다. 라오스의 승단, '라오 상가'도 라오스 인민혁명당이 조직 지도하는 라오스국가창건전선Lao Front for National Construction의 종교부에 소속되어 있다.

정당이 라오스에 유일한 것처럼 승단도 유일하다. 불교의 큰 분류로 볼 때 상좌부 불교(Theravada, 테라바다, 라오스 발음으론 뗄라왓)에 속한다. 상좌부 불교 내부적으로 진보적 입장을 견지하는 마하니까야Maha Nikaya파이며, 정통파인 담마유띠까Dhammayuttika Nik□ya파는 1975년 이후 금지되었다.

승단의 구조는 상가라자라는 불교계의 최고지도자가 있고, 짜오라자가나라는 5명의 장로회의, 9명의 자문단이 의사를 결정하는 구조로 되어 있다. 승단은 중앙승단, 지방승단, 군단위의 승단, 마을승단의 4단계로 나뉘는데 라오스의 행정구역과 일치한다.

라오스에서 정치와 행정을 담당하는 곳은 인민혁명당과 라오스 정부이지만 일상생활은 사찰을 중심으로 이루어진다고 해도 과언이 아니다. 요람에서 장례까지. 심지어 화장 후에도 유골이 절의 부도에 머물게 되는 경우가 대부분이니 요람에서 사후까지 절과 함께한다.

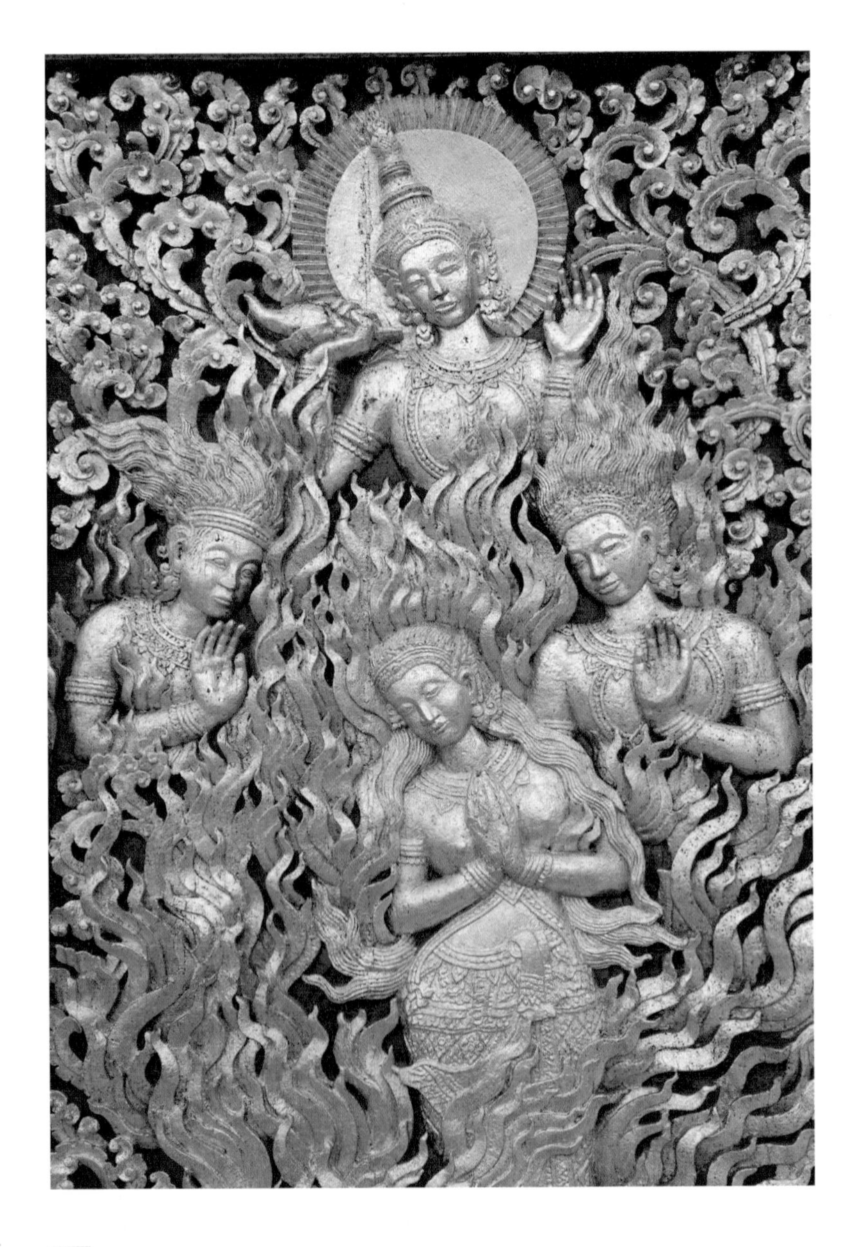

다음 생엔
절집 개로 태어나자

라오스는 개판(?)이다. 묶어 놓은 개도 찾기 어렵고 개를 식용으로 먹는 사람도 없다. 개들의 입장에서 보면 가장 편안하고 안전하게 살 수 있는 곳이다. 한낮에 그늘 아래서 늘어지게 자는 개들은 사람들의 기척도 귀찮아할 정도로 순하다. 그러나 날이 어두워지면 야성이 드러난다. 사람의 인적이 드문 골목 같은 곳에선 한 마리가 짖으면 온 동네 개들이 모두 짖으며 달려들어 아주 위험한 상황에 빠지는 경우도 심심치 않게 발생한다.

라오스 사람들은 다음 생에 사람으로 다시 태어나지 못한다면 절집의 개로 태어나고 싶다고 한다. 라오스 사람들은 윤회輪廻를 믿는다. 생명이 있는 것은 반드시 죽고 다시 태어나 생이 반복된다고 믿는 사상이다.

이 윤회는 철저하게 스스로 지은 대로 받는다는 자업자득에 기초를 두고 있다. 스스로 착한 일을 하였으면 착한 결과를 받고, 악한 일을 하였으면 악한 결과를 받는善因善果 惡因惡果 자기 책임적인 것이다.

그래서 비록 현생에서 미천한 몸으로 살고 있지만 다음 생애에 좋은 사람으로 태어나기 위해 열심히 공양을 올리고 덕을 쌓고 올바르게 살려고 노력하고 끝없는 기도를 한다. 다음 생애에 보다 더 좋은 위치나 복을 많이 받는 사람으로 태어나길 기원하는 것이다. 나쁜 짓을 하면 다음 생에 지옥이나 아수라 같은 곳으로 갈 수 있다고 믿기 때문이다.

인간과 가까이서 가장 편안하게 지내는 동물은 개다. 그중에 절 안에서 지내는 개가 가장 편안하다. 부처님을 모시는 불단에 유일하게 올라갈 수 있는 존재는 스님과 절집 개다. 개는 법당 바닥에 누워도 불단 부처상 앞에 누워도 어느 누구도 쫓아내지 않는다. 괴롭히는 사람도 없고 굶을 일도 없다. 그래서 라오 사람들은 다음 생에 인간이 아닌 가축으로 태어날 경우 가장 원하는 동물이 바로 절집 개다.

루앙파방 새벽 탁발행렬을 보다 보면 개 한 마리가 앞장서서 스님들의 행렬을 이끄는 모습을 볼 수 있다. 그리고 해 질 녘 절에서 불경 공부하는 스님 옆에서 불경을 듣는 개도 있다. 절과 개, 스님과 개는 참으로 잘 어울리는 한 쌍의 커플이다.

루앙파방 왕궁박물관 옆에 사는 여든이 넘는 할머니가 매일 아침 스님들에게 공양을 올린다. 그 공양이 끝나면 할머니 주변에 개들이 모여든다. 할머니로부터 아침을 받아먹으려는 개들이다. 탁발을 마치고 삶은 고기를 찹쌀밥에 싸서 입에 넣어 주면 받아먹는다. 다 먹고 나면 소리 없이 사라지고 다음 날 또 나타난다. 그 할머니는 16살 때부터 자신이 개에게 아침마다 먹이를 주었다고 한다. 그래서인지

건강하고 집안이 편안하다고 한다. 루앙파방 시내에 돌아다니는 개는 다 절집 개라고 봐도 된다.

베트남은 식용으로 개를 먹지만 라오사람들은 개를 먹지 않는다. 조상들 중에 다시 개로 태어난 사람이 있다고 생각해서 절대로 개를 먹지 않는다. 이런 개들을 보고 있노라면 한국 속담 중 '개 팔자가 상팔자'라는 말이 떠오른다.

지신을 모시는 파품

라오스에선 집집마다 작은 신당을 모셔 놓은 것을 쉽게 볼 수 있다. 그게 바로 민간신앙을 믿고 있다는 증거다. 집에 모시는 신당이 있고 가게나 사무실에서 모시는 신당도 있다. 큰 길가에 있는 신당도 있고 강가나 큰 나무 아래에 있기도 하다.

잘 차려진 신당도 있고 볼품없는 신당도 있다. 전국 어디를 가도 눈에 띄는 이 신당이 바로 '파품' 또는 '허파품'이다. '파품'은 토지신, 지신을 뜻하고 '허'는 어떠한 임무를 위해 세워진 탑, 관, 실, 빌딩 등을 뜻한다. '허파품'이라고 불리는 신당은 집에 모셔 놓은 신의 집이다.

한국에도 집에 모셔 놓은 신들이 많다. 안방의 조상신과 삼신, 마루의 성주신, 부엌의 조왕신, 뒤꼍의 택지신宅地神과 재신財神, 출입구의 수문신, 뒷간의 측신, 우물의 용신 등이다. 허파품은 아마도 이 같은 신들이 아닐까 싶다.

큰 길가나 강가에 모셔져 있는 것은 '허피'라고 부른다. 이 신당은 불운을 막고 안전을 위해 기도하는 공동체적인 신당이다. 한국으로 보면 마을 입구에 있는 성황당 같은 것이라고 보면 된다. 그리고 이런 허피에는 대부분 전설이 있다.

위양짠에서 왕위양으로 가는 길에서 산길이 시작되는 곳, 쎈쑴 Senxoum 마을을 벗어나면 언덕길 중간에 허피가 하나 보인다. 단냐뿌파댕(단=지점, 냐뿌=할아버지, 파댕=붉은바위)이라는 허피다. 커다란 붉은 바위 앞에는 할아버지 모형이 모셔져 있다. 이 바위가 있는 산을 거룩한 산이라고 부른다. 길을 내기 위해 바위를 치우려고 했으나 바위가 꿈쩍하지 않자 사람들은 이 바위를 영험하게 여겨 이곳에 신당을 세웠다고 한다.

산길로 접어드는 이들은 안전하게 넘어갈 수 있도록 빌고, 산길을

넘어온 이들은 안전하게 도착한 것에 대한 고마움으로 이곳에 차를 세우고 기도를 올린다. 차량을 세우지 못하는 사람들은 경적을 울려 할아버지 신에게 고한다.

기도를 할 때 사람들은 신당에 음식물, 음료, 과일 등을 올리고 초와 향을 피운다. 바나나 잎을 말아서 탑 모양으로 만든 후 주황색 다오(별)꽃으로 장식한 것도 함께 드린다.

13번 남부 도로 빡가딩 허피에 대한 전설이 있다. 빡가딩은 1985년 소련의 지원으로 다리가 생기기 전까지는 배로 강을 건너야 하는 곳이었다. 남부지방에서 위양짠으로 올라가는 중간 나루터로 아침이면 강가에 시신이 둥둥 떠 있는 모습이 자주 생겼다고 한다. 물귀신이 밤에 사람을 불러들였기 때문에 그렇다고 믿어 허피를 세우고 지나는 이들이 기도를 올려 강 귀신에게 안전을 빌었다고 한다.

커다란 바위 앞, 오래된 나무 아래, 큰 강가, 길모퉁이, 산 정상, 집 앞마당, 공원, 직장 등 사람의 발길이 닫는 곳이면 어김없이 이 파품이 있다. 한국에도 마을 앞, 길가, 우물가, 강가, 언덕 위, 커다란 고목 등에 성황당이나, 장승, 돌무덤을 만들어 놓았듯이 말이다.

누구나 어떤 대상에게 기원을 하는 것은 종교를 떠나 마음의 평화를 얻기 위해서이다. 어떠한 형태이냐가 다를 뿐 인간의 마음은 한국이나 라오스나 별반 다르지 않을 것이다.

평안을 부르는 하얀 실팔찌 맏캔

각 나라별로 축하하거나 안전을 기원하는 의식이 있다. 목걸이를 걸거나 눈과 눈 사이에 제3의 눈인 붉은 점을 찍는 티카 의식을 하는 나라도 있다. 또 히말라야 산을 오르는 이들에게 하얀 비단 스카프인 카타khata를 걸어 주면서 안전과 행운을 빌어 주는 의식을 행하기도 한다. 사람들은 이런 행위를 통해 마음의 안정을 구하고 서로에게 감사와 환영의 표시를 해 주는 것이다. 라오스 사람들은 팔목에 흰 무명실을 묶는 것으로 대신한다.

라오스에선 화려하지는 않지만 순수해 보이는 흰 무명실을 팔목에 묶고 다니는 사람들을 많이 볼 수 있다. 어떤 사람은 오른 팔목에 한 개 있고 어떤 이는 양손에 몇 개씩 있다. 결혼식이나 공항 등에선 수십 개를 한 사람들도 심심치 않게 볼 수 있다. 오토바이 손잡이에도 있고 차량 손잡이에 묶어 놓은 것도 있다. 이것을 통칭해서 '맏캔'이라고도 한다. 이 맏캔은 '바씨' 또는 '쑤쿠완' 의식을 통해서 묶기도 하지만 그냥 하는 경우도 많다. '맏캔'(맏=묶는다, 캔=팔)은 팔목에 실을 묶어 행운과 안전을 빌고 악귀를 쫓는 것으로 볼 수 있다.

바씨는 라오스의 가장 중요한 관습이다. 분삐마이, 분쑤앙흐아 등 각종 라오스 축제는 바씨를 통해 시작된다. 인간이 태어나고 성인이 되고 결혼하고 죽는 등 사람이 한평생 살면서 치러야 할 통과의례인 관혼상제冠婚喪祭에도 빠지지 않는다. 이외에도 귀국, 환영, 환송, 유학 등으로 먼 길을 떠날 때나 다시 돌아왔을 때, 상을 받거나 진급하거나 승리하거나 각종 대소사에서 관습적으로 바씨 의식을 치른다.

외국인들이 학교나 마을에서 봉사활동을 마치면 라오사람들은 바씨 의식으로 보답한다. 바씨의식을 위해선 만수국이라 불리는 덕다우흐앙(메리골드)꽃, 하얀 꽃 덕학, 삶은 닭과 계란, 찹쌀밥, 과자, 무명실 등으로 '파쿠완'을 만든다. 바씨는 마을 어른이나 스님이 집전한다. 참석자들은 파쿠완을 중심으로 빙 둘러앉아 합장한 손으로 긴 무명실을 잡고 의례한다. 긴 실은 집전자의 축언과 좋은 기운이 참석자 모두에게 전해지도록 하는 통로인 것이다. 감사에 대한 인사와 앞으로의 안전과 복을 비는 기도가 끝나고 나면 맏캔 행사를 한다.

파쿠완 화환의 꽃들 사이에 꽂혀 있던 무명실을 사용한다. 바씨가 진행되는 동안 집전자에 의해 이미 축원을 받은 실이다. 가장 어른이 행사의 주인공이나 초청자 등 중요한 사람부터 축언을 하면서 맏캔을 해 준다. 그리고 서로 서로 실을 묶어주며 덕담을 나눈다. 무명실을 묶어줄 때 받는 손의 반대편 손은 가슴이상으로 올려 합장하는 자세를 취하는 것이 예의다.

위양짠 왓씨므앙은 수많은 내외국인은 물론 새 차와 새 오토바이로 늘 붐비는 절이다. 왓씨므앙은 액운을 피하고 동티를 피할 수 있게 해 주는 절이라고 믿어 새 차나 오토바이를 사면 찾아가 치성을 드린다. 절 밖에 세워둔 차와 오토바이에 실을 연결하고 스님은 법당 안에서 액운을 막아 주고 안전을 기원하는 축원을 한다. 이때 새 차를 산 차주와 관련자들도 같이 실을 잡고 기도를 한다. 의식이 끝나면 무명실을 핸들에 묶는데 이 행위는 한국에서 새 차를 사면 고사를 지내고 운전대에 명태와 실타래를 묶는 행위와 비슷하다. 교통사고로부터 안전하게 지켜 달라는 의미다.

맏캔은 외국인들도 많이 한다. 특히 라오스 여행을 온 사람들은 여행하는 내내 안전하고 복을 받는다는 의미로 절을 찾아 약간의 불전을 올리고 스님으로부터 맏캔을 받는다. 특히 인근의 태국사람들이 라오스 관광을 올 때 가장 먼저 찾는 절로도 유명하다.

바씨 의식에서 사용하는 하얀 실은 '평화, 조화, 행운, 건강, 공동체' 등을 상징한다. 최근에는 주황색이나 여러 가지 색이 섞인 실을 사용하기도 한다. 맏캔을 한 실은 최소 3일 동안은 착용하여야 하며 실이 닳아서 자연스럽게 떨어지도록 계속 착용하는 것이 가장 좋다. 실을 가위나 칼 등을 이용해 자르면 안 되고 매듭을 풀어야 한다. 풀린 실은 깨끗한 장소에서 태워야 한다.

'쑤쿠완'은 사전적 의미로 살펴보면 '몸에서 나간 영혼을 다시 되돌아오게 하는 의식을 수행하는 것'으로 나온다. '쑤'는 찾아가다, 방문하다, 나눠주다, 분배하다, 제공한다는 뜻이고 '쿠완'은 마음의 의지가 되는 훌륭한 존재, 혼, 영혼 등을 뜻한다.

'쑤쿠완'을 흔히 '바씨'라고 알고 있다. '바씨'는 일반 용어인 '쑤쿠완'의 존중어로서 일반인들이 '쑤쿠완'을 외국인에게 소개할 때 '바씨'라는 높임말로 소개하고 있는 것이다.

한 집에 살면서 따로 밥을 먹지 마라

대부분의 사람들이 불교를 믿지만 정령신앙도 같이 믿는다. 미신과 전통 신앙을 섬기며 살아가고 있는 것이다. 당연히 지켜야 할 일도, 금기시하는 일도 의외로 많다. 한국하고 비슷한 것도 있지만 전혀 다른 것도 있다.

식사와 관련한 것들로는 '한 집에 살면서 따로 밥을 먹는 것', '어른보다 아랫사람이 먼저 식사하는 것', '먹다 남은 음식을 남에게 주거나 보시하는 것', '밥을 먹고 나서 합장을 하지 않는 것', '밥을 잘 먹고 식사를 주신 분의 뒷담화를 하는 것', '식사 중 가래침을 뱉거나 코를 푸는 것', '장례식에서 면 종류나 넝쿨 식물로 된 음식을 먹는 것'을 금한다.

식사준비에 관한 것으로는 '찹쌀밥을 찐 후 후완카오를 냄비에 꽂아 두는 것', '사용한 절구 공이를 절구에 그대로 두거나 입으로 핥는 것'은 안된다. 이는 더운 날씨로 인해 음식물이 상하는 것을 막기 위한 것 같다.

절과 관련된 금기 사항으로는 '탁발할 때 신발을 신거나 모자를 쓰는 것', '신발을 신고 절에 들어가는 것', '완씬(보름 또는 그믐)에 위험하거나 힘든 일을 하는 것', '스님이 절을 3번 옮기는 것' 등이 있다.

여성에 관한 것으로 '남편이 먼 길 출타중 부인이 몸치장을 예쁘게 하거나 빨간 색 옷을 입는 것', '여자가 서서 오줌을 누는 것', '여자가 남편을 3번 바꾸는 일', '완씬일에 성교하는 것' 등이 여성관련 금기사항이다.

집에 관한 금기 사항으로는 '문을 막고 서 있거나 계단 입구를 막고 서 있는 것', '집을 발로 차거나 두드리는 행위' 등이 있다.

옛날 라오사람들은 미신을 많이 믿었던 것 같다. 귀신에 관한 것으로는 '한밤중에 부르는 소리가 날 때 확실히 아는 사람이 아니면 답하지 말라, 악인이나 귀신이 부르는 소리일 수 있다', '한밤중에 청소하지 마라. 집을 지키는 수호신을 내쫓을 수 있다', '집 근처에 큰 나무를 심지 마라, 나무에 귀신이 들면 가운家運이 기운다', '도끼, 칼 등 쇠붙이로 집안의 계단을 치지 마라. 계단 귀신이 있어 나중에 계단에서 떨어진다', '장례식에 가서 머리 숙여 아래를 보지 마라 귀신이 다리 사이로 다니는 것을 볼 수 있다', '밤중에 그림자 밟고 놀면 액운이 찾아온다' 등 귀신이 드는 행동에 대해 조심하는 내용이 주를 이루고 있다.

이 외에도 '날씨 탓하면 삶의 발전이 없어지고 벌이가 어려워진다', '잠잘 때 머리를 서쪽으로 하고 자면 수명이 짧아진다', '식사할 때 솥, 밥그릇, 수저 등을 두드리면 보살님이 실망해 농사 작황이 좋지 않게 된다', '금요일엔 망자를 화장하지 마라 남은 사람들이 행복하지 않고 어렵고 우울해진다', '검은 옷을 입고 병문안을 가지 마라', '처녀가 식사 때 노래를 부르면 늙은 남편을 얻는다' 등과 같은 미신들도 있다.

집 주변에 심으면 좋지 않은 나무들이 있다. 대부분은 미신적인 것들이나 일부는 해롭기 때문에 심지 않는 나무도 있다.

'똔포(보리수 나무)'는 불길한 나무는 아니나 절에 심는 것이 이치에 맞다고 생각해 집 주변에 심지 않는다. '똔싸이(반얀트리 또는 용수(榕樹;)'라고 불리는 나무는 크면서 나뭇가지에서 다시 줄기가 내려와 땅에 박혀 뿌리와 나무를 지탱하는 역할을 하는데 민간신앙에서 신선이 산다고 해서 집 주변에 심는 것은 좋지 않다고 한다.

'똔냥'이라는 나무는 관을 만들 때 쓰는 나무라 집 근처에 심으면 사람이 죽어 나간다고 믿는다. '똔덕학'은 사랑의 꽃이 피는 나무로 집 안에 심으면 집 안 사람들의 사랑 문제에 말썽을 일으키게 된다고 하고 나무에서 인체에 해로운 진이 나와 심지 않는다.

야자수로 알려진 '똔파우'는 멋지게 보이지만 야자가 오래돼 떨어지면 지붕이나 사람을 해하는 경우가 있어 집 주변에는 심지 않는 것이 좋다고 한다. '똔까틴마롱'은 나무그늘은 좋으나 나뭇가지에 벌레가 많이 달라붙어 나뭇가지에 구멍을 내 가지가 부러질 위험이 있고 꽃피는 계절에는 꽃가루가 많이 날린다.

이처럼 라오사람들의 미신은 살면서 생겨난 것이다. 음식이나 건물에 관한 것이나 생활하면서의 몸가짐 등 모두 이치에 맞는다. 이 가운데 한국의 미신과 같은 것도 많다. 수만 리 떨어져 살았어도 하지 말아야 할 행동을 미신으로 믿는 것이 서로 같다는 것만으로도 동질감이 전해진다.

56407436
22008573
23807742

Part VI

가 봐야 할 곳

어머니의 강 메콩

실핏줄처럼 연결된 수많은 지류가 모여 넓고 긴 메콩강을 이룬다. 어머니 강이라고 부르는 메콩은 오늘도 황토를 가라앉히지 않고 그대로 유유히 흐른다. 강은 과거부터 사람들이 모여 사는 터전이었다. 강은 사람들을 불러 모았고 문명을 일구고 서로 다른 문화가 교류하던 곳이다. 그리고 강은 높은 산처럼 서로를 자연스럽게 갈라놓았던 경계다.

메콩강은 각 나라, 지역마다 부르는 말이 다르다. 중국에서는 란창강瀾滄江이라 불리고 이 강물이 라오스, 미얀마, 태국의 국경인 트라이앵글 지역으로 들어오는 곳부터는 메콩이란 이름을 쓴다. 루앙파방 지역에선 '남콩' 또는 '메남콩'이라고 부른다. '메'는 어머니 '남'은 강, '콩'도 과거 고대문자에서 '물'을 뜻하는 단어다. 결국엔 메콩은 '어머니의 강', '어머니의 물'인 셈이다.

메콩은 중국 서북부에서 시작해 미얀마, 라오스, 태국, 캄보디아, 베트남 등 6개 나라를 가르고 거치며 굽이굽이 흘러 남중국해로 들어간다. 총 길이는 약 4,909km로 세계에서 12번째로 길며 아시아에서는 7번째로 긴 강이다. 메콩강에 기대어 살고 있는 사람들은 6,000만 명에 이른다.

메콩강 유역 면적은 한반도 면적의 약 3.6배로 79만 5천㎢다. 메콩강이 흐르는 6개 나라의 각 나라별 면적을 비교해 보면 라오스는 1,898km를 흘러 전체 면적중 26.8%를 차지한다. 태국 23.8%, 중국 20.7%, 캄보디아 19%, 베트남 7.1%, 미얀마 2.6%를 각각 점유하고 있다.

이런 이유로 메콩강하면 자연스럽게 라오스의 강으로 인식된다. 라오스는 태국과 950여km를 메콩강으로 맞대고 있다. 강이 국경인 것이다. 태국과 경계를 이루고 있는 메콩강에 있는 섬은 모두 라오스 소유라는 이야기가 있다. 실제로 국경을 보면 태국 땅에 바로 붙어 있는 섬들도 라오스 지역으로 국경이 되어 있다.

라오스의 메콩은 골든트라이앵글Golden Triangle에서 남동쪽으로 태국 치앙라이Chiang Rai와 라오스 보깨오Bokeo구간 100km가 국경이다. 그리고 그 물은 동쪽으로 라오스의 내부로 들어섰다 남쪽으로 약 400km 흘러 태국과 다시 국경을 이룬다. 여기서 다시 850km의 강을 따라 태국과 국경이 이어진다. 제2의 도시 빡쎄에 도달하기 전 다시 라오스 영토로 들어선다. 이 강물은 메콩에서 가장 넓고 4천 개의 섬이 있는 씨판돈지역과 라오스 최대 폭포인 컨파펭 폭포를 지나 캄보디아로 넘어간다.

메콩강은 6개의 나라에 걸쳐 흐르는 국제 하천이다. 캄보디아, 라오스, 베트남, 태국 등 4개국은 메콩강위원회MRC·Mekong River

Commission를 구성해 메콩강 하류의 수자원 개발을 조정하고 있다. 위원회에 따르면 2030년까지 메콩강에는 71개의 댐이 들어설 것으로 예측하고 있다.

메콩강에 서식하는 어종은 대략 5~600여 종으로 메콩강은 아마존에 이어 두 번째로 많은 어류들이 살고 있는 생태계의 보고다. 그리고 이 어류를 이용해 생업을 이어가는 어업 종사자들이 수없이 많다. 상류에서 강을 막을 경우 어류의 이동이 어려워지고 수량변화로 어획량이 감소하고 서식지가 파괴되는 등 환경 파괴로 이어질 것으로 보고 있다.

메콩강 유역의 생물 다양성은 열대 아시아 다른 지역과 비교할 수 없을 정도이다. 강 인근엔 식물 2만 여종, 포유류 430종, 조류 1,200종, 파충류 800종, 양서류 800종, 담수어 850종 등이 있는 것으로 추

정된다. 새로운 종이 메콩강에서 정기적으로 발견된다.

2009년에는 그동안 알려지지 않았던 어류 29종, 조류 2종, 파충류 10종, 포유류 5종, 식물 96종 등 145종이 이 지역에서 새롭게 발견됐다. 1997년부터 2015년 사이에 이 지역에서 주당 평균 2종의 새로운 종이 발견될 정도로 생물 다양성이 세계에서 가장 좋고 중요한 곳으로 알려져 있다. 2001년 정식으로 설립된 WWF(World Wildlife Fund·세계야생생물기금) 라오스 지부가 생물다양성 보호와 환경문제에 앞장서고 있다.

담수 돌고래 중 한 종인 이라와디 돌고래Irrawaddy Dolphin는 라오스와 캄보디아 국경지대에 서식한다. 이 돌고래는 머리가 둥글고 몸통이 회색을 띤다. 길이는 2.3m, 몸무게는 130kg이며 수명은 30년 정도다. 이라와디 돌고래는 대여섯 마리가 무리지어 생활하는데 개체수가 많지 않아 멸종위기 희귀동물로 보호를 받고 있다. 한때 메콩강의 하류 전체에서 흔했었지만 지금은 매우 드물어 10마리 미만이라는 보고가 있다.

메콩은 생명의 원천이다. 강에 기대어 사는 사람이나 동식물들이 안전하게 살 수 있도록 환경을 지키는 일이 가장 시급하다. 지금보다 더 많은 것을 얻기 위해 자연을 파괴하면 결국 더 많은 것을 잃을 수밖에 없다는 것을 알아야 한다.

메콩의 다리

라오스 내의 메콩강을 가로지르는 다리는 모두 9개다. 그중 태국과 국경을 맞대고 있는 다리는 4개다. 이곳엔 국경을 넘을 수 있는 국제 입국관리소Immigration board가 설치되어 있다. 나머지 5개는 라오스 내에서 메콩강을 건너는 국내용 다리다. 그리고 앞으로 메콩을 가로지르는 몇 개의 다리가 더 건설될 예정이다.

○ 빡쎄 다리(Pakse Bridge)

빡쎄 다리Pakse Bridge는 1만 낍짜리 지폐의 뒷면에 도안된 다리로 2000년에 완공됐다. 길이 1,380m, 너비 11.8m 철근 콘크리트 현수교로 일본 정부로부터 받은 4,800만 달러의 지원금으로 지어져 '일본 우정의 다리'라고 불린다. 짬빠싹Champasak주의 빡쎄 도심에서 메콩강 서쪽 반무앙카오Ban Muang Kao와 연결되는 다리로 태국 국경인 총맥Chong Mek까지는 약 40km 떨어져 있다. 이 다리의 완공으로 라오스-태국 국경이 이어지면서 짬빠싹 지역이 상업 및 운송의 허브 도시로 발돋움한 계기가 되었다. 빡쎄 다리는 메콩강 하류에 건설된 두 번째 다리다.

○ 므앙 콩 다리(Muang Khong Bridge)

짬빠싹Champasak주의 므앙 콩 다리Muang Khong Bridge는 4,000개의 섬지역인 씨판돈 지역에서 가장 많은 사람들이 거주하는 가장 큰 섬인 돈콩Don Khong을 잇는 다리다. 2012년 중국의 무상원조로 시작된 다리는 2014년 완공 개통됐다. 3,400만 달러의 공사비가 들어간 이 다리는 길이 718m이며, 너비 11m이다. 8m 왕복 도로와 3m의 왕복 인도를 포함하고 있다. 라오스 대통령을 지냈던 깜따이 씨판돈Khamtay Siphandone이 권력을 이용해 자신의 고향에 유치했다는 설도 있다.

○ 타드아 다리(Thadeua Bridge)

타드아 다리Thadeua Bridge는 싸이냐부리Sayaboury와 루앙파방Luang Prabang을 잇는 다리다. 4번 국도상에 위치한 다리로 길이 620m, 너비 10.5m로 라오스 정부는 교량 건설뿐만 아니라 도로 기금 마련을 위해 약 1,880만 달러를 썼으며 한국 수출입 은행은 이 건설 프로젝트에 약 2억 200만 달러를 지원했다.

○ 빡라이 다리(Pak Lay Bridge)

싸이냐부리Sayaboury의 빡라이 다리는 라오스에서 가장 긴 쇠다리, 즉 철교다. 폭 11.4m, 길이 365m의 스틸트러스트 베일리 유형의 다리로 싸이냐부리 빡라이Pak Lay 나싹Nasak마을에서 위양짠 주 싸나캄Xanakham 콕카오더Khokkhaodor 마을을 연결한다. 총 건설비는 약

2,290만 달러, 이중 20%에 달하는 비용을 네덜란드 정부가 무상 원조했다.

○ 빡뺑 다리(Pak Beng Bridge)

빡뺑 다리는 우돔싸이Oudomxay 빡뺑Pakbeng과 싸이냐부리Sayaboury 응언Ngeun을 연결하는 다리로 2015년 완공됐다. 길이 700m, 너비 13m로 양쪽에 1.5m 폭의 인도가 있다. 국도 2호선을 연결하는 이 다리에는 총 공사비 3,100만 달러의 공사비가 들어갔다. 이 다리는 중국 북부지역의 물류 운송을 빠르게 향상시켰으며 중국, 태국 및 베트남으로의 교통 연결에 중요한 역할을 한다.

○ 제1 우정의 다리(First Lao-Thai Friendship Bridge / Vientiane)

라오스 위양짠Vientiane 타나랭Thanaleng과 태국 농카이Nhong Khai 지역을 연결하는 다리로 메콩강에 가장 먼저 건설된 다리다. 호주 정부로부터 3,000만 달러의 지원으로 건설된 이 다리는 1994년 4월 8일 완공됐다.

수도 위양짠 시내에서 메콩강 하류로 20km 떨어진 곳에 위치한 이 다리는 메콩강에 건설된 다리 가운데 가장 많은 물자, 차량, 사람들이 넘나든다. 개방 시간은 06:00부터 22:00까지이며 태국의 교통 체계에 맞게 좌측통행을 하게 되어 있다. 라오스에서 다리에 진입하기 전에 좌측으로 차선이 바뀐다. 이 국경은 걸어서는 넘을 수 없으나 자전거, 오토바이 등을 비롯한 모든 차량이 넘을 수 있다. 다리 길이 1,170m 너비 12m이며 중앙에 단선 철도가 설치되어 있다.

다리에서 약 3.5km떨어진 라오스의 타나랭Thanaleng에 철도역이 있으며 철도를 확장하기 위해 2004년 태국과 라오스 정부 간에 합하여 2007년 건설을 시작해 2009년 3월 5일에 정식으로 철도가 개통되었다.

○ 제2 우정의 다리(Second Lao-Thai Friendship Bridge / Savannakhet)

라오스 싸완나켓Savannakhet과 태국의 묵다한Mukdahan을 연결하는 다리로 2004년 공사를 시작해 2007년 완공했다. 총 비용은 약 25억 바트(7,000만 달러)였으며 일본 자금으로 충당됐다. 길이 1,600m 너비 12m의 이 다리 건설로 태국 묵다한에서 베트남 라오바오Lao Bao국경까지 236km의 최단경로가 만들어져 물류 유통에 획기적인 다리로 자리를 잡았다. 싸완나켓 국경 지역에 대형 카지노가 들어서서 태국인들의 입출이 많은 국경 중 하나다. 2005년 7월 공사중 크레인 사고로 다리 상판이 떨어지면서 일본인 기술자가 죽는 등 총 6명의 사상자가 발생했다.

○ 제3 우정의 다리(Third Lao-Thai Friendship Bridge / Thakhek)

라오스 캄무완Khammuan주 타캑Thakhek과 태국 나콤파놈Nakhon Phanom을 연결하는 다리는 2011년 완공됐다. 길이 1,423m, 폭 13m인 이 다리는 태국 정부에서 17억 바트(5,180만 달러)를 지원해 만든 다리다. 아시아개발은행 Asian Development Bank의 동서복도 East-West corridor 프로젝트의 일환으로, 태국과 라오스를 통해 베트남으로 가는 도로 연결을 위해 세운 다리다. 내륙국가인 라오스를 바다가 있는 태국과 베트남으로 연결시켜 무역, 관광을 활성화하고 투자를 촉진시키겠다는 의미가 있다.

○ 제4 우정의 다리(Forth Lao-Thai Friendship Bridge / Houayxay)

라오스 보깨오Bokeo, 후아이싸이Houayxay와 태국 치앙라이Chiang Rai, 암포 치앙 콩Amphoe Chiang Khong을 연결하는 다리로 2013년 완공했다. 길이 630m, 너비 14.7m인 이 다리는 아시아하이웨이 3번 도로의 마지막 구간이다. 이 다리는 태국, 라오스 및 중국 정부와 함께 메콩강 지역의 무역과 개발을 증진하기 위해 세워졌으며 공동으로 아시아개발은행Asia Development Bank의 자금 19억 바트(약 5,800만 달러)를 조달했다. 이 다리는 태국에서 들어오는 여행객들에게 편리함을 제공하고 있으며 후아이싸이 지역에 들어선 카지노로 인해 태국인들의 입출국이 늘고 있다.

메콩강을 가로지르는 몇 개의 다리가 현재 건설 계획 중이다. 라오스 보리캄싸이Bolikhamsai와 태국 붕칸Bung Kan을 연결하는 '제5 라오스-태국 우정의 다리Fifth Lao-Thai Friendship Bridge'와 라오스 쌀라완Saravan과 태국의 우돈라차타니Ubon Ratchathni를 연결하는 '제6 라오스-태국 우정의 다리 Sixth Lao-Thai Friendship Bridge가 건설에 들어갈 예정이다. 라오스 위양짠 싸남칸Xanamkham과 태국의 러이Loei 치앙칸Chiang Khan를 연결하는 제7 라오스-태국 우정의 다리Seventh Lao-Thai Friendship Bridge도 추진중이다.

메콩의 도시들

메콩의 강줄기를 따라 도시들이 발달했다. 후아이싸이, 루앙파방, 위양짠, 타캑, 싸완나켓, 빡쎄 등의 주요 도시들은 모두 메콩강가에 위치해 있다. 대부분 넓은 땅이 있는 곳이나 강물이 합류되는 곳에 들어섰다. 이 도시들은 외부의 침략을 받기도 했고, 새로운 문명이 들어온 창구가 되기도 했다. 결국 이 도시들이 근간이 되서 라오스는 발전했다.

○ 후아이싸이Huay Xai는 보깨오Bokeo의 주도다. 태국 북부 치앙콩Chiang Khong과 마주 보고 있는 도시로 예전부터 중국 남부 상인들이 태국을 넘기 위해 이용하여 발달한 나루터였다. 2013년에 '제4 라오스-태국 우정의 다리'가 생기면서 빠르게 발전한 도시다. 미얀마와 3개국이 만나는 골든트라이 앵글에 킹스로만스 카지노Kings Romans Company가 들어서면서 도시가 빠르게 변화하고 있다.

현재도 이곳은 상인들과 태국 북부 여행자들이 라오스로 들어오는 관문으로 이용되고 있다. 후아이싸이로 입국하는 여행자들은 버스로 루앙남타나 루앙파방 등으로 이동한다. 일부는 메콩의 자연을 즐기기 위해 보트를 타고 빡뺑Pakbeng을 거쳐 루앙파방으로 이동하기도 한다.

○ 타캑Thakhek의 '타'는 나루를 말하고 '캑'은 인도인 등 손님을 뜻한다. 지명을 통해 예전부터 손님이 드나들던 교통의 요지였던 것을 알 수 있다. 타캑은 캄무완Khammouane 주의 주도로 프랑스풍의 건축물이 도심 중심에 그대로 남아 있는 중세기 도시 같은 곳이다. 타캑은 1943년 인구의 85%가 베트남인이었다. 프랑스의 라오스 이민자 장려 정책 때문이었는데 아직도 베트남인들이 많이 거주하고 있다.

태국 나콘 파놈Nakhon Phanom과 강을 사이에 두고 마주 보고 있다. 2011년 태국 나콘 파놈을 연결하는 '제3의 라오스-태국 우정'의 다리가 완공됐다. 타캑은 젊은 여행자들이 많이 모이는 곳으로 여행 시작점이자 종점이다. 타캑에서부터 오토바이를 이용해 한 바퀴 도는 것을 타캑루프Tha Khek Loop라고 한다. 이 구간엔 꽁로동굴Kong Lor cave, 남턴 저수지의 고사목이 장관인 타랑Talang, 베트남 국경과 가까운 락싸오LakSao/ Lak 20, 그리고 루프를 도는 내내 병풍처럼 이어져 있는 아름다운 카르스트지형의 산들이 있어 여행의 즐거움을 더해 준다. 또 타캑은 라오스 암벽 등반의 중심지로 전 세계 클라이머들이 모여 암벽 등반을 즐긴다.

○ 싸완나켓Savannakhet은 '천국의 도시'라는 뜻을 가졌다. 남부지방 최대의 곡창지대이며 프랑스 식민시설 중요한 행정 교통의 요지

로 발달한 곳이다. 메콩의 북부에 루앙파방이 있다면 남부엔 싸완나켓이 중심이라고 말할 정도로 대표적인 도시다. 시내엔 프랑스 점령시절의 콜로니얼 건축물들이 많이 남아 있다. 세계문화유산으로 등재돼 관리가 잘되고 있는 루앙파방과 비교하면 건축물들이 방치되어 있다는 느낌을 지울 수 없다. 올드타운은 19세기 후반부터 프랑스령 인도차이나 시절 프랑스인들이 거주하던 지역으로 유럽 도시 형태를 본떠서 만들었다. 1930년 만든 성테레사 성당Sait Theresa Church의 8각형 첨탑과 십자가가 눈길을 끈다. 태국과 베트남을 잇는 최단거리의 도로망을 갖고 있는 교통 요지다. 2007년 태국 묵다한Mukdahan과 '제2의 우정의 다리'로 연결되어 있다.

라오스 남북을 잇는 13번 도로는 싸완나켓을 거치지 않고 쎄노seno에서 바로 빠진다. 싸완나켓은 건국의 아버지라고 불리는 '까이쏜 폼위한'의 고향이다. 2005년 그의 이름을 따서 주도의 이름을 '까이쏜 폼위한'으로 개명했고 2018년 도시가 커지면서 '나컨 까이쏜 폼위한'이 되었다. 싸완나켓은 카지노와 공룡으로 유명한 도시다. 싸완베가스Savanbegas는 2015년 문을 연 라오스의 최대 카지노다. 카지노가 없는 태국에서 많은 관광객들이 넘어와 있어 게임과 휴양을 즐기는 도시가 되었다. 1991년 종류가 다른 4마리의 공룡뼈와 공룡 발자국, 다른 포유류 화석 등이 발견됐다. 이들 자료는 알기 쉽게 공룡 박물관에 전시해 놓았다.

○ 빡쎄Pakse는 메콩강변의 비옥한 평야지대로 쎄돈Xe Don강과 합류되는 곳에 자리를 잡았다. 이곳은 고대부터 여러 왕조가 터를 잡았

던 곳으로 그 흔적으로 남은 왓푸Wat Phu 유적이 역사적 의의를 인정받아 라오스에서 두 번째로 세계문화유산으로 등재됐다. 1905년 프랑스가 행정상의 파견 기구를 설치하였고 낙차 큰 씨판돈 폭포지대를 거슬러 올라온 프랑스 증기선들이 머물었던 곳이다. 1946년 라오스의 나머지 지역 전체가 통일될 때까지 짬빠싹 왕국의 수도였던 도시다. 2000년 빡쎄 시내에서 메콩강을 가로지르는 '라오-일본 우정의 다리'가 생기면서 태국의 총맥 국경과 유통이 일찍부터 시작됐고 볼라웬Bolavan고원, 쌀라완Salavan, 쎄콩Sekong, 아따쁘Attapeu등 남부 지방의 관문이 되었다.

4,000개의 섬 씨판돈

한국은 유인도와 무인도를 포함해 3,237개의 섬이 있다. 이 숫자로 보면 인도네시아, 필리핀, 일본에 이어 네 번째로 섬이 많은 나라다. 라오스는 바다 없는 내륙 국가이지만 한국보다도 더 섬이 많은 나라라면 믿을 수 있을까?

메콩강은 라오스 남단에서 육지를 수백 개로 조각조각 내며 캄보디아로 내려간다. 메콩의 파편들이 섬을 이루는데 그 개수가 무려 4,000개나 된다. 그래서 이 지역을 '씨판돈(씨=4, 판=1,000, 돈=섬)'이라고 부른다. 이곳의 큰 섬들엔 대부분 사람들이 거주하고 있으며 영양분이 많은 퇴적층으로 논 논사를 많이 짓는다. 육지와 다리로 연결된 돈콩Don Khong, 여행자들이 가장 많이 가는 돈뎃Don Det과 돈콘Don Khon, 그리고 돈쏨Don Som이 대표적이다.

돈콩은 라오스 인민혁명당 중앙위원회 2대 의장을 지내고 4대 대통령을 지낸 캄따이 씨판돈이 태어난 곳이다. 성姓도 이 지역의 이름을 따라 씨판돈이다. 돈콩은 유인도 중에서 가장 큰 섬으로 남북 길이는 18㎞이고 동서 폭은 8㎞로 1만 5천여 명이 살고 있다. 이 섬은 씨판돈의 섬 중에 유일하게 육지와 연결되는 다리가 놓여 있는 곳이다. 대통령을 배출한 섬으로서 특별한 지위를 얻은 것이 아닐까?

대부분의 여행자들은 돈뎃과 돈콘에서 머문다. 반 나까쌍Ban Nagasong이란 나루에서 배를 타고 30분 정도면 돈뎃이다. 여기에 값싼 게스트하우스와 여행사들이 몰려 있기 때문이다. 세계 각국의 배낭 여행자들이 섬에서의 한가로운 휴식을 취하기 위해 몰려든다.

돈콘과 돈뎃엔 프랑스 식민의 유산인 철도의 흔적이 남아있다. 철로는 사라졌지만 철교로 사용했던 158m의 다리는 아직도 두 섬을 연결하고 있다. 그리고 배를 끌어 올리고 내렸던 리프트 시설들이 아직 남아 있다. 당시 사용하였던 증기기관차와 사진 등은 두 곳에 전시되어 있다. 이 전시물을 보면 당시의 낙차 큰 씨판돈 지역에서 배를 이동시키는 과정을 상세히 알 수 있다.

돈콘에 리피Liphi와 쏨파밋Somphamit 등 폭포가 있다. 씨판돈 지역에 있는 동남아시아 최대의 폭포인 컨파펭보다 규모는 작으나 사나운 물소리를 내며 캄보디아로 흘러가는 것을 볼 수 있다. 정원이 아름답게 가꿔져 있어 입장료가 비싸지만 여행자들이 즐겨 찾는다. 여기에는 고운 모래밭도 잘 발달되어 있어 건기에는 수영을 즐기는 사람들이 있다. 최근에 이 폭포를 가로지르는 짚라인이 마련돼 관광객들이 폭포 사이를 날면서 강을 볼 수 있다.

메콩에는 이라와디 돌고래Irrwaddy Dolphin가 산다. 길이는 2.7m까지, 몸무게는 150kg까지 자란다. 건기에 돈콘 섬의 남쪽끝 항콘Hang Khon에서 배를 타고 나가면 캄보디아 국경 부근에서 이 고래를 만날 수 있다. 우기에는 강이 탁해지고 물이 많아지므로 반드시 본다는 보장이 없으나 건기에는 볼 확률이 매우 높다.

사공들이 웃돈을 요구해서 캄보디아 국경을 넘어가 돌고래를 관찰할 수 있게 해 주는 경우가 많다. 개체 수가 줄어들어 엄격하게 보호되는 종이다. 이 돌고래는 인구의 증가, 오염되는 강, 보트의 증가, 댐의 건설 등 서식 환경이 나빠지는 일반적인 이유 외에도 어부들이 나일론 그물을 사용하게 되면서 직접적인 생존마저 위태로워졌다.

고래 서식지 바로 위 돈싸홍Don Sahong에 수력발전소가 건설되고 있다. 돈싸홍과 돈싸담Don Sadam 섬 가운데 물길을 막아서 댐을 만들어 발전하는 방식이다. 이 수력발전소의 건설로 메콩의 많은 어종에 악영향을 줄 것으로 보인다.

컨파펭 폭포Khon Phapheng Falls는 동남아시아 최대 크기의 폭포로 메콩의 진주나 동남아시아의 나이아가라라고 불린다. 폭포의 최대 높이는 21m 정도이며, 초당 1만 1,000m³의 물이 쏟아진다. 여기에서 메콩의 폭은 1만 783m에 달하며 수많은 섬과 물길을 만들어 낸다. 어부들은 이런 물줄기를 오르는 물고기를 전통적인 어구로 잡아 생활하고 있다. 관광지로 잘 다듬어져서 여행자들이 많이 찾고 있다. 전기자동차를 도입해서 걷기를 싫어하는 여행자들이 선호하고 있지만 입장료에 포함되어 있어서 부담이 적지 않다.

이 폭포의 입구에는 전설 속의 신령스런 나무인 '똔마이 마니콘'이

사원에 모셔져 있다. 위양짠 부다파크(씨엔쿠완)에 우주를 상징하는 호박 모양의 거대한 조각상이 있는데, 그 위에 형상화되어 있는 전설의 나무와 같다. 이 나무는 컨파펭 폭포위에서 자라고 있었는데 2012년 메콩강의 수압을 견디지 못하고 넘어지게 된 것을 러시아제 까모프 kamov 헬기로 건져내 2015년 사원을 지어 유리관 안에 모시고 있다.

이 전설의 나무는 3개의 가지를 가지고 있는데, 첫 번째와 두 번째 가지의 열매를 따서 먹으면 영원히 늙지 않고 젊은이로 영생을 하지만, 세 번째 가지의 열매를 잘못 먹게 되면 원숭이로 변하게 된다고 한다. 나무의 모습도 특이하게 생겼는데 줄기가 없이 가지들이 같은 굵기로 자라고 나무의 끝에 가서야 잔가지가 뻗어 있다.

씨판돈은 세계인의 여행 지침서 론리 프래닛이 선정한 라오스 여행의 5대 하이라이트에 들어가 있다. 우리가 잘 아는 왕위양은 들어가 있지 않은 곳이지만 씨판돈은 당당하게 이름을 올렸다. 강이 만든 섬, 라오인들이 농사를 짓고 전통적인 방법으로 고기를 잡으면서 평화롭게 사는 곳, 아무도 아무것도 방해하지 않는 한적한 해방구에서 여유로운 시간을 보낼 수 있는 곳이니 자신만의 여행지를 찾는 사람들에게 각광을 받는 것은 당연하다.

폭포의 고장 볼라웬 고원

2012년 태풍 '볼라웬Bolavan'이 한반도에 상륙해 한국에서 19명, 북한에서는 59명이 사망했다. 이 태풍은 전남 완도에서는 순간 최대 풍속이 초당 59m로 '나리' 이후 가장 강한 태풍이었다. 태풍의 이름 '볼라웬'은 바로 라오스 남부 고원의 이름에서 유래했다.

볼라웬 고원은 라오스 남부에 짬빠싹, 쎄꽁, 아따쁘, 쌀라완이라는 4개의 주를 포섭하지만 대부분의 지역은 짬빠싹주에 속한다. 이 고원 지대의 높이는 1,000~1,350m에 이르는데 짬빠싹주의 주도인 빡쎄에서 볼라웬 고원 도시인 빡쏭Paksong까지는 50km 떨어져 있다. 양 도시를 연결하는 16E번 도로는 매우 완만해서 1,300m 고원까지 마치 평지를 달려온 기분이 들게 하지만 도착해서 고도를 확인해 보면 깜짝 놀라게 된다.

볼라웬 고원은 소수민족인 리웬족의 이름에서 유래되었다고 한다. 라오스 남부 평야지대는 소수 민족이 거의 없는 편이지만 이 고원에는 다양한 소수민족이 살고 있다. 몬-크메르족인 아락Alak, 까뚜Katu, 따오이Taoy, 쑤아이Suay 등이 살고 있으며, 현재 통용되는 화폐

중 가장 작은 단위인 500kip짜리 화폐 뒷면에 볼라웬 고원에서 커피를 따는 이들 소수민족이 그려져 있다.

볼라웬 고원은 라오스 남부의 농업, 관광, 전력 산업에서 전략적 가치가 계속 커지고 있다. 볼라웬 고원에는 여러 개의 강이 발원하여 셀 수도 없는 많은 폭포들을 만들어 낸다. 고원의 선선한 기후, 풍부한 강우량, 검은 색의 비교적 비옥한 토양으로 농업 분야에서 우선적으로 주목을 받아 왔다.

프랑스 식민 시절부터 커피와 고무, 바나나 등이 식재되었다. 전쟁 시기에 커피 산업은 위축되었으나 라오스가 개방되고부터 다시 커피 르네상스 시기가 도래해 소수민족들의 주요 소득원이 되고 있다.

빡쎄에서 빡쏭으로 오르다 보면 길가에는 사시사철 다양한 과일을 파는 원두막들이 줄지어 서 있다. 고급 과일인 두리안과 잭푸룻Jackfruit도 판매되고 있다. 잭푸룻은 라오스 내 볼라웬 지역에서 대부분 생산되며, 두리안과 비슷하게 생겼으나 과일 표면에 침 대신 돌기 같은 것이 껍질을 덮고 있는 향긋하고 달콤한 과일이다. 라오스의 다오Dao그룹은 볼라웬 고원에 공장을 두고 커피와 과일들을 가공 생산하고 있다.

볼라웬은 화산 토양으로 제주도와 유사한 검은 빛이 도는 흙이다. 사시사철 이 흙에서 자란 싱싱한 채소들이 볼라웬 고원에서 출하되는 모습을 볼 수 있다. 이곳에서 자란 배추와 양배추는 단단해서 쉬 물러지지 않고 맛도 좋다. 고랭지 채소 공급지로서 그 중요성이 날로 커질 것은 명약관화한 일이다.

볼라웬에는 폭포가 무수히 많다. 폭포 반 고원 반이라고 할 정도다. 볼라웬에서 가장 유명한 폭포는 땃판Tad Fane이다. 땃은 라오어로 폭포라는 뜻이다. 물이 떨어지는 높이가 120m에 달하여 라오스에서 낙폭이 가장 큰 폭포다. 수량이 풍부해서 어느 계절이나 장쾌하게 떨어지는 물을 볼 수 있고, 그 소리를 들을 수 있다. 라오스 생태관광을 이끌고 있는 그린 디스커버리Green Discovery라는 관광회사는 땃판 폭포 계곡을 가로지르는 짚라인을 설치하여 모험을 즐기려는 여행자들을 유혹하고 있다.

가벼운 피크닉을 즐길 수 있는 계곡형 폭포로는 한국인의 정서에 딱 맞는 땃녀으앙Tad Yuang을 들 수 있다. 낮은 계곡으로 이어지다 갑자기 제법 큰 낙차를 만들면서 물이 떨어진다. 그 아래는 웅덩이가 형성되어 수영도 할 수 있고, 빛을 받아 무지개가 서리는 모습을 볼 수 있다. 폭포 앞으로는 자연적으로 형성된 전망대 같은 것이 있어 전망도 좋으며 사진을 찍기에도 안성맞춤이다. 우기에는 수량이 많고 물보라가 일어 사진 찍기가 곤란해진다. 우산을 가져가야 할 정도로 물보라가 강하다.

볼라웬 고원의 빡쏭은 라오스에서 훌륭한 휴양지가 될 천혜의 기후와 자원을 가지고 있다. 연평균 기온이 섭씨 20.2도로 선선하며, 사계절 과일과 채소가 풍부하고, 볼 만한 폭포가 고원 전체에 분포되어 있다. 라오스의 기후는 건기 말인 3월 말부터 5월까지 비가 내리

ນ້ຳຕົກຕາດຟານ

지 않고 기온은 40도를 오르내리고 체감온도는 50도에 달할 정도로 끔찍하다. 하지만 가장 더운 4월에도 볼라웬의 기후는 최저 기온 평균 17도에서 최고 기온 27~8도에 불과하다.

태국인들은 이 지역에 많은 투자사업을 벌이고 있다. 차와 커피 플랜테이션만이 아니라 수목원과 리조트에도 투자를 하고 있다. 베트남 정부도 이 지역에 대해 높은 관심을 보이고 있는데, 빡쏭과 협정을 맺어 개발 계획을 수립하고 있으며 국제공항도 빡쏭 가까이에 세울 예정이다. 라오스 남부는 태국과 총멕 국경을 통해서 육로로 연결되고, 라오스 남단은 메콩의 거대한 폭포인 컨파펭을 지나 바로 캄보디아로 연결된다. 베트남은 볼라웬 고원과 멀지 않으며 이미 많은 수의 베트남인들이 커피 농장에서 일하고 있다.

라오스는 인도차이나의 내륙국가로 여러 나라로 둘러싸여 있다. 특히 남부의 볼라웬 고원 지대는 태국, 베트남, 캄보디아와 경계를 하고 있고 고원 남쪽을 점하고 있는 아따쁘주는 베트남과 캄보디아에 접해 있다. '아따쁘'는 산스크리트어로 '우정'이란 뜻이다. 이웃나라들과 국경을 이루고 있는 이 주의 이름을 아따쁘라 이름 지은 것은 라오인들이 얼마나 평화에 대한 의지를 가지고 있는지를 단적으로 보여주는 예다.

'온화한 봄의 도시' 윈난성 쿤밍이 중국인들에게 겨울철 휴양지로 각광받고 있다면, 라오스의 볼라웬은 태국, 베트남, 캄보디아 사람들에게 건기의 끔찍한 더위를 피하고 우정을 나누는 시원한 휴양지로 각광받고 있다.

탐꽁로 그리고 타캑루프

동굴 속으로 배를 타고 들어간다는 것은 참으로 신비로운 일이다. 그리고 동굴의 입구와 출구가 전혀 다른 행정구역이라면 더욱 신비로울 듯하다. 물이 바위산을 뚫어 다른 동네로 이어지도록 한 동굴은 정말 자연이 만들어 낸 예술이라고 할 수 있다. 이 동굴이 수도 위양짠에서 약 320km 떨어진 캄무완Khammouane주에 위치한 꽁로동굴이다. 2008년 프랑스 탐험대가 발견, 관광지로 개발한 곳이다.

라오스에서 가장 크고 가장 긴 터널 중 하나인 이 꽁로 동굴은 총길이 7.5km로 모터 배를 타고 동굴을 돌아볼 수 있는 색다른 여행지이다. 석회암 동굴로 연중 흐르는 남힌분Hinboun River에 의해 형성되었으며 최대 폭은 90m, 높이 100m나 되는 큰 동굴이다. 자연이 잘 보존된 이 동굴 주변은 생태투어 장소로 자리매김했다.

동굴 입구의 꽁로마을은 카르스트 석회암 산으로 둘러싸인 곳으로 출구와 입구가 하나다. 대부분 벼농사와 담배 농사를 짓는다. 동굴 출구에 있는 마을은 반나딴 마을이다. 동굴의 개발로 인해 그동안

전혀 왕래가 없던 두 마을이 이젠 관광이라는 요소로 같이 공존하는 관계가 됐다.

육로로 두 마을은 무려 220km나 떨어져 있다. 동굴입구에서 배를 타고 약 2km를 10분 정도 들어가면 종유석들이 잘 발달되어 있는 광장이 나온다. 배에서 내려 언덕으로 올라가면 종유석, 석순, 석주의 생성과정을 볼 수 있다. 조명은 네덜란드 지원으로 설치되었다고 한다.

끝이 보이지 않는 어둠속을 헤쳐 나가다 배에서 내려 다시 배를 밀고 올라가야 한다. 물이 많은 우기엔 그냥 갈 수도 있지만 물이 적은 건기엔 여울을 배가 오르지 못해 두 번 정도 내려서 걸어서 이동해야 한다. 다시 밝은 세상으로 나왔을 땐 반대편 반나딴 마을이다. 왕복 2시간 동안의 동굴 속 탐험은 긴장감으로 스릴이 넘친다. 꽁로 동굴은 타캑루프Tha Khaek Loop의 한 코스이다.

타캑루프라 함은 타캑에서 13번, 8번, 12번 도로를 이용해 라임스톤 전망대, 꽁로 동굴, 락싸오, 타랑 고사목, 부처동굴Buddah Cave 등을 한 바퀴 도는 것을 말한다.

타캑루프를 도는 동안 카르스트 지형을 벗어나지 못한다. 라오스에서 가장 많은 카르스트 지형을 가지고 있으며 가장 멋진 곳 중에 하나다. 이 절경과 각종 즐길 거리와 때 묻지 않은 사람들을 보기 위해 외국 관광객들이 모여든다. 한국 관광객들이 많이 찾는 왕위양의 풍경은 타캑루프에선 그냥 조그마한 산자락에 불과하다.

한국인들이 타캑루프를 많이 찾지 못하는 이유로는 첫 번째 교통이 불편해 짧은 일정으로 소화하기 어려운 곳이기 때문이다. 두 번째

로는 아직 대규모 관광객을 맞이할 인프라가 부족하다. 외국 자유여행객들은 왕위앙은 가지 못하더라도 타캑루프는 돌아야 한다는 말을 할 정도로 꼭 보고 싶어 하는 곳이다.

라임스톤 전망대Laime Stone Viewpoint는 카르스트의 절경을 감상할 수 있는 언덕이다. 국경 20km라는 뜻을 가진 락싸오Lak Sao는 베트남 국경을 넘는 마지막 마을이다. 남턴 댐이 들어서면서 수몰된 지역인 타랑Thalang은 원시림들이 수장된 곳이다. 부처동굴Buddah Cave은 2004년 발견된 동굴로 600년 전에 모셔진 것으로 추정되는 부처상 229개가 나왔다.

라임스톤 전망대가 2019년 12월 더록뷰포인트 푸파만The Rock Viewpoint at Phou Pha Marn이란 공간으로 바뀌면서 새로운 관광명소로 자리잡아가고 있다. 여행객들이 흔들다리와 철제계단을 이용해 카르스트 산을 직접 오를 수 있고 짚라인을 타며 자연을 즐길수 있도록 만들었다.

비엔티안이 아닌 위양짠

비엔티안Vientiane은 라오스의 수도로 흔히 '나컨루앙'이라고 부르기도 한다. 원래의 이름은 '위양짠'이다. '위양'은 도시를 뜻하고 '짠'은 달을 뜻한다. '달의 도시'라고 불리는 이유다. '비엔티안'은 불어표기가 영문발음으로 변해서 굳어진 이름이다. 원래 'V'의 프랑스어의 발음은 '위' 발음이다. 이것이 영어식으로 표기하다보니 'ㅂ'으로 변한 것이다.

란쌍왕조 쎄타티랏Settathirath왕이 1560년 루앙파방에서 위양짠으로 수도를 옮겼다. 수도를 옮긴 후 1566년 부처님의 뼈를 봉안한 왓 탓루앙 탑을 세웠다. 지금의 탓루앙은 몇 차례 중건을 통해 현재 모습으로 자리를 잡았다. 2016년 탓루앙 건설 450년을 기념으로 10kg의 황금으로 탑 꼭대기를 장식했다. 높이 45m 연꽃잎 단에 30기의 작은 탑이 사방을 두르고 있다. 탓루앙은 라오스의 가장 대표적인 상징물이다.

위양짠의 랜드마크는 빠뚜싸이Patuxai로 '승리의 문'이란 뜻을 가지

고 있다. 1957년에서 1968년 사이에 지어진 전쟁 기념비로 프랑스로부터 독립을 위해 싸우다 희생당한 전몰병사들을 위한 추모의 문이다. 프랑스와의 독립전쟁에서 숨진 이들을 추모하기 위해 지은 건축물이 프랑스 개선문과 닮은 것은 아이러니한 일이다. 공항을 짓기 위해 지원한 미국의 자금으로 시멘트를 사용해 세워졌다고 '수직의 활주로'라는 별명을 얻은 건축물이다.

빠뚜싸이는 라오스 건축가인 탐 싸이냐씬쎄나Tham Sayasthsena가 디자인했다. 라오스의 국기와 쎄타티랏 왕의 동상도 디자인한 인물로 2016년 102세로 별세했다. 대통령궁과 란쌍대로를 두고 마주 보고 있는 빠뚜싸이는 건물로는 7층 높이다. 한동안 빠뚜싸이보다 높은 건물이 들어서는 것을 금하는 고도제한을 실시했다. 오래전에 지어진 메콩강변의 돈짠 팰리스 호텔은 내륙의 땅이 아닌 섬으로 분류해 고도제한을 풀어 주었다는 이야기가 있다. 돈짠(돈=섬, 짠=달)은 분명 지명에서 보듯이 섬이다.

위양짠 메콩강변엔 태극기가 붙어 있는 공사 준공 안내판이 있다. 2012년 메콩 홍수 예방 제방공사와 도로, 공원 조성사업을 한국의 EDCF(차관)로 홍아건설에서 공사를 했다는 내용이다. 이때 짜오 아누 왕윙 동상 공원 조성도 같이 했다. 이 제방공사 이후로는 큰 물난리가 나지 않았다. 현재 빡쎄의 메콩강변의 제방공사도 한국 기업이 하고 있다.

위양짠은 면적이 3,920㎢로 짠타부리, 씨코따봉, 싸이쎄타, 씨싸타낙, 나싸이텅, 싸이타니, 한싸이훵, 쌍통, 빡응음 등 9개 구가 있으며 인구는 90만 6,859명으로 가장 큰 도시다. 위양짠의 관문은 왓따이 국제공항으로 1일 국제선 30여 편 등 하루 100여 편의 비행기가 뜨고 내린다. 2012년 진에어의 취항 이후 티웨이, 제주항공, 에어부산, 라오항공 등이 인천과 부산으로 운항 중이다.

위양짠에서 가장 오래된 사원은 왓씨싸켓으로 1818년 짜오 아눠웡 왕이 건설했다. 이 사원은 왕족과 귀족의 중요한 의식의 행사 및 군주들로부터 충성을 맹세받던 곳이다. 1828년 씨암(태국)의 침공으로 위양짠 대부분의 사원이 파괴되었을 때 방콕양식을 본당 일부에 도입했던 이 사원만 화를 면했다.

허파깨오 사원은 1565년 쎄타티랏 왕이 건축했으며 궁정사원으로 에메랄드 불상을 안치했지만 사원은 전란에 소실되었고 불상은 씨암에게 빼앗겨 방콕에 있다. 허파깨오는 20세기에 재건해 전국의 유명한 불상을 모신 박물관으로 자리 잡았다. 왓씨므앙, 왓인빵, 왓미싸이, 왓옹뜨 등 전통과 영험이 있고 라오인들의 사랑을 받는 사원들이 즐비하다.

시내엔 오랜 역사를 자랑하는 딸랏싸오, 쿠아딘, 통칸캄 등 재래시장들이 있고 위양짠 플라자, Paksong, 아이텍 등 새로운 쇼핑몰이 들어서 위양짠에 활력을 주고 있다.

최근 위양짠은 돈이 있는 사람들은 모두 집을 짓는다고 할 정도로 건축 붐이 일고 있다. 도시외곽은 구획정리해서 파는 땅들과 신축 건물로 넘쳐나고 있다. 또 시내에 몰려 있는 행정기관들이 동막카이 등 시외곽으로 빠르게 이전하고 있다. 도로망 확충 등 사업이 확대되고 외국인들의 투자와 유입이 늘면서 위양짠이 국제적인 도시로 발돋움하고 있다.

젊은이들의 성지 왕위양

왕위양Vang Vieng! 배낭여행 프로젝트로 '꽃보다 청춘'이란 TV 프로그램에 소개되면서 한국인에게도 유명해졌다. 여행지로서 왕위양을 '꽃보다 청춘' 이전과 이후로 나누어야 하고, '라오스의 가평加平'이라는 비유를 들어 설명을 한다.

'왕'은 '궁전'이란 말과 '둘러싸다', '에워싸다'라는 뜻을 가지고 있다. '위양'은 도시를 말한다. 결국 산에 둘러싸여 있는 도시라는 뜻으로 보면 딱 어울리는 지명이다. 라오스는 산지가 70%가 넘는 국가이다. 특히 위양짠 기준으로 70~80km 북쪽부터는 산으로 덮여 있다. 위양짠 북쪽의 도시들은 대부분 분지로 봐도 무방하다.

왕위양은 수도 위양짠에서 150여km 남짓 떨어져 있지만 자동차로 네 시간 정도가 소요된다. 78km까지는 평지이나 나머지 73km는 산길을 굽이굽이 돌아서 두어 시간 달린 후에야 도달할 수 있다. 산길에 지쳐 피곤할 즈음 만나는 산에 둘러싸인 도시라고 하기엔 작고, 마을이라고 하기엔 큰 왕위양의 모습이 나타난다. 기기묘묘하게 생긴 산군에 둘러싸여 있고, 그 산 앞으로 크지 않은 남쏭Nam Song강이

흐른다.

왕위양이 한국인에게 알려지기 전부터 유명해진 이유는 몇 가지로 설명할 수 있다. 왕위양이 처음 서양 여행객들의 눈에 띈 것은 1970년으로 거슬러 올라간다. 당시엔 미국의 비밀전쟁 작전을 수행하기 위해 건설한 활주로LS-6가 있는 작은 마을로 알려졌다. 몇몇의 서양 여행객들이 머물기 시작하면서 게스트하우스와 식당 등이 생겨나기 시작했다. 왕위양은 아름다운 카르스트 산과 얕으면서 늘 맑은 물이 흐르는 남썽 강이 있어 관광객들이 각종 액티비티를 즐길 수 있는 천혜의 자연 공간이다.

왕위양이 여행지로서 각광받게 된 것은 한 가지 이유가 더 있다.

과거엔 루앙파방에서 위양짠, 또는 위양짠에서 루앙파방을 하루에 가는 것이 힘들었다. 빨라도 10시간, 보통 14시간 이상이 걸리는 거리였다. 그러니 중간에 묵어갈 곳이 필요했고 마침 왕위앙이 중간 정도 되는 곳이였다. 게다가 경치가 너무 아름다우니 배낭여행자들에게는 파라다이스가 되었다. 신비스러운 산들이 있는 데다 물놀이 하기에 좋은 작은 강이 흐르고 있고 싼 가격의 숙소, 여행자들이 좋아할 만한 음식이 있어 휴양지로 딱 맞게 되었다.

왕위양의 기본적인 액티비티는 남쏭 강에서 튜브를 타고 떠내려오는 튜빙이다. 튜브를 타고 내려오다가 중간 중간에 있는 바에서 맛있기로 이름난 비어라오를 마시면서 즐거운 시간들을 보낼 수 있다. 서양 배낭 여행자들에게 가장 인기 있는 투어는 지금도 여전히 튜빙이다. 왕위양에 그룹투어, 패키지 투어가 들어오면서 남쏭 강 액티비티가 고급화되어 카약킹이 추가되었다. 새벽에 아름다운 카르스트와 물안개가 낀 산수화 같은 풍경을 즐기도록 모터가 달린 롱테일보트로 남쏭 강을 거슬러 올라갈 수도 있게 되었다.

카르스트산은 시멘트의 원료가 되는 석회암이 주요 성분이다. 석회가 물에 녹으면 투명하지만 빛을 받으면 에메랄드그린 빛이 돌게 된다. 한국인들에게 라오스의 가장 유명한 여행지는 왕위양이고, 반드시 해 봐야 할 액티비티는 블루라군에서 다이빙과 수영을 즐기는 것이다.

원래 왕위양은 배낭여행자들이 분지의 마을을 트레킹 하거나, 흙

먼지 날리는 비포장길을 자전거나 오토바이를 타고 와 수영과 다이빙을 즐기던 한적한 곳이었는데, 한국인 관광객이 몰리면서 유원지화 되었다. 비포장길은 포장길로 바뀌고, 나무로 만든 운치 있는 다리는 많은 사람들이 몰려 견디지 못하자 시멘트 다리로 바뀌었다. 정글을 날아다니면서 카르스트를 바라볼 수 있는 스릴 넘치는 짚라인까지 설치되어 관광객들을 유혹하고 있다.

한국인들이 유러피언 거리라고 부르는 곳이 있는데, 그곳에 동서양의 젊은이들이 즐길 수 있는 바와 주머니가 가벼운 여행자들이 즐길 수 있는 스트리트 푸드, 여행자들을 대상으로 한 저렴한 레스토랑이 많이 있다. 불타는 금요일, 자정을 넘어 문을 열고 정글파티를 여는 곳도 있다.

배낭 여행자들이 서빙을 하는 사쿠라바Sakura Bar는 왕위양의 명소가 되었다. 세계에서 몰려든 배낭 여행자 중에 왕위양에 오래 머물고

자 하는 젊은이들이 무급으로 서빙을 한다. 그들에게 바에서는 음식과 숙소를 제공하며 그들이 떠날 때, 여비를 보태주는 것이 관례다. 배낭 여행자들이 만들어 가는 도시다운 모습이라 할 수 있겠다. 사쿠라바의 현재 모습을 들여다보면 서빙은 서양 배낭 여행자들이 하고, 게임을 하며 맥주를 마시고 춤을 추는 것은 한국 젊은이들이다. 이런 소문을 듣고 라오스의 젊은이들도 특이한 문화 체험을 위해 사쿠라바로 몰려들어 연일 성황을 이룬다.

여행지로서 왕위양의 모습은 변하고 있다. 왕위양에 락페스티발이 열리면 태국의 젊은이들이 모터바이크를 타고 국경을 넘어와 게스트하우스가 동이 나고, 웬만한 호텔비 가격으로 숙박료가 치솟는다. 중국의 춘절, 신년 축제에는 중국인들로 넘쳐나며 평시에도 중국 여행자들이 계속해서 늘고 있다. 왕위양은 한적한 배낭여행자의 천국에서 관광객들로 북적이는 라오스의 대표 관광도시가 되고 있다.

T.C.K
AMAZING TOURS
TRI-YAK
feelfree

젊은이들의 성지
왕위양 블루라군

1980~90년대 학교를 다닌 한국 남자라면 80년대 최고의 미녀 배우 브룩실즈의 사진이 있는 책받침 하나 정도는 가지고 다녔을 것이다. 뛰어난 미모로 수많은 젊은 남성들의 가슴을 설레게 했던 할리우드 배우 브룩실즈가 1980년 몰타 코미노섬 해변에서 15살의 어린 나이에 촬영한 영화의 제목이 바로 '블루라군The Blue Lagoon'이다. 이 영화로 브룩실즈는 일약 스타덤에 올랐다. 라오스를 찾는 여행자들은 브룩실즈를 회상하며 왕위양의 블루라군에 몸을 던지며 자유를 만끽한다.

"여길 왜 온겨?", "아니 우리 동네 개울도 이만은 하잖아?", "겨우 이거 보러 여길 온 거여?", "뭐 하라는 거여" 등의 대화는 블루라군 주변에서 흔히 들을 수 있는 한국 노인들의 대화다. 젊은이들이 들으면 이해하지 못할 수 있지만 노인들 입장에서 조그만 개울을 보러 왔다는 것에 대해 많은 실망을 해서 하는 말이었을 것이다.

그러나 젊은 여행자들한테는 블루라군은 성지聖地 같은 곳이다. 에메랄드 물빛으로 깊이를 알 수 없는 심해 같은 느낌을 주는 곳이다. 몸을 던져 모든 것으로부터 자유로워지는 곳이 바로 블루라군이다. 7m 높이에서 오는 중압감을 이기고 푸른 물로 뛰어내렸다는 자신감과 해방감은 오랫동안 두고두고 안주거리가 된다. 뛰어내린 사람들만이 그 느낌을 알고 동질감을 느낄 수 있다.

블루라군을 알리기에 가장 큰 역할을 한 것은 바로 물가의 아낌없이 주는 커다란 나무와 심해처럼 깊은 에메랄드 빛 물이다. 적당한 높이에서 뛰어내릴 수 있도록 큰 가지를 가진 나무는 하루 종일 다이빙을 하는 사람들을 다 받아 준다. 만약 이곳에 나무가 없었으면 과연 어떠했을까? 심해같이 푸른 물이 있는 블루라군은 남카Nam kha라는 물줄기의 시작점이다. 석회암 아래에서 물이 솟아올라 물줄기가 생긴 것이다.

블루라군을 즐기는 사람들이 잘 모르는 불편한 진실이 하나 있다. 비가 많이 내린 경우를 제외하곤 물의 높이가 언제나 똑같다는 것이다. 마을 주민들이 이곳을 유원지로 발전시키기 위해 사람들의 눈에 띄지 않는 곳에 둑을 만들어 물 높이가 일정하게 유지되도록 만들어 놓은 것이다. 비가 오지 않는 건기에도 물은 늘 고여 있다.

블루라군으로 알려진 이곳의 원래 이름은 탐뿌캄(탐=동굴, 뿌=게, 캄=금)이다. 블루라군을 지나 산중턱에 있는 동굴에서 금색의 게가 발견되어 지어진 이름이다. 입장권에도 블루라군이라는 단어는 없다. 그냥 사실 블루라군은 나중에 사람들의 입에서 입으로 전해져 불리게 된 이름일 뿐이다.

왕위양의 블루라군은 이제 한군데가 아니다. 블루라군 2, 블루라군 3(시트릿 블루라군) 등으로 놀기 좋은 물웅덩이만 생기면 블루라군이라는 이름을 붙인다. 4륜 오프로드 버기카를 대여하는 여행사 입장에선 빌려 간 차량으로 관광객들이 장시간 다녀올 곳이 필요했고, 지역민들은 제2, 제3의 블루라군을 만들어 소득을 창출해야 했다. 이 두 가지 요소가 딱 맞아 떨어졌기 때문에 벌어진 일들이다.

원래 블루라군은 젊은 서양인들의 판이었다. 이 말은 나영석 PD의 '꽃보다 청춘' 프로그램이 나오기 전까지의 유효한 이야기다. '응답하라 1994'에 출연했던 유연서, 손호준, 바로 3인방이 왕위양 블루라군 등에서 진솔한 이야기를 만들어 냈다. 이 프로가 한국에서 히트를 쳤고 그동안 주인처럼 블루라군을 차지했던 서양 아이들이 한국의 젊은이들에게 밀려났고 한국인들의 전용 블루라군이 되었다. 이후에도 '뭉쳐야 뜬다', '배틀트립', '너는 내 운명' 영상앨범 산- 정글 넘어 칼산 등 각종 프로그램에 연일 소개되다 보니 왕위양은 식지 않는 핫한 여행지로 굳건히 자리를 잡았다.

블루라군 입구엔 쌔라오SAELAO 프로젝트를 추진하는 단체가 있다. 지역 주민을 위한 지속 가능한 마을 살리기의 일환으로 깨끗한 물 만들기, 가축배설물로 천연가스 만들기, 흙벽돌 만들기, 유기농 채소 재배, 현지인에게의 영어 교육 등 다양한 프로젝트를 실천하고 있다.

죽기 전에 가 보아야 할 꽝씨폭포

루앙파방의 꽝씨폭포Kuang Si Waterfall는 죽기 전에 꼭 보아야 할 곳으로 알려져 있다. 사람들은 그래서 버킷리스트에 이곳을 넣는 것을 서슴지 않는다. 높이 50m로 루앙파방 지역에서 가장 큰 폭포다. 현지 이름으로는 '딷꽝씨'라고 부르는데 '딷'은 폭포이고 '꽝'은 사슴을 뜻하고 '씨'는 깊게 판다는 뜻이 있다. 흔히 사슴폭포라고 불리는 이 폭포는 3개 구역으로 나누어진 계단식 폭포로 이루어져 있다.

꽝씨폭포는 시내에서 티크나무 조림지를 따라 남쪽으로 약 30km 떨어진 울창한 숲속에 위치해 있다. 매표소에서 입장권(20,000kip)을 구매하고 문을 들어서면 바로 울창한 숲이 나온다. 폭포를 보기도 전에 숲속의 상쾌하고 시원한 바람이 피곤함을 씻어 준다.

이 폭포엔 특별한 볼거리와 관심을 가질 만한 것이 있다. 첫 번째가 곰 구조센터Bear Rescue Center다. 2003년에 문을 연 이 곰 구조센터는 메리 허튼Mary Hutton 여사가 아시아 곰들이 담즙 농장에서 고통스럽게 지내는 것을 보고, 이들을 구조해 치료하고 보존하기 위해 만들었다. 이 단체는 라오스, 베트남, 캄보디아, 인도 등에서 현재까지

900여 마리의 곰을 구출, 치료 보호하고 있다.

길을 따라 오르면 물웅덩이들이 연이어 나온다. 에메랄드 빛 고운 물빛은 바닥에 쌓여 있는 탄산칼슘이 반사해서 나오는 것이다. 물줄기를 따라 계단식으로 만들어진 폭포들 사이에 형성된 물웅덩이들 역시 시원해 보인다. 물놀이장으로 보이는 곳엔 사람들이 수영을 즐기고 점프를 할 수 있는 나무가 있다. 그리고 의자와 탈의실 등이 구비되어 있어 많은 사람들이 쉬어 간다.

이곳에서 2014년 2월 봉사활동을 마친 한국 대학생이 물놀이를 즐기다 익사하는 사고가 발생했다. 건기엔 수심이 낮아 머리로 다이빙하는 것을 막고 있으며 우기엔 물이 깊고 물살이 빠르고 강해 수영을 할 경우 특별한 주의가 필요한 곳이다. 루앙파방 관광국에서 수영 관련 주의사항을 적은 대형 안내판을 만들어 설치했다. 안내판을 보면 한국인 관광객들이 늘어나서인지 한글, 영어, 일본어, 중국어 순으로 주의사항을 적어 놓아 눈길을 끈다. 2017년에는 꽝씨폭포를 찾은 30대 한국 여성이 실종되는 안타까운 사고가 발생하기도 했다.

물소리를 따라 계속 오르다 보면 눈앞에 장관이 펼쳐진다. 꽝씨폭포가 요란한 물소리를 내며 물을 토해 내는 모습을 볼 수 있다. 한낮에 햇살 사이로 부서지는 물보라를 바라보고 있노라면 마치 요정이라도 튀어나올 것 같다. 2001년 12월 지진으로 꽝씨폭포 하단부의 멋진 석회암 일부가 무너져 내렸다.

50m 높이 폭포의 상단으로 올라가는 길은 폭포 양쪽으로 있으나

가파르고 미끄럽다. 일부 외국인들은 폭포 중단의 물웅덩이에서 수영을 즐기는데 위험천만한 일이다. 폭포 꼭대기에선 대나무로 만든 배를 타고 물을 건널 수 있다.

폭포입구엔 2014년 2명의 네덜란드인이 만든 꽝씨 나비공원Kuang Si Butterfly Park이 들어섰다. 라오스의 나비, 식물 보존에 관한 연구 및 출판을 위해 세워졌다. 나비공원은 라오스의 아름다운 자연을 보존하기 위한 학습 자료를 제공한다. 그리고 지역 학교를 지원하기 위한 기금을 마련하고 있다.

코끼리 고향 싸이냐부리

라오스 하면 가장 먼저 떠오르는 것 중 하나가 코끼리다. 여행자들이 라오스에 도착하면 가장 먼저 구입하는 것이 일명 '코끼리 냉장고 바지'다. 코끼리 그림이 그려진 멋지고 시원한 바지는 여행자들이 찾는 필수 아이템이다. 어떤 이는 이 옷을 인도차이나 정장이라고 부르기도 한다.

코끼리는 과거 가장 강력한 무기였다. 라오스를 처음으로 천하 통일한 짜오 파 응움Chao Fa Ngum왕이 세운 나라가 바로 100만 마리 코끼리 왕국인 '란쌍왕조'다. 라오스 현 정부가 들어서기 전인 1975년 12월 이전 라오왕정의 상징 국기엔 붉은 바탕에 3두 흰색 코끼리가 그려져 있었다. 코끼리를 라오스의 국가적 동물로 삼은 것은 불교에서 기인한 이유가 크다. 흰색 코끼리는 권력과 왕족을 대표하는 가장 고귀한 동물로 수년간 번영과 국가의 힘으로 상징되었다. 3마리의 코끼리는 위양짠, 루앙파방, 짬빠싹 3개 왕국을 통일한 것을 의미한다.

라오스 코끼리의 고향은 싸이냐부리다. 라오스 내의 코끼리 중 75%가 이 지역에 서식하고 있으며 매년 2월에 코끼리 축제를 펼친다. 축제는 프랑스 NGO 엘리펀트 아시아Elephant Asia가 제안해 2007년 처음으로 열렸다.

홍싸와 빡라이 지역에 코끼리들이 많이 있는데 이 두 지역에서 격년으로 행사를 치렀다. 최근에는 싸이냐부리 주도에서 행사를 한다. 코끼리 선발대회와 코끼리 행렬은 축제의 백미다. 특히 코끼리가 참가자들을 태우고 남홍 강을 건너는 모습은 장관이다. 참가자들에게는 스릴과 즐거움을 준다.

라오스 전통을 지키고 코끼리 멸종위기를 이겨 내기 위해 프랑스 NGO엘리펀트 아시아가 코끼리 보호에 나섰다. 이 단체는 2011년 남띠엥Nam Tieng 호숫가에 코끼리보호센터를 열고 보호활동을 하고 있다. 100ha가 넘는 부지의 시설은 암컷들이 쾌적하게 지낼 수 있는 환경을 만들어 주고 전문가들이 출산을 도와주는 등 코끼리 번식을 목적으로 세워졌다. 코끼리 병원과 견학센터 및 봉사자를 위한 숙소가 있으며 코끼리 병원에서는 어미코끼리와 새끼를 키우는 모습을 볼 수 있다. 조련사 훈련 학교인 마후트Mahout School도 있다.

코끼리는 전쟁과 운송수단으로 많이 이용됐다. 특히 싸이냐부리는 천연 티크나무가 유명한 지역으로 예전부터 코끼리를 목재 운반에 이용했다. 아직 라오스엔 자연 코끼리가 많이 살고 있으나 산림의 황폐화 및 수렵으로 코끼리 서식지가 점차 줄어 코끼리들이 깊은 산속으로 이동하는 한편 개체수가 줄어 찾아보기 힘들어졌다. 2019년

8월 우돔싸이에서 야생 코끼리 16마리가 무리지어 나타나 큰 이슈가 되기도 했다.

멋진 상아가 짧게 잘린 수컷 코끼리들이 많다. 국제적으로 코끼리 보호를 위해 상아는 거래 금지된 품목이다. 그러나 상아가 고가에 밀거래 되다 보니, 일부 인간들이 상아를 구입하기 위해 코끼리를 밀렵하거나 도살하는 경우가 끊이지 않고 일어나고 있다. 이러한 위험으로부터 코끼리를 보호하기 위해 주인은 고육지책으로 미리 상아를 짧게 잘라 준다. 짧고 볼품없는 상아는 멋진 상아 대신 죽음으로부터 보호받을 수 있는 증표인 것이다. 라오스 속담에도 이를 반증하듯 "코끼리는 상아 때문에 죽고, 호랑이는 가죽 때문에 죽는다"고 했다.

동물 애호가들이 코끼리를 타는 것을 동물학대로 문제제기하자 최근엔 코끼리 라이딩, 트레킹 보다는 조련과 목욕 등 코끼리를 감정적으로 대하는 방식으로 여행프로그램을 바꾸는 추세다.

위양짠 수도에 '동덕대'라고 부르는 라오스국립대학교 앞에 '쌍쿠 Sang Ku'라는 마을이 있다. 코끼리가 무릎을 굽힌다는 뜻을 가진 마을이다. 사람과 짐을 싣고 위양짠으로 올라온 코끼리가 무릎을 꿇어서 사람과 물건을 내려놓는 장소다. 가끔 코끼리가 행패를 부려 가옥이나 재산을 부수는 것을 막기 위해 이곳에 물건이나 사람을 내리게 한 곳이다. 예전에 남부 버스터미널이 있던 곳으로 옛 지명이 딱 들어맞는다고 볼 수 있다. 란쌍, 동캄쌍, 푸쌍, 파쌍, 쌍위라이 등 코끼리와 관련된 지명이 많다.

중국을 닮은 퐁쌀리

굽이굽이 고갯길을 돌고 돌아 퐁쌀리 주도에 올라 보면 해발 1,400m에 위치한 도시답게 발아래 구름바다가 펼쳐진다. 퐁쌀리Phongsaly는 메콩강에서 가장 큰 지류인 남우Nam Ou강이 협곡 아래로 흐르고 끝없이 펼쳐진 산들이 덮고 있는 곳이다.

퐁쌀리는 라오스 18개 주에서 가장 북쪽에 위치해 있다. 북쪽으로는 중국 윈난雲南과 접경을 이루고 있고 동으로는 베트남 디엔 비엔Dien Bien과 붙어 있다. 하루 사계절을 지닌 도시로 아침과 저녁은 춥고, 낮엔 습기가 가득하고, 오후엔 비가 내린다. 18개 주도州都중에 가장 높은 곳에 위치해 있다. 그래서 그런지 도심에서 가장 눈에 띄는 것은 빨래를 널어놓은 풍경이다. 빨랫줄, 담장, 처마 등에 옷이 주렁주렁 걸려 있다.

사람들은 퐁쌀리는 라오스도 아니고 중국도 아니라고 한다. 라오스 북부와 중국 남부를 지배하던 따이루이Tai Lue족의 씹썽빤나Sip Song Phan Na왕국을 침략한 제국주의 프랑스 식민정부가 왕국 중간지

점에 국경을 그어 북쪽을 중국(윈남)에 이양하고 남쪽을 지배하는 바람에 그렇게 됐다.

주민들은 중국어와 비슷한 언어를 쓰는 푸노이족과 윈난에서 이주해 온 호족이 전체 인구의 50%를 차지한다. 퐁쌀리는 공식적으로 28개의 다른 종족으로 구성되어 있다. 크무Khmu, 푸너이Phounoy, 아카Akha, 따이루Tai Lue, 호Hor 족 등이 고유한 문화와 전통의상, 언어를 사용한다.

퐁쌀리에서 처음으로 인사를 나눈 아카족 여인들은 전통 복장과 머리 장신구로 인해 구분하기 쉽다. 머리 장신구로는 은 동전, 은구슬을 달고 검정치마와 상의를 입고 종아리에 각반을 찼다. 그들이 만든 등짐은 특별하다. 나무판을 요凹 모양으로 판 것을 어깨에 걸쳐서 짐 바구니를 연결해서 진다. 각 소수 민족들이 최근 들어선 섬차 편리한 옷으로 바꿔 입지만 아카족은 여전히 옛 전통을 지키고 있는 편

이다. 아카족은 200년 전 티베트로부터 윈남으로, 다시 라오스, 태국, 미얀마 국경지역으로 남하한 민족이다. 산악지대에서 주로 생활하고 농사를 지으며 쌀과 야채를 주식으로 한다.

퐁쌀리는 다른 도시와 달리 인도차이나 전쟁에서 별다른 피해를 보지 않은 곳이다. 도심 곳곳엔 운남 목조 건축 양식의 구식 건물들이 파괴되지 않고 남아 있다. 원래의 고향인 윈남에서도 찾아보기 어려운 건축물들이 그대로 보존이 된 곳이 바로 퐁쌀리다. 중국의 영향을 그대로 받고 있고 아직 그 문화들이 많이 남아 있다.

작은 시내를 걷다 보면 널찍한 돌 판을 깔아 만든 도로를 만날 수 있다. 아주 오래된 도로로 이 돌길을 걷다 보면 마치 타임머신을 타고 수백 년 전 도시로 온 느낌이 든다. 경사도를 따라 아가자기하게 깔은 도로와 벽돌과 나무로 만든 옛 집들은 매력적이며 이국적이다. 건축물에 쓰여 있는 한자들이 눈에 들어오는데, 이런 풍경들이 도시의 역사를 말해 주는 듯했다.

퐁쌀리는 차茶의 고향으로 아주 유명하다. 시내에서 20km 떨어진 반꼬멘Ban Komen 마을은 수령이 400년 된 차 밭으로 세계에서 가장 오래된 차나무가 있다. 차나무는 키가 6m를 넘고 지름이 30cm이상 되는 나무로 미네랄이 풍부한 토양 깊숙이 뿌리가 파고들어 독특하고 깊은 맛 그리고 깔끔한 뒷맛이 난다.

화학비료를 전혀 사용하지 않는 비옥한 토양 속에서 나무가 자라고 깨끗하고 자연적인 환경하에서 재배 생산된다. 이 때문에 퐁쌀리

녹차는 높은 품질과 뛰어난 맛으로 세계적으로 인정받고 있다. 생산된 차의 대부분은 중국으로 수출되고 있다. 푸너이 여성들이 조심스럽게 딴 찻잎은 대나무 통에서 압축되어 시가 모양의 튜브 형태로 판매되고 있다. 도로를 따라 차 밭을 가다 보면 온통 찻잎을 말리는 대바구니가 지붕을 덮고 있다.

퐁쌀리는 교통이 불편하다. 그나마 시간상으로 빠른 것이 비행기인데 비행기로 다녀오는 것조차도 녹록치 않다. 위양짠에서 라오스카이웨이Laoskyway 세스나Cessna가 1일 1회 왕복 운항한다. 퐁쌀리 주도는 높고 좁은 곳이라 활주로를 마련할 마땅한 땅이 없다. 비행장은 서남쪽으로 40km 떨어진 분느아Boun Neua라는 곳에 있다.

이 덕분에 비행기를 타고 퐁쌀리를 가더라도 분느아 비행장에서 분느아 시내까지, 다시 시외버스로 퐁쌀리 터미널까지, 다시 터미널에서 소형버스를 타고 약 2km를 가야 조그만 동네인 퐁쌀리 주도에 도착할 수 있다. 산꼭대기에 관공서와 집들이 옹기종기 모여 있는데, 도시라고 볼 수도 없을 정도다.

퐁쌀리 주도를 한 눈에 내려다볼 수 있는 곳이 바로 푸파 산(Phou Pha 1,625m)이다. 11월부터 3월까진 이 산꼭대기에선 구름바다라고 불리는 운해를 볼 수 있다.

세계문화유산 루앙파방

라오스의 가장 오래된 세계문화유산은 루앙파방Luang Prabang도시다. 루앙파방은 동남아시아 전통 건축과 19~20세기 프랑스 식민지 시대 근대건축이 절묘하게 결합된 도시다.

루앙파방은 1995년 12월 독일 베를린에서 열린 유네스코 세계유산위원회 제19차 총회에서 세계문화유산으로 등재되었다. 이때 한국은 종묘, 불국사, 석굴암, 해인사 팔만대장경 및 판경이 선정됐다.

신성한 푸씨 산을 중심으로 메콩강과 남칸 강 사이의 반도에 자리 잡은 루앙파방은 아름다운 자연과 잘 어울리는 도시다. 그리고 근대화의 폭풍이 휩쓸고 간 아시아에서 과거 모습을 가장 잘 보존하고 있는 도시 중 하나다.

루앙파방은 14세기 파응음Fa Ngum왕이 건국한 란쌍Lan Xang왕조의 고도로 1975년 왕정이 폐지될 때까지 왕이 머물렀던 유서 깊은 도시다. 500년이 지난 지금도 라오스 사람들의 마음의 고향이자 정신의 뿌리인 곳이 바로 루앙파방이다.

루앙파방은 구도심 도로를 중심으로 중후하고 화려한 수많은 사찰과 19세기에서 20세기 식민시절의 프랑스풍 건축물이 절묘하게 조화를 이루고 있다. 결국 루앙파방은 두 개의 다른 문화 전통이 조화를 이루고 잘 보전돼 세계문화유산으로 등재된 것이다.

맨발 탁발승들의 행렬이 새벽을 깨우는 곳이 루앙파방이다. 루앙파방은 한때 80개가 넘는 절이 있어서 사원의 도시라고 불렸다. 1513년 건립된 가장 오래된 왓위쑨나라Wat Wisunarat, 1560년 쎄타티랏 왕에 의해 세워진 왓씨엥통Wat Xieng Thong의 사원들이 도심에 자리 잡고 있다.

이외도 왓마이Wat Mai, 왓쎈쑤카람Wat Sensoukharam, 왓마노롬Wat Manorom, 왓씨엥먼Wat Xieng Muan, 왓씨분흐안Wat Sibounheuan 왓빡칸Wat Pak Khan 등 시내 주요한 곳에 수십 개에 달하는 사원들이 있다.

메콩강 건너편에도 왓씨엥맨Wat Xieng Maen, 왓 롱쿤Wat Long Khun 등 유서 깊은 사원들이 강을 따라 줄지어 있다.

루앙파방 시내 중앙에 위치한 푸씨Phusi 산 정상에는 1804년에 건립된 탓쫌푸씨That Chom Phusi라는 사원이 있다. 이곳에 금으로 장식된 4각형 첨탑이 있는데 어디에서나 볼 수 있어 인상적이다.

푸씨산과 메콩강 사이에 위치한 왕궁 박물관Haw Kham은 과거 왕궁이었다가 현재는 국립박물관으로 쓰이는 곳이다. 이 건물은 1909년에 완공되었으며, 화려한 왕관을 비롯한 란쌍 왕조의 유물과 종교유물 등이 전시되어 있다. 또한 박물관 입구에 있는 허파방에는 스리랑카로부터 전래되어 온 파방이 모셔져 있다. 도시 이름도 이 불상에서 유래했다. '루앙'은 '큰 도시' '파방'은 '황금불상'을 뜻한다.

루앙파방은 '뉴욕타임즈'가 선정한 2008년 꼭 가 봐야 할 여행지 1위에 랭크된 곳인가 하면 영국 여행 잡지 '원더러스트'가 2014년 최고의 여행지 1위로 선정한 곳이다.

왕궁 박물관 앞 중심도로를 따라 걷다 보면 상가 건물들 지붕 아래에 붙어있는 숫자를 볼 수 있다. 지붕과 지붕이 만나는 삼각형 부분인 박공膊栱에 적혀 있는 것이 바로 건물의 완공 년도다. 1920년부터 각기 다른 년도가 적혀 있는 것을 보고 있노라면 당시 건물을 짓는 모습이 머릿속으로 그려지기도 한다.

루앙파방은 세계문화 유산으로 등재된 이후 사찰과 역사적인 건축물 보존을 위해 많은 비용을 지출했다. 스님들에게 사찰 건축물 복원기술을 전수하거나 전통건축 재료 연구 등에 많은 시간과 노력을 들이고 있다. 그리고 법적으로 세계문화유산에 직접적으로 관련된 사찰과 19세기 식민시절의 근대건축물, 민가 등 건축물 보호에도 노력을 기울여 왔다. 그러나 도시의 급속한 발전과 관광 확대로 건물 사용 변경, 불법 증개축 등의 문제도 발생하고 있다.

유네스코에 등재된 도시의 건축물은 약 800여 채에 달한다. 이 중엔 사원, 상가, 공공건물, 개인주택 등이 있다. 콘트리트 건축물도 있고 목조 건축물도 있다. 목조 주택들은 개인 주택이 많다. 라오인들의 100년 전 삶을 공부하기에 아주 좋은 중요한 자료다.

유네스코 사무실은 루앙파방 세계문화유산 보호 및 홍보 활동을 하며 보호 건축물의 현황 및 복구활동 등을 소개하는 역할을 한다. 사무실 건물은 왓씨엥통 옆 메콩강과 남칸 강 합류지점 가까이에 위치해 있으며 바닥을 땅에서 띄워 지은 고상식高尙式 근대건축물을 사용하고 있다.

앙코르왓보다 수백 년 앞선 왓푸

왓푸Wat Phu 사원은 2001년 세계문화유산으로 등재됐다. 짬빠싹 주에 위치한 왓푸는 12세기 초 건설된 캄보디아 시엡립의 앙코르왓 유적보다 수백 년 앞선 사원이다. 앙코르왓 유적과 직선거리로 260km 떨어진 왓푸는 평야지대에 세운 다른 크메르 사원들과 달리 산자락을 따라 지형을 이용해 건설한 것이 큰 특징이다. '왓wat'은 사원이고 '푸phu'는 산을 나타내는 말이다. 즉 산에 있는 사원, 산사山寺라는 뜻이다.

왓푸는 메콩강 서쪽으로 약 6km 떨어진 산기슭에 건축되었다. 사원이 들어선 산의 이름은 산스크리트어로 '링카프라와타', 라오스 어로는 '푸카오Phu Kao 1,408m'라 불리는데 '남근산男根山'이라는 의미를 지니고 있다. 실제로 산의 정상은 시바신神의 상징인 '링검(남근상)'을 닮아 있고 이것이 바로 이곳에 사원을 지은 결정적인 이유다. 처음엔 목조 건물로 건축되었다가 9세기경 화재로 불타 버린 뒤 그 터에 사암砂巖을 이용해 가파른 층계 모양으로 재건축했다.

수로水路와 해자垓字를 연결시켰던 크메르 건축과는 달리 왓푸 사원에서는 메콩강을 그대로 활용했다. 사원 입구부터 중앙 신전까지 1.5km를 층으로 만들며 신전을 건설했다. 메콩강과 사원 전체가 내려 보이는 가장 높고 신성한 곳에 중앙신전이 동쪽을 향해 위치해 있다.

신전을 오르기 전에 몸을 씻는 두 개의 인공호수 바라이가 입구 가장 가까운 곳에 있고 이곳을 지나면 연꽃을 형상화한 돌기둥 길인 참배로가 나온다. 이 길 끝에는 좌우로 라테라이트를 기단으로 만들고 사암을 쌓아 만든 커다란 석조 건축물이 나온다. 지붕이 붕괴된 상태지만 벽면을 치장한 창문 조각이 선명하게 남아 있다. 건물 출입문 상단을 가로로 놓은 석판인 상인방上引枋과 그 위 삼각형 모양의 박공牔栱에 새겨 놓은 부조의 상태가 예술적으로 매우 훌륭하다.

중앙 왼쪽 신전 뒤편으로는 시바신이 타고 다녔다는 황소 린다의 사원이 있다. 중앙신전까지 오르는 길은 라오스의 국화인 독짬빠 나무와 라테라이트 돌계단이 한데 뒤엉켜 오랜 세월을 같이해 왔음을 알 수 있다. 중앙신전은 힌두의 시바신에게 헌정된 사원이지만 불상이 모셔져 있다. 크메르 제국 후반기에 불교를 받아들이면서 국교를 전환했기 때문이다. 신전 출입문 좌우에 신전을 지키는 수문장 드바라팔라Dvarapala와 상반신을 드러낸 여신 데바타Devata의 모습이 정교하게 조각되어 있고 보존상태도 좋아 선명하다.

왓푸 사원에서 남쪽으로 1.2km 떨어진 11세기 무렵 힌두교 사원 유적인 홍낭씨다Hong Nang Sida가 있다. 씨다 공주의 방으로 불리는 이 유적은 한국 문화재청과 한국 문화재재단이 공적개발원조ODA로 현재 복원하는 중이다. 한국에서 처음으로 해외 문화 유적을 발굴, 복원을 하는 곳이기도 하다. 2019년 2월 사원 보존 및 복원 과정에서 힌두교에서 여신을 상징하는 여근상인 금동 요니Yoni와 고대 사찰 건물 기단에 액운이 오지 못하게 하부 축조시 매장하는 진단구 유물을 발굴했다. 금동요니는 높이 63mm 너비 110mm의 대좌형태로 재질은 청동으로, 표면은 금으로 도금된 상태다. 위에 작은 구멍 5개가 있으며 옆으로 성수구 하나가 부착됐다. 라오스에서 요니의 발굴은 최초인 것으로 알려져 복원 작업에 큰 의미가 있는 것으로 전해졌다. 이번에 발견된 금동요니는 고대 크메르 교류사 연구의 핵심 사료가 될 것으로 보고 있다. 한국문화재재단은 2020년까지 홍낭씨다 사원 보존·복원을 마무리할 계획이다.

미스터리한 돌항아리

씨엥쿠앙주 주도인 폰싸완에 가면 수백 개의 돌항아리가 평원에 널려 있는 모습을 볼 수 있다. 새벽 안개에 둘러싸인 돌항아리는 몽환적이고 미스터리한 느낌을 주기에 충분하다. 이런 풍경을 보고 있노라면 언제 누가 어떤 목적으로 이곳에 이 많은 돌항아리를 만들어 놓았을까 하는 궁금증이 깊어진다.

이 돌항아리들은 2019년 7월 아제르바이잔Azerbaijan 바쿠Baku에서 열린 제43차 유네스코UNESCO 세계유산위원회에서 세계문화유산으로 최종 지정됐다. 이로써 라오스는 루앙파방 도시, 왓푸 사원을 비롯해 3개의 세계문화유산을 보유하게 되었다.

지역민들에 따르면 옛날에 거인족들이 살았고, 그들이 막걸리 잔으로 썼다는 설화들을 전하고 있다. 건기를 대비한 물항아리로 제작되었다는 이야기도 있고, 왕이 군사적인 승리 후에 쓸 막걸리를 보관하는 통으로 제작했다고도 한다. 고고학자들은 대체로 죽은 사람의 유골을 보관하는 묘의 일종이었을 것으로 추측하고 있다.

1930년대에 연구한 기록에 의하면 돌항아리에서 탄 뼈와 이빨, 그리고 유리구슬 등이 출토되었다고 한다. 돌로 만든 뚜껑들도 돌항아리 사이에서 몇 개 발견되었으며 딱 하나만 뚜껑이 닫힌 채로 발견되었다. 모든 돌항아리에는 뚜껑이 있었겠지만 부식되기 쉬운 금속이나 나무로 만들어져 이미 사라졌을 것이다. 돌항아리에서 발견된 유골로 보아 장례의식 뒤에 유골을 담아 두는 단지로 쓰였을 것으로 추정하는 것이 현재까지의 정설이다.

최근 돌 뚜껑이 많이 발견됐다. 뚜껑의 윗면에 개구리 등 동물 문양도 들어가 있다. 뚜껑이 있는 것으로 보아선 곡식을 저장하거나 일종의 분묘로 추정되지만 이를 입증할 알곡 화석이나 인 성분도 검출되지 않았다.

돌항아리가 산재해 있는 씨엥쿠앙Xiengkhouang은 소수민족이 우세한 지역이다. 이곳은 오지였던 관계로 근대 역사에서 작은 왕국이 수립되어 베트남 왕조와 루앙파방 왕조에 조공을 바치면서 독립된 세력으로 존재했을 것으로 추정된다.

씨엥쿠앙의 원래 주도는 므앙쿤Muang Khoun이다. 비밀전쟁 당시 미국의 폭격으로 도시 전체가 사라져 버려 현재 폰싸완Phonsavan에 도시를 다시 세웠다. 폰이 언덕이고 싸완이 천국이니 천국의 언덕이라고 불린다. 해발 1,100m의 고원에 위치한 폰싸완은 늘 서늘한 기후로 사람들이 살기 좋은 곳이라 그렇게 이름을 붙이지 않았나 싶다.

이 지역은 인도차이나 비밀 전쟁(1962~1975년) 당시 가장 폭격을 많이 받은 곳이다. 씨엥쿠앙은 라오스 빠테라오와 북베트남의 이동 경로인 호치민 트레일로서 미군의 폭격을 8분에 한번 꼴로 당해야 했던 치열한 전쟁터였다. 돌항아리 지역도 포탄 자국이 선명하게 남아 있다. 수천 년을 버텨 온 돌항아리는 비밀 전쟁의 흔적을 그대로 품은 채 오늘도 묵묵히 자리를 지키고 있다.

현재 개방된 항아리 지역을 걷다 보면 바닥에 붉은색과 흰색으로 된 콘크리트 마크가 계속 눈에 띈다. 이 마크의 붉은 부분엔 MAG 글씨가 음각으로 표시되어 있다. 이 마크는 포탄 제거 작업을 마쳐 안전한 지역이란 표시다. 세계적인 지뢰제거단체인 MAGMines Advisory Group, UXOUnexploded ordnance 등 단체가 불발탄과 지뢰들을 제거하고 개방했다. 아직 폭탄 제거가 이뤄지지 않아 개방되지 못한 돌항아리 지역도 많다. 이런 곳은 대부분 이동거리가 멀거나 항아리가 소규모로 산재된 지역이다.

항아리평원, 단지평원Plain of Jars으로 불리는 이 돌항아리는 라오어로는 '통하히힌'이라고 한다. 사이트 1은 돌항아리 지역 중 가장 큰 곳으로 폰싸완 시내에서 남서쪽으로 약 10km 떨어져 있다. '힌쭈앙Hin Chuang'으로 일명 쭈앙의 항아리라고 불리는 높이 2.5m에 무게가 6t이나 되는 항아리를 포함해 344개의 돌 항아리가 낮은 언덕을 중심으로 널려 있다.

돌항아리 사이트 1 입구엔 2013년 뉴질랜드의 지원으로 만들어진 방문자 정보 센터가 손님을 맞이한다. 이곳에 항아리평원에 관한 자료뿐만 아니라 비밀전쟁의 폭격 등 전쟁사도 이해하기 쉽게 전시되어 있다.

폰싸완 시내에서 20km 떨어진 곳에 있는 사이트 2는 '쌀라또 언덕의 돌항아리'라는 뜻으로 '하이힌푸쌀라또'라고 부른다. 90여 개의 돌항아리가 있는 야트막한 언덕에 올라서 보면 바로 이곳이 명당이라는 생각이 들 정도로 경치가 좋다. 이곳에선 오랜 세월을 증명이라도 하듯 나무줄기가 돌항아리를 품고 있는 모습도 볼 수 있다.

사이트 3은 '랃카이의 돌항아리'라는 뜻으로 '하이힌랃카이'라고 부른다. 시내에서 25km 떨어졌으며 사이트 2를 보고 걸어서(4km) 갈 수도 있다. 논과 대나무 다리를 건너서 걸어가는 길 내내 소박한 풍경이 눈을 정화시켜 준다. 이곳엔 약 150여 개의 돌항아리가 모여 있다.

A Desperate Trade
People living in UXO-contaminated areas of the Lao PDR have had to learn to
accommodate, to some degree, these deadly objects in their lives: bombs are used
as fences and barbeques; bombie casings are used for candle stick holders and
lampshades; the metal is smelted for knives and other tools; explosives are used
for fishing and de-stumping. Many of the UXO are made from high quality steel or

Part Ⅶ

라오스의 역　사

비밀 전쟁 대행사 에어 아메리카

베트남 전쟁과 불가분의 관계인 라오스 내전은 흔히 '비밀전쟁' 또는 '대리전쟁'이란 이름으로 20년 동안 지속되었다. 이 전쟁은 외부에 제대로 알려지지 않고 비밀스럽게 시작되었고 흐지부지 끝났다. 내전의 시작은 1954년 7월 제네바 협정으로 프랑스가 라오스에서 철수한 이후다. 공산주의의 확대를 막기 위해 '동남아시아조약기구The Southeast Asia Treaty Organization, SEATO'를 창설하고 미국이 냉전정책을 펼치던 시기와 거의 일치한다.

2차 세계대전 이후 라오왕정의 수상인 쑤완나 푸마Souvanna Phouma 왕자와 이복동생인 쑤파누웡Souphanouvong 왕자는 '자유 라오스 운동'을 통해 조직 프랑스를 몰아내는 데 힘을 합쳤다. 그러나 자치정부-점진 독립이란 구상에 쏠린 푸마와 달리 쑤파누웡은 월맹과의 공동전선을 모색, 양자 간의 불화가 깊어졌다. 프랑스 철수 후 라오스는 좌우대립의 내전으로 양상이 변질되었다. 1950년 8월 쑤파누웡은 베트남 월맹의 지원을 기반 삼아 무장단체 '빠테라오'를 결성했으며 후아판 주 등 2개의 주를 장악했다.

미국의 후원을 받은 우익 쿠테타가 1957년과 60년에 발생했고 1958년 계획적인 원조중단으로 중도파를 자처한 푸마 수상이 일시적으로 하야했다. 라오스 지배계층인 왕실 귀족들은 식민지배 이래 서구식 생활에 물들었고 미국 원조로 유지되어 왔다. 왕실과 푸마는 중립연정을 표방하였다. 1963년 푸마의 친미적인 행태로 중도파 내부의 불만이 싹텄고, 4월 암살사건 발생 등으로 빠테라오는 연합정부에서 탈퇴했다.

1964년 4월, 군부 우익세력의 쿠데타를 계기로 중도파마저 내각에서 모두 제거당했으며, 대대적인 군비증강이 시도되었다. 이 같은 일련의 사태 이후로 빠테라오는 동북지방에서 위양짠 정부를 상대로 전면 투쟁에 돌입했다. 베트남전이 격화되면서 라오스 내전도 가열됐다. 푸마 수상은 호치민 루트와 씨엥쿠앙 항아리평원에 위치한 빠테라오 거점들을 미군이 공중 폭격하는 데에 동의했다.

1962년 7월 23일에 발효된 제네바 협정으로 라오스는 중립국 위치에 있었다. 따라서 미국은 공개적으로 라오스에서 군사 작전을 수행할 수 없었다. 그러나 미국은 전면에 AID(국제개발처)를 앞세우고 실질적으로 미국 중앙정보국 CIACentral Intelligence Agency가 운영하는 민간 항공회사인 '에어 아메리카Air America'가 군작전을 수행했다. 이때부터 미국의 개입은 본격화되었고 몽족 비정규군을 빠테라오 소탕전에 투입한 것도 이때부터였다.

에어 아메리카는 1976년까지 미국 정부가 비밀리에 소유하고 운영하는 미국 여객 및 화물 항공기 회사였다. "무엇이든Anything, 어디든Anywhere, 언제든지Anytime, 전문적으로Professionally"라는 슬로건을 내세우며 라오스 위양짠, 베트남 사이공, 태국의 우돈타니 등 3곳을 중심으로 활동했다.

1959년부터 1962년까지 이 항공사는 왕실 라오스 군대를 훈련시킨 미국 특수 부대에게 직간접적인 지원을 제공했다. 1962년부터 1975년까지 에어 아메리카는 미군을 뽑아 투입했으며, 왕립 라오군, 왕빠오Vang Pao 장군의 지휘 하에 있는 몽족군, 태국의 자원군 등 약 1만5,000여 명을 훈련시켜 임무를 수행했다.

또 라오스 북부에서 베트남으로 이어지던 베트남 공산군의 물자 수송로인 일명 호치민 트레일Ho Chi Min Trail이라고 부르는 물자수송로를 차단하고, 베트남 공산군에게 억류된 미군 조종사를 구출하며, 안으로는 라오스의 공산화를 막기 위해 빠테라오에 대항했다.

미국은 북베트남군의 보이지 않는 지원국인 라오스를 대상으

로 편법으로 전쟁을 치른 것이다. 라오스, 태국, 베트남 등에 거주하는 소수민족을 무장시켜 해당국의 공산화를 막고 라오스 공산군을 괴멸시키기 위해 라오스에 엄청난 양의 폭탄을 투하했다. 미군은 1964~73년 사이에 60만 회의 출격을 통해 약 200만 톤의 폭발물을 투하했다.

롱쨍Long Tieng, Long Chieng, Long Cheng 비행장은 당시 씨엥쿠앙(현재 싸이쏨분)주에 위치한 비행장이다. LS-20ALima Site-20A 롱쨍 비행장은 1962년 CIA의 관리하에 몽족 출신의 왕빠오 장군이 본부를 처음 설치했다. 1964년 1,260m의 활주로가 완공됐고, 1966년엔 세계에서 가장 바쁜 공항 중 하나가 되었다. 한마디로 북베트남지역을 공격하기 위한 비행기 출격이 가장 많은 비행장이었다. 이때 롱쨍은 인구 4만여명이 모여 살아 라오스에서 두 번째로 큰 도시가 되었다.

이곳은 '지구상에서 가장 비밀스런 장소'로 묘사됐다. 산으로 둘러싸인 해발 950m의 높은 계곡에 위치해 추운 밤과 차가운 안개로 둘러싸인 곳이었다. 활주로의 북서쪽에는 카르스트의 높은 봉우리가 있다. 이곳에선 활주로와 인근의 모든 지역이 내려다보인다. 이 비행장은 1975년 2월 비행장을 지키는 전초기지가 패하고 5월 10일 더 이상 비행장을 유지하기 어려워지자 철수에 들어갔다. 미국 C-130 및 C-46 항공기로 몽족 군부 지도자들과 CIA 직원들이 탈출했다. 남겨진 수만 명의 몽족 전투원과 난민들은 남쪽 태국으로 탈출했다.

당시 에어 아메리카가 만든 비행장은 30곳이 넘는다. 이 시기에 세워지기 시작한 위양짠의 랜드 마크인 승리의 문 '빠뚜싸이'는 일명

'서 있는 활주로'로 불린다. 이것은 위양짠 비행장 활주로 건설에 들어가야 할 시멘트로 건설해서 붙여진 이름이다. 당시는 라오스 북부 위양짠, 씨엥쿠앙, 싸이쏨분, 후아판 주 등에 항공 시설이 주로 위치했다.

에어 아메리카가 위양짠에 주둔하면서 라오스 북부지역에 준 군사 전투 작전을 수행하는 많은 활주로와 항공시설을 만들었다. 이런 비행시설엔 'LSLima Site'라는 약어를 사용했다. 롱쨍(L-20A)처럼 긴 포장 활주로가 있는가 하면 씨엥쿠앙 므앙캄에 위치했던 LS-2 산티아우San Tiau 같이 폭 30m 길이 240m의 작은 활주로도 존재했다. 일부 활주로는 평탄하지 않은 산 능선에 있었고 대부분의 활주로는 비포장으로 상태가 좋지 않았다,

루앙파방(L-54), 롱쨍(L-20A), 싸완나켓(L-39), 빡쎄(L-11), 위양짠(L-08) 등 5곳은 군용 항공 작전 본부의 역할을 했던 곳이다. 왕위양 활주로는 LS-6, 씨엥쿠앙 므앙쿤 인근의 푸케Phou Khe 1,890m 산에 위치한 활주로는 LS-19 등으로 불렸다.

후아판 주의 푸파티Phou Pha Thi, 1,786m 산꼭대기에 있는 LS-85는 일반 활주로가 아닌 레이더 기지였다. 1966년 정상 절벽부에 미 공군은 조종사들의 폭격작전을 지원하기 위한 레이더 전술 항공 항법 시스템TACAN을 설치했다. 1967년 후반에 이 레이더기지는 북베트남에 대한 폭파 작전의 55%를 지시했던 중요한 기지였다.

1968년 3월 10일 벌어진 LS-85 전투는 베트남 전쟁 중 미 공군 지상전투에서 가장 큰 손실을 가져온 전투였다. 총 13명의 미국 요원과 42명의 태국과 몽족 군인들이 이 전투에서 전사했다.

라오스는 공산화를 막기 위한 미국의 비밀 전쟁의 희생지였다. 그러나 이제는 이런 당시의 항공기지와 시설들이 관광자원으로 활용되고 있다. 라오스는 그동안 빠테라오의 중심 활동지에 대한 관광 개발에 집중하였다. 이제는 에어 아메리카를 앞세웠던 미국의 기지가 관광지로 부상하고 있다. 특히 40년 동안 외부인들에게 공개되지 않았던 롱쨍 비행장이 2015년부터 개방되면서 새로운 관광지로 부상하고 있다.

후아판 주에 있는 푸파티 산의 경우는 오르지 못하는 절벽지대에 철재계단을 설치해 관광객을 끌어모으고 있다. 그리고 당시 설치되었던 활주로, 버려졌던 포탄도 이제는 관광 자원으로 충분한 가치가 부여돼 개발되고 있다.

오바마 대통령과 UXO

포탄 껍데기는 집을 짓는 기둥으로, 담장이나 대문 기둥으로, 레스토랑 인테리어 소품으로, 시장이나 가게 간판으로, 심지어 학교에서 수업을 알리는 종으로 다양하게 이용되고 있다. 미국의 비밀전쟁을 알리기 위해 불발탄의 알루미늄을 녹여 스푼과 장신구를 만들어 팔기도 한다.

1964부터 1973년까지 치러진 라오스 비밀전쟁에서 미국 중앙정보국CIA은 라오스를 인도차이나반도의 공산화를 막는 방파제로 삼고자 했다. 북베트남의 수송보급로인 호치민 루트와 빠테라오Pathet Lao의 전략적 거점지역인 씨엥쿠앙에 공중폭격을 가했다. 미국은 9년 동안 라오스에 300만 톤이나 되는 2억7000만 발의 폭탄을 투하했다. 소형 폭탄이 들어 있는 것으로 추정되는 악명 높은 집속탄Cluster Bomb 실험지로 삼았을 뿐 아니라 각종 폭탄 700만 개를 퍼부었다. 이로써 라오스는 세계에서 가장 많은 폭탄이 투하된 나라가 되었다.

B-52 등 미국 폭격기가 9년 동안 58만 344회를 출격했다. 9년 동

안 쉬지 않고 8분에 한 번씩 라오스를 공습했다는 것을 의미한다. 당시 라오스 인구가 400만 정도였으니 한 사람당 0.5톤짜리 폭탄 1.75개씩을 뒤집어쓴 꼴이다.

1964년부터의 2008년까지 미확인 폭발물로 인한 사고로 5만 명의 라오스인들이 죽거나 다쳤다. 전쟁이 끝난 1974년 이후부터 2008년까지만 해도 2만 명 넘게 피해를 입었다. 매년 약 300명의 사상자가 생기고 있으며 이 중 40%는 어린이다.

라오스 전체 면적의 25% 정도가 미확인 불발탄으로 오염되어 있다. 현재까지 제거한 불발탄은 예상 추정치의 1%에도 미치지 못하고 있다. 지금 속도로 지속해서 불발탄을 제거해 나간다 하더라도 한 200년쯤은 더 걸려야 라오스가 불발탄 자유지대가 될 것으로 보고 있다.

2016년 미국 버락 오바마Barack Obama대통령이 인도차이나 전쟁 이후 40년 만에 미국 현직 대통령으로서는 처음으로 라오스를 찾았다. 그는 동남아시아 국가 정상회담 참석 이후 별도의 시간을 내서 루앙파방에 있는 UXO(미확인폭발물·Unexploded Ordnance)방문자 센터를 찾았다.

오바마 대통령은 비밀전쟁에 대해 공식사죄는 하지 않았지만, '화해의 정신'으로 라오스에 집속탄 및 불발탄 수색과 제거를 위해 3년간 9,000만 달러를 지원하기로 약속했다. 그동안 미국은 1992년부터 20년 동안 불발탄 제거 비용으로 약 1억1,800만 달러 정도를 라오스에 내놓았다.

미군이 비밀 폭격에 쓴 돈은 대략 69억 달러였다. 전쟁기간 동안 1년에 평균 7억 6,600만 달러를 쓴 꼴이다. 그 무렵 하루 평균 비용 210만 달러는 현재(2016년) 환율로 따져 1,800만 달러가 넘는다. 오바마가 3년 동안 지원하는 9,000만 달러는 5일치 정도의 비용에 불과한 액수이다. 숫자조차 파악하기도 어려운 불발탄을 제거하고 그동안 다친 사람들을 치유하기엔 턱없이 부족한 돈이다.

현재 라오스엔 불발탄 제거를 위한 기관과 국제단체가 꾸준히 활동 중이다. UXO-NRANational Regulatory Authority For UXO / Mine Action Sector in Lao PDR는 1996년 총리령으로 미확인 폭발물로 인한 사상자를 줄이고 안전한 토지를 늘려 생산 및 사회 경제 개발 활동을 지원하기 위한 목적으로 설립됐다. UN의 Unicef가 처음부터 현재까지 지원을 하고 있다.

한국은 지난 2014년부터 2018년까지 모두 300만 달러를 투입해 불발탄 20여만 개를 제거하고 피해자 107명에 대한 직업훈련을 도왔다. 2022년까지 불발탄 제거 지원 2차 사업을 진행한다. 불발탄 분야 총괄지원, 불발탄제거기관 역량강화, 불발탄 피해자 및 피해 마을 지원, 전문가 파견 등에 나선다.

NGO 단체인 MAGMines Advisory Group는 1994년부터 씨엥쿠앙Xieng Khouang과 캄무완Khammouane 지역에서 90만 명이 넘는 사람들이 불발탄의 위험으로부터 안전하게 살 수 있도록 도왔다. 라오스에서 5,800만㎡ 이상의 땅을 개간하고 21만 1,000개 이상의 UXO를 제거했다.

COPECooperative Orthotic & Prosthetic Enterprise / 정형을 위한 지지대와 보철 협력 사업는 불발탄UXO으로 피해를 입은 사람들에 대한 의료 지원과 재활을 돕는 NGO다. 위앙짠에 있는 국립재활센터National Rehabilitation Center의 COOP방문자 센터에서는 인공 팔다리, 보행 보조기구 및 휠체어를 공급하고 있다. 포탄으로 만든 설치미술과 건물안쪽에 전시된 사진, 그리고 영상 관람이 가능하다. 천장에 설치된 클러스트 폭탄Cluster bombs 조형물은 쏟아지는 수많은 소형탄을 형상화해 인상적이다. 흔히 강철비Steel Rain라고도 불리는 이 폭탄은 민간인 피해가 크기 때문에 국제협약에 의해 사용을 금하고 있다.

양민학살의 현장 탐삐유 동굴

1968년 미국 공군기가 전쟁을 피해 동굴에 숨어 있던 양민들을 향해 쏜 미사일로 모두가 숨지는 비극적인 일이 일어났다. 씨엥쿠앙Xiangkhouang 므앙 캄Muang Kham 탐삐유Tham Piew동굴이 바로 그 현장이다.

11월 24일 늦은 오후 미국 공군 비행기가 네 발의 미사일을 동굴을 향해 쏘았다. 세 번을 빗나갔던 미사일이 네 번째는 행운이 같이하지 못하고 동굴 속으로 명중됐다. 동굴 안에 있던 노인, 부녀자, 아이 등 374명이 숨어 있었으며, 모두가 한순간에 목숨을 잃었다. 폭격으로 동굴의 입구는 4m 넓어졌고 돌과 흙이 떨어져 바닥은 2m 이상 높아졌다고 한다. 그 돌무더기 아래로 여전히 희생자들의 유해가 남아있다.

너무나 가슴 아픈 역사를 간직한 탐삐유 동굴을 찾으면 가장 먼저 죽은 아이를 안고 있는 남자의 동상이 방문객을 맞이한다. 그 동상 왼쪽에 있는 작은 박물관에는 인도차이나 전쟁과 미확인폭발물인 UXO와 관련한 생생한 그림과 사진 그리고 전쟁의 상흔이 남아 있는

실물들을 전시하고 있다.

동굴의 천장과 벽이 오랜 시간이 지났음에도 검게 그을린 채 남아 있고 바닥에 수많은 돌조각들이 널려 있다. 동굴 바닥엔 작은 돌을 쌓아 놓은 수백 개의 돌무덤이 있다. 이 돌무덤은 당시 죽은 양민들을 추모하는 돌탑을 상징하는 것이다. 그 돌무덤엔 향과 초가 놓여 있고 어떤 것에는 희생자의 생전 모습이 담겨져 있는 사진이 놓여 있다.

산중턱 비탈에 있는 탐삐유 동굴은 입구가 넓어 남쪽의 밝은 빛이 잘 드는 곳이다. 굴 앞에 깨끗한 물이 흐르고 많은 마을 주민들이 공습을 피해 숨어 지내기 좋은 굴이었다. 동굴엔 부상당한 환자를 치료하는 병원과 아이들 학업을 하는 학교가 있을 정도로 제법 규모가 큰 동굴이다. 이 동굴의 정보를 미국에게 넘겨준 사람이 있어서 결국 미국 공군의 공격을 받기에 이르렀다고 한다.

포탄 연기사이로 흘러나오던 비명소리는 여전히 동굴 주변을 떠나지 못하고 있다. 이름도 제대로 없는 무덤의 주인이 되어야만 했던 그들의 눈물은, 이젠 동굴을 찾는 사람들의 마음속으로 흘러내린다. 미군의 무차별 폭격으로 374명의 민간인이 몰살당한 라오스 탐삐유 동굴엔 아직 아물지 않은 상처가 그대로 남아 있다.

한국전쟁에서 이와 판박이 같은 일이 벌어진 사건이 있다. 일명 영동 '노근리 양민학살사건'이다. 미국 1기병 사단 7기병 연대 예하 부대가 1950년 7월 25일~29일 사이에 충북 영동군 황간면 노근리 경부선 철로와 쌍굴다리에서 피난하던 양민들 사이에 북괴군들이 잠입했다는 잘못된 정보로 무고한 양민 300여 명의 목숨을 앗아간 사건이다. 이 사건은 당시에는 조명되지 않다가 1999년 AP 통신기자의 특종으로 세상에 알려지고 한미 양국에 공론화가 되어 진상조사단을 편성, 실태파악에 나섰던 사건이다.

붉은 왕자 쑤파누웡(Souphanouvong)

서러움을 가득 안고 태어난 서자庶子, 라오왕국의 마지막 왕자, 그림을 사랑하는 예술가, 도로와 다리 건설에 열정을 쏟은 엔지니어, 공산주의 운동의 지도자, 콧수염과 양복이 잘 어울리는 붉은 왕자, 라오인민민주공화국의 초대 대통령 쑤파누웡.

쑤파누웡은 한국에서는 정치인 이름보다 대학교의 이름으로 더 잘 알려져 있다. 2007년 루앙파방에서 개교한 두 번째 종합 국립 대학교다. 루앙파방이 고향인 초대 대통령 '쑤파누웡'의 이름을 따서 대학 이름을 명명했다. 한국정부가 라오스에 지원한 최초의 EDCF(차관)사업으로 세운 대학교다.

쑤파누웡은 1909년 1월 13일 루앙파방의 마지막 부왕(副王 / 왕의 큰 아들을 부르는 말) 분콩Bounkhong과 11번째 부인인 평민 출신의 캄운Kham Ouane과의 사이에서 태어났다.

쑤파누웡은 베트남 하노이에서 공부를 하다가 어린 나이에 일찍 프랑스로 유학길에 올랐다. 이후 파리기술대학에서 토목건축을 공부하면서 마르크스주의에 관심을 갖게 되었다. 1934년 학업을 마치고 라오스로 돌아온 그는 프랑스 식민 당국에 의해 베트남 중부지역인 나짱(나트랑, Nha Trang)지역의 공공 사업부에서 다리와 도로 건설을 담당하는 수석 엔지니어로 일을 했다.

1937년 인도차이나 공산당에 가입했고 이듬해인 1938년 16살의 베트남 여성인 누엔 티 키남 Nguyen Thi Ky Nam과 결혼했다. 결혼 후 그녀는 남편의 이름을 따서 위양캄 쑤파누웡Vieng Kham Souphanouvong 또는 위양캄 공주로 불렸다. 그녀는 당시 나짱에 있는 유일한 호텔 주인의 외동딸이었다고 한다. 쑤파누웡 부부는 8명의 아들과 두 명의 딸을 두었다고 전해진다.

쑤파누웡은 베트남에서 호치민의 지지자가 되었으며 인도차이나 공산주의 운동에 가담하였다. 2차 세계 대전 이후 프랑스가 라오스를 다시 지배하는 것에 반대, 위양짠의 라오스 과도정부의 국방부 장관으로 참여했다. 그는 프랑스와의 교전으로 부상을 당하기도 했다. 그 이후 1947~8년에 방콕으로 망명한 자유라오스 정부의 외무부 장관이 되었다.

1950년에는 공산주의 지향적인 빠테라오Pathet Lao를 조직했다. 그는 1956년부터 연립정부에 좌파를 대표하여 1962년까지 두 차례에 걸쳐 연립정부에 참여했다. 국회의 정치적인 틀 안에서만 투쟁했던 쑤파누웡은 친미정권의 좌파탄압으로 투옥되었으나 뛰어난 화술로 간수들을 설득해서 천둥 번개가 치던 날 탈옥했다. 그들은 약 500㎞

의 길을 걸어 빠테라오가 있는 곳까지 도달했다. 그리고 투쟁의 길을 걷게 됐다.

그는 1964년부터 1973년, 라오스 인민혁명당의 지도자들과 함께 후아판 주 위양싸이의 '쑤파누웡 굴'에서 10년 동안 미군과 라오스 왕국 군대의 공세를 버티어 냈다. 10년의 저항 기간 동안 위양싸이 Vieng Xay군에 있는 요새화된 굴 앞에 미군의 폭격을 받아 폭탄에 의한 분화구가 생기자 그 자국을 살려 '인민의 심장'이라고 이름을 붙인 연못을 파고 자신의 집을 짓기도 했다.

북베트남이 1975년 4월 30일 사이공을 점령하자 라오스의 우익 군대는 전의를 완전히 상실하고 지도자들은 외국으로 망명을 하였다. 이로써 라오스의 공산주의자들은 더 이상 피를 흘리지 않고 정권을 장악하게 되었다.

1975년 12월 600년의 라오스 왕조는 끝이 나고 라오스 인민혁명당이 지도하는 라오스 인민민주공화국이 수립되었다. 쑤파누웡 왕자는 먼 길을 돌아 라오스의 초대 대통령이 되었고 1991년까지 재직했으며 1995년 임종 때까지 국가의 고문으로 지냈다.

그의 고향인 루앙파방에 이름을 딴 쑤파누웡 대학교가 생겼고 추종자들이 많지만 그의 역사적 자료나 흔적은 위양짠 쑤파누웡 박물관에 보관 전시되고 있다. 당시 대통령 집무실과 숙소로 사용됐던 건물이 박물관이다. 건물은 참으로 단순하고 검소하다는 생각이 들 정도 왜소한 편이다. 건물 안에는 그가 즐겨 그렸던 그림들이 곳곳에 남아 있다. 특히 피델 카스트로Fidel Castro의 모습 등을 그려 놓은 것이 눈에 띈다.

위양짠 천도 450년

달의 도시 위양짠Vientiane은 1560년 란쌍왕조 시절 쎄타티랏왕이 루앙파방에서 천도를 하면서 수도가 된 도시다. 2010년은 수도 이전 450년째가 된 위양짠의 역사적인 해로 각종 다양한 행사가 열렸다.

위양짠은 메콩강을 가운데 두고 태국과 국경을 맞대고 있는 도시다. 강을 국경으로 수도를 둔 나라는 드물다. 라오스가 과거 천도할 당시는 메콩강 건너편 이싼 지역도 라오스 땅이었다. 지금은 태국의 영토지만 여전히 라오 언어를 쓰고 있는 사람들이 많다.

루앙파방에 수도를 위양짠으로 옮기게 된 연유는 몇 가지로 추측할 수 있다. 첫 째로는 미얀마의 잦은 침략으로부터 피하기 위해서였다. 두 번째로 루앙파방은 강과 산으로 둘러싸여 더 이상 발전하기에 어려움이 있었던 것으로 보인다. 세 번째로는 루앙파방 메콩강에서 배를 타고 현재 위양짠까지 내려오는 동안 좌우로 넓은 평야지대가 전혀 없다. 위양짠 지역으로 들어오고 나서야 비로소 강 좌우로 넓은 땅이 나온다. 아마도 이런 연유로 위양짠으로 수도를 옮기지 않았나 싶다.

450년을 기념하기 위해 몇 가지 이벤트가 있었다. 첫째로는 라오스 역사상 첫 번째 기념화폐이자 첫 고액권인 10만낍짜리 화폐를 발행했다. 앞면에는 수도를 이전해서 부처님의 갈비뼈와 머리카락을 넣고 만든 탇루앙 탑과 수도 이전을 한 쎄타티랏 왕의 동상이 그려져 있다. 그리고 태양 빛이 번져 나가는 듯한 모양이 있는데, 마치 일본의 욱일승천기 같은 느낌을 주고 있다. 그 아래로는 국화國花인 짬빠 꽃과 나가Naga의 모습이 있고 라오스어로 '나컨루앙위양짠 450삐(위양짠 수도 450년)라고 적혀 있다. 뒷면엔 왕실 사원인 허파깨오 사원과 짬빠꽃이 그려져 있다.

두 번째로는 '450년'이란 도로를 건설하였다. 태국과 국경이 붙어 있는 타나랭Thanaleng지역 정확히 이야기하면 동포시Dongphosy3거리에서 동덕Dongduk 4거리까지 이어지는 왕복 4차선 20km 시멘트 도로를 신설했다. 이 도로는 타나랭 국경으로 통과하는 화물차들이 위양짠 시내를 통과하지 않고 북부나 남부지역으로 빠져나가기 쉽게 만든 외곽도로다. 이 도로가 완공된 것이 2010년으로 수도 이전 450년과 같은 해라 도로 이름을 '450년 도로'라고 부른다. 또 이 도로는 아시아하이웨이 12번 도로이기도 하다. 위양짠 천도 450년 도로로 영어로는 'Vientiane 450 Year Road', 라오스어로는 '타논 위양짠 450삐'라 불린다.

마지막으로 450년 방통시장을 개장했다. 흔히 '딸랏 450년'이라고 불리는데 원래 하천이었던 곳을 복개해서 만들었다. 이 시장이 오픈된 해가 바로 2010년이고 그래서 이곳 이름을 450년 시장이라고 했다. 현재는 450방통야시장과, 한쿡Han Cook식당, BKL 패스트푸드, Laoderm 레스토랑 등이 운영 중에 있다. 한가운데에 라오스 천연자원환경부 정부건물도 들어서 있다.

위양짠을 지키는 5개의 동상

위양짠 시내엔 5개의 동상이 있다. 란쌍Lan Xang왕국 시대의 왕들과 건국의 아버지라고 불리는 까이쏜 폼위한의 동상이다. 동상 주인공들만 알아도 라오스 역사를 이해하는 데 크게 도움이 된다.

○첫 번째 동상은 '짜오 파 응움Chao Fa Ngum, 1316-1393왕'으로 1353년 루앙파방Luang Prabang을 중심으로 란쌍 왕국을 세워 라오스 역사를 만든 인물이다. 파 응움 왕의 동상은 란쌍왕국 650년을 기념으로 2003년 현재의 메콩 호텔과 머큐어 호텔 사이 공원에 세워졌다. 동상은 공원의 규모나 좌대에 비해 좀 왜소한 편이다. 왕이 오른손 검지 하나를 들고 있는 것은 통일된 하나의 왕국을 뜻한다. 공원 전면엔 란쌍왕조를 상징하는 하얀색 삼두三頭 코끼리상이 있다.

짜오 파 응움은 짜오 파 니기유Chao Fa Ngiew의 마지막 아들로 1316년에 33개의 치아를 가지고 태어났다. 불길하다는 이유로 메콩강 하류로 추방된 짜오 파 응움은 크메르 왕국에서 크메르 공주와 결혼한다. 훗날 앙코르의 크메르 왕국Khmer Kingdom of Angkor의 지원을 받아 위양짠 루앙파방은 물론 치앙마이까지 손에 넣으며 라오스 최초의 통일된 나라를 만들었다. 통일 후에도 메콩강 유역과 남으로는 크메르 국경 유역, 북으로는 중국의 윈난까지 정벌해서 라오스 역사상 최고의 전성기를 구가했고 불교의 전파에도 크게 힘을 쓴 왕이다. '백만 마리 코끼리'를 뜻하는 란쌍왕국Lang Xang Kingdom을 만들어 1372년까지 왕으로 통치를 했다.

○두 번째 동상은 라오스 역사상 가장 위대한 왕으로 불리는 '쎄타티랏Setthathirath, 1534-1571왕'이다. 1563년 미얀마의 침공을 피해 루앙파방에서 위양짠으로 수도를 옮겨 위양짠 시대를 연 쎄타티랏 왕은 탇루앙That Luang을 세웠고 자신이 란나Lanna에서 가져온 에메랄드 불상을 모시기 위해 허파깨오Ho Prakeo를 건축했다. 동상은 탇루앙 탑 앞에 있다. 다른 왕 동상과는 다르게 좌상이다. 창이 넓은 모자 한쪽을 세우고 칼을 무릎에 올려놓고 먼 곳을 응시하고 있는 왕의 얼굴엔 어린왕자의 미소처럼 천진

난만함이 느껴진다.

ㅇ세 번째는 메콩강변 도로에서 태국을 바라보고 있는 '짜오 아누웡Chao Anouvong, 1767-1829왕' 동상이다. 융성했던 란쌍왕조는 1700년부터 위양짠, 루앙파방, 짬빠싹 왕국으로 분열됐다. 루앙파방 왕국은 1769년 미얀마의 침공으로 망하고 말았다. 아누웡이 위양짠 왕으로 오른 때가 1805년이다. 이 왕국은 쇠약해 씨암 왕국(태국)과 응우옌 왕조(베트남)에 조공을 바치는 나라였다. 그러나 태국과 베트남 사이에서 외교 군사적 역량을 발휘해 짬빠싹 왕국을 손에 넣은 아누웡 왕은 1826년 완전한 자주 독립을 쟁취하기 위해 씨암과 전면전을 벌였다. 그러나 결국 씨암에게 현재의 태국 우돈타니에서 대패했다.

이 당시 유일하게 불타지 않고 현재까지 남아 있는 사원이 대통령궁 앞에 있는 왓씨싸켓이다. 아누웡 왕은 베트남으로 도망친 후 재기를 모색하다가 씨암의 군대에 포로가 돼 방콕으로 끌려가 잔인한 고문을 받은 끝에 비참한 최후를 맞았다. 씨암과 맞싸운 용감한 왕으로 라오 사람들에게 자긍심을 불러일으키는 왕이다.

동상은 오른손으론 메콩강을 향해 손을 뻗고 왼손에 칼을 들고 있다. 강 너머 태국 땅을 가리키는 있는 손의 모습이 마치 다시 옛 땅을 회복하려는 결연한 의지의 표현으로 보인다. 많은 시민들이 기도를 올리는 곳으로 유명하다.

○네 번째로 왓씨므앙 절 옆 도로에 '씨싸왕웡Sisavangvong, 1885~1959왕'의 동상이 있다. 육중한 몸집에 한 손엔 법전을 들고 있는 모습으로 루앙파방 왕궁박물관에 같은 모양의 동상이 있다. 국민들에게 헌법을 부여하는 모습을 하고 있다.

1904년 루앙파방 왕으로 올랐을 때는 루앙파방이 프랑스의 보호령에 있을 때였다. 2차 세계대전의 반발로 공산주의자와 민족주의자들이 라오스에서 권력을 잡았을 때 잠시 실권하기도 하였지만 프랑스가 다시 라오스로 복귀함과 동시에 씨사왕웡도 복귀할 수 있었다. 1949년에 라오스 왕국을 건국하고 입헌군주로서 초대 국왕이 되었다.

○다섯 번째 동상은 혁명과 건국의 아버지라고 불리는 까이쏜 폼위한Kaysone Phomvihane, 1920~1992이다. 총리와 대통령을 지냈으며 현재 통용되고 있는 지폐와 국회의사당 등 주요 기관에 흉상이 모셔져 있는 인물이다. 동상은 베트남 지원으로 지어진 까이쏜 폼위한 기념관 앞에 서 있다. 동상은 북한에서 제작해 수입한 것으로 알려졌다.

까이쏜은 1920년 12월 13일 현재의 싸완나켓에서 베트남인 아버지 응우옌찌로안Nguyen Tri Loan과 어머니 낭독Nang Dok 사이에서 태어났다.

까이쏜의 업적을 기리기 위해 태어난 도시이름을 루앙 까이쏜 폼위한으로 바꿨다.

베트남 하노이대학교 법학과에 진학하였으나 프랑스 식민주의자들과 맞서 싸우기 위해 자퇴했다. 이후 프랑스 제국주의에 반대하는 빠테라오 운동에 동참하였고 1940년대 하노이에서 공부하던 시기에는 혁명가로 활발하게 활동했다.

1949년 1월 20일에는 라오인민자유군을 창설하였고 1950년부터 국방장관을 맡았다. 1955년에는 라오스 북부의 쌈느아에서 라오인민혁명당을 결성하는 데 중요한 역할을 했다. 붉은 왕자로 불리는 쑤파누웡을 최고원수로 삼고, 테라라오의 대표를 맡았다. 그 이후 라오스 왕정과 미군에 맞서 공산군을 이끌고 내전에서 승리했다. 1975년 12월 2일 라오인민공화국이 수립되면서 초대 총리직에 올라 16년 동안 총리직을 수행했다.

1991년 8월에 라오스 공화국 최초의 헌법이 제정되고 대통령의 권한이 강화된 후 대통령으로 취임하였다. 대통령이 된 까이쏜은 당과 국가의 최고 직책을 독점하며 권한을 강화했고, 경제개혁을 추진하기 위해 권력을 장악하고자 했지만 1992년 11월 21일 사망했다.

허파깨오 정원에 있는 의문의 동상

왕실 사원인 '허파깨오'에는 수수께끼 같은 조각상이 하나 있다. 허파깨오는 에메랄드 부처인 '파깨오'를 모시는 왕실 사원이다. 이 사원의 정원엔 남녀가 무릎을 꿇고 위를 바라보며 전통 그릇에 꽃과 과일을 바치는 청동상이 있다.

라오스 사람들이 만든 조각치고는 형태와 양식이 좀 다르다. 게다가 이 작품에 대한 설명을 찾아볼 수 없다. 이 조각품은 무슨 연유로 만들어졌으며 왜 이곳에 전시되고 있는 걸까?

이 조각상은 바로 '맨발의 탐험가'로 알려진 아귀스트 파비Auguste Pavie, 1847~1925년와 관련이 있다. 아귀스트는 프랑스 외교관으로 라오스의 첫 번째 부총영사(1887년)였으며 루앙파방에서 라오스 총 감독관(1893년)을 지냈다.

청동상은 아귀스트 파비의 동상과 그에게 헌화하는 젊은 라오 남녀 동상 등 두 개로 이루어졌었다. 지배자인 프랑스 감독관 앞에 라오스 사람들이 무릎을 꿇고 있는 모습은 라오스 국민들 입장에서는 참으로 치욕스러운 동상이 아닐 수 없다.

씨암(현재의 태국)과의 영토분쟁에서 아귀스트 파비가 세운 공로를 라오스사람들이 감사의 마음을 전하는 형태로 보여 주고자 1933년 프랑스 조각가 Paul Ducuin가 만든 것이다. 높은 대리석 받침대 위에 맨발로 오른손엔 지팡이와 지도를 들고 있는 아귀스트 파비의 모습을 형상화한 동상은 메콩강변 란쌍호텔 근처 정원에 세워졌다.

아귀스트 파비는 1893년 씨암과의 전쟁에서 싸이냐부리 지역을 태국으로부터 양도받았다. 아귀스트는 메콩강 동쪽에 주둔해 있던 태국 군대를 철수시키고, 전투 배상금으로 2백만 프랑을 지불할 것과 영토 분쟁지역에서의 사망자들에 대한 책임이 있는 자들을 처벌할 것을 씨암에 요구했다.

또 프랑스는 짠타부리를 일시적으로 점령하고 바탐방, 시엠리아프, 메콩강 서안 25km내 지역의 무장 해제도 요구했다. 이 분쟁에서 영국의 원조를 기대했던 씨암은 도움을 받지 못하자 1893년 10월 3일 프랑스-씨암 조약에서 싸이냐부리 지역을 프랑스에 양도하는 데 동의하였다.

1896년 프랑스는 라오스와 영국령 미얀마(미얀마)의 국경선을 정하는 영국과의 조약에 조인하였다. 결국 라오스 왕국은 하노이의 인도차이나 총독하의 보호령이 되었다. 라오스 영토가 확장된 것은 아귀스트 파비의 공이 컸다. 라오스 땅을 되찾아 준 사람에게 감사를 표해야 하는 것이 아니냐는 프랑스 입장에서의 생각으로 동상을 만들었던 것이다.

2차 세계대전의 발발로 일본군이 라오스를 점령하면서 동상은 해체되었고 1947년 3월 허파깨오 사원 안뜰에 나누어 보관하게 되었다.

그러나 지금은 젊은 남녀의 동상만 있고 아귀스트 파비의 동상이 보이지 않는다. 어디로 사라진 것일까? 루앙파방에 있다고 하는 설도 있고 프랑스 대사관 영내에 있다고도 한다. 결론적으로 두 가지 설이 다 맞다. 처음부터 아귀스트 파비의 동상은 위양짠과 루앙파방 2곳에 설치되었기 때문이다.

란쌍호텔 앞에 있는 아귀스트 파비의 동상은 허파깨오에 보관되어 있다가 프랑스가 양도받아 1972년 별도로 프랑스 대사관 정문 앞에 전시했었다. 하지만 라오스 정부에서는 동상이 보이지 않도록 철거해 줄 것을 요청해, 1978년 대사관 영내로 옮겼다. 현재는 일반인들이 볼 수 없다.

또 하나의 동상은 루앙파방에 세워졌는데, 이곳의 동상은 봉납하는 2인 조각상을 애초부터 만들지 않은 단독 동상이다. 푸씨산 동쪽 경사면의 프랑스 군사 기지 앞에 있다.

Ronaldino

Part Ⅷ

라오스의 경제

땅은 넓고 인구는 적은 라오스

라오스의 전체 면적은 23만 6,800㎢으로 한반도의 1.1배에 해당한다. 인구는 2018년 7월 1일을 기준으로 700만 명을 넘었다. 남자 351만 3,774명, 여자 349만 9,221명으로 남자가 약간 많다.

위양짠 수도의 면적은 3,920㎢로 18개 행정구역 중 가장 작다. 인구는 90만 6,859명이다. 남자 44만 9,234명, 여자 45만 7,625명으로 여자의 비율이 약간 더 높다. 대한민국 수도 서울은 면적 605.3㎢, 인구 1,000만 명의 국제적인 도시다. 서울과 비교해 보면 위양짠이 6배 이상 넓은 땅에 인구는 11배 적어 인구 밀도가 아주 낮은 도시라는 것을 알 수 있다.

가장 넓고 제일 인구가 많은 싸완나켓 주는 2만 1,774㎢에 103만 7,553명이 거주하고 있다. 두 번째로 인구가 많은 짬빠싹 주는 73만 3,582명이 살고 있다. 면적은 1만 5,415㎢으로 18개 주중에 8번째로 넓은 주다. 인구가 많은 도시의 특징은 메콩강변 넓은 평야지대이며 산업, 유통, 교통이 발달했다. 또 인근에 태국 국경과 다리로 이어져

있다.

가장 인구가 적은 싸이쏨분 주는 10만 2,041명이 살고 있으며 면적은 8,551㎢다. 싸이쏨분주는 2013년도에 비엔티엔 주 일부와 씨엥쿠앙 주 일부를 편입시켜 18번째로 만든 주다. 두 번째로 인구가 적은 세컹 주는 12만 4,570명으로 면적도 7,665㎢에 그치는 동남쪽의 작은 주다.

'나컨Nakhon'은 도시를 뜻하며 루앙이라는 것은 국왕의, 왕가의, 정부의 등의 뜻을 가지고 있다. '나컨루앙'이라고 말하면 '나컨루앙 위양짠'을 뜻하는 것이었다. 즉 라오스의 가장 중심이 되는 수도 위양짠을 다르게 부르는 말이었다. 그러나 2018년 루앙파방, 빡쎄, 까이쏜폼위한 3곳이 나컨으로 도시의 지위가 올라가서 이제는 확실하게 구분해서 불러야 한다.

라오스 정부가 루앙파방, 까이쏜폼위한, 빡쎄 등 3개 도시를 특별시로 승격했다. 내무부에 따르면 4월부터 3개 도시를 공식적으로 므앙(군) 지위에서 나컨(시) 지위로 승격했다. '므앙(군) 루앙파방 쾡(주) 루앙파방'에서 '나컨(시) 루앙파방 쾡(주)루앙파방'으로, '므앙(군) 까이쏜폼위한 쾡(주) 싸완나켓'에서 '나컨(시)까이쏜폼위한'으로, '므앙(군) 빡쎄 쾡(주) 짬빠싹'에서 '나컨(시) 빡쎄'로 변경된 것이다.

나컨 루앙파방은 2018년도 4월 15일 삐마이 축제와 2018년 라오스 방문의 해 행사와 함께 시 승격 행사를 같이 했다. 빡쎄와 까이쏜폼위한도 각각 승격 기념식을 성대하게 치렀다.

라오스 지방 행정법에 따르면 새로운 신설된 나컨의 지위는 과거 므앙과 같고 시장市長의 지위도 변동이 없다. 승격조건으로는 시의 인구가 최소 6만 명은 되어야 하며, 시내 중심가엔 2만 5,000명이 모여 살아야 하고 인구밀도는 1㎢당 900명 이상이 살고 있어야 한다. 나컨의 조건 중 시내 거주민들의 농업 인구 비율이 25% 이하여야 한다는 조항도 있다.

보통의 차량 번호판에는 각 주(도)가 표시되어 있다. 단 위양짠 차량의 번호판에는 위양짠이라고 표시되어 있는 것이 아니라 '깜팽나컨'이라고 적혀 있다. '깜팽'은 성벽을 뜻하니 우리로 비유해서 말을 하면 '서울 4대문 안'으로 보면 될 것 같다. 위양짠이라고 적혀 있는 번호판은 위양짠 주에서 등록된 차량이다.

주(시)	인구(명)	면적(㎢)
위양짠 시(Vientiane capital)	906,856	3,920
위양짠(Vientiane)	450,475	15,610
싸완나켓(Savannakhet)	1,037,553	21,774
짬빠싹(Champasak)	733,582	15,415
루앙파방(Luang Prabang)	459,189	16,875
쌀라완(Salavan)	426,991	10,691
캄무완(Khammouane)	420,950	16,315
싸이냐부리(Sainybuli)	411,893	16,389
우돔싸이(Oudomxay)	334,702	15,370
후아판(Houaphan)	306,247	16,500
보리캄싸이(Bolikhamsai)	303,794	14,863
씨엥쿠앙(Xiangkhouang)	261,686	14,751
보깨오(Bokeo)	196,641	6,196
루앙남타(Luang namtha)	192,392	9,325
퐁쌀리(Phongsaly)	189,777	16,270
아따쁘(Attapeu)	153,656	10,320
쎄컹(Sekong)	124,570	7,665
싸이쏨분(Xaisomboun)	102,041	8,551

차로 넘어 다니는 국경

인도차이나 가운데 있는 라오스는 태국, 베트남, 중국, 캄보디아, 미얀마 등 5개의 나라와 국경을 맞대고 있다. 동쪽 베트남과는 1,957km, 서쪽으로 태국과는 1,835km, 남쪽 캄보디아와는 491km, 북쪽 중국과는 416km, 미얀마와는 236km를 접하고 있다.

완벽한 내륙국가로서 인접국가와 육로로 넘나들 수 있다. 국경을 넘을 수 있는 인터내셔널 이미그레이션 체크포인트가 23곳이 있다. 국제공항까지 포함하면 모두 27곳에 출입국 사무소가 있다.

우리는 반도국가지만 북한으로 단절돼 육로로 다른 나라를 간다는 것을 상상조차 해 보지 못하는 사실상 섬나라나 마찬가지다. 다른 나라로 국경을 넘기 위해선 비행기나 배를 이용해야 한다. 한국은 외국外國이란 단어 대신 바다 건너의 외국이란 뜻으로 해외海外라는 단어를 오랫동안 써 왔다. 반면 라오스는 모든 주변국을 육로로 이동할 수 있다.

라오스는 위양짠, 짬빠싹, 루앙파방, 싸완나켓 등 4곳에 국제공항 이미그레이션 체크포인트가 있다. 기차를 통해 입출국 할 수 있는 체크포인트는 위양짠 타나랭Tanalaeng 역이 유일하며 제1우정의 다리를 통해 태국 농카이Nong Khai 역과 연결된다.

메콩강에 있는 이미그레이션 체크포인트는 태국과 연결되어 있는 제 1, 2, 3, 4 우정의 다리Friendship bridge Ⅰ, Ⅱ, Ⅲ, Ⅳ 4곳이다. 위양짠 타나랭Vientiane Thanalaeng, 싸완나켓 까이쏜폼위한Savannakhet Khaisonphomvihan, 캄무완 타캑Khammouane Thakek, 보깨오 후와이싸이Bokeo Huayxay다.

태국과 연결된 곳은 보깨오 쌈리엠캄 Samliem Kham, 보리캄싸이 빡싼Pakxan 짬빠싹 왕따오Vang Tao, 싸이냐부리 남응언Nam Ngeun, 남후앙Nam Heuang, 포우도우Phou Dou등 6곳이 있다. 빡싼과 포우도우 2곳은 도착 비자를 받을 수 없다.

중국과 연결된 이미그레이션 체크포인트는 루앙남타의 보텐Boten과 퐁살리의 란투이Lantui 등 2곳이 있다. 란투이는 도착 비자를 받을 수 없는 곳이다.

베트남과는 8곳의 이미그레이션 체크포인트가 있다. 북쪽부터 퐁쌀리 퐁혹Pang Hok, 후아판 남쏘이Nam Soy, 씨엥쿠앙 농헨Nonghet, 보리캄싸이 남파오Nam Phao, 캄무완 나빠오Na Phao, 싸완나켓 댄싸완Daen Savan, 쌀라완 라라이Lalai, 아따쁘 푸께어Phou Keua 등 8곳이 있다. 이 중 쌀라완 라라이 국경은 도착비자를 받을 수 없는 곳이다.

캄보디아는 짬빠싹 농녹키안Nong nok khian이 국경을 연결하는 유일한 통로이다. 미얀마는 보깨오Meuang mom가 연결된 유일한 통로이지만 외국인들의 출입은 허용되고 있지 않다.

국경이라는 곳을 통과하는 일은 쉬운 일이 아니다. 사실 외국인들이 자국에 들어오는 것에 대한 안정성 등 모든 것을 검토, 조사해서 입국을 시키기 때문이다. 그래서 이미그레이션 체크포인트에서의 사소한 행동으로 입국을 거부당할 수 있기 때문에 얌전히 통과 절차를 밟아야 한다.

각 나라의 입국에 가장 유리한 사람은 패키지 관광객이다. 패키지 관광객은 입국과 출국 등 모든 일정이 잡혀 있으며 관광객이라는 사람은 자국에서 돈을 쓰러 온 사람이라는 뜻이기 때문이다.

대신 불편한 입국자는 미디어 관계자인 기자다. 좋은 내용만 취재하면 좋겠지만 좋지 않은 내용이나 문제점을 취재하는 것은 여간 불편한 일이기 아니기 때문이다. 라오스는 비자를 받고 입국을 해 취재 또는 촬영을 할 경우는 문화관광체육공보부에 신고를 하고 공무원을 대동해야 한다. 당연히 공무원들의 숙박비 등 여비는 물론 일당까지 줘야 한다.

모든 국경 이미그레이션 체크포인트를 넘어 입출국할 경우 걸어서는 넘을 수 없다. 버스 또는 차량을 이용해야 한다. 타나랭 제1우정의 다리는 걸어서 넘을 수 없지만 자전거로는 통과할 수 있다. 그러나 타캑 제3우정의 다리는 자전거로 통과할 수 없다. 국경마다 이미그레이션의 통과 방법이 조금씩 다르기 때문에 미리 알아보고 준비해야 한다.

한국인의 라오스 입국은 무비자 30일이다. 2018년 9월 이전까지는 무비자 15일이었으나 현 주라오스 신성순 대사의 외교적인 노력으로 무비자 기간이 배로 늘어난 것이다.

산림부국에서 산림빈국으로

라오스는 산림부국이었다. 하지만 오랜 내전과 미국과의 비밀전쟁으로 많은 숲이 훼손되고 수많은 식물과 동물이 사라졌다. 최근엔 수력발전을 위한 댐 건설로 많은 산림이 수장되어 사라지고 있다. 댐 건설로 수몰된 지역의 주민들이 다시 주변의 산으로 이전해 화전火田으로 밭을 일구어 2차 산림 훼손으로 이어지고 있다. 화전은 산악지형의 전통적인 경작방식으로 이미 많은 산림을 줄이는 데 한몫했다.

산림 의존도가 높다 보니 주민들의 주요 돈벌이 수단이 산에서 이뤄진다. 가장 간단한 것이 비싼 나무의 도벌이다. 마이카늉(자단), 마이두(장미목) 마이카 등 귀한나무들을 마구 벌목하면서 민가 가까운 산자락부터 황폐화가 빠르게 진행됐다.

1940년에 산림 면적은 전체 면적의 70%인 1,700만ha에 달했다. 1973년에는 산림면적이 54%로 떨어졌고 1981년에는 47%인 1,120만ha로 줄었다. 2002년 들어 산림면적이 41%인 980만ha까지 줄어들었다. 정부는 2000년에 상업용 녹화 및 환경보호에 관한 법령을 발표하고 2020년까지 전국토의 70%까지 산림을 복원하는 프로젝트에 돌입했다. 산림 내 주요 경제 수종은 유칼립투스, 티크, 고무나무, 침향, 아카시아 등이다.

정부는 또 천연자원인 원목을 활용하는 목재산업을 육성하고 그간 지속적으로 제기된 불법 원목 수출로 인한 경제적 손실을 막기 위한 조치에 들어갔다. 2016년 4월 20일 취임한 통론 씨쑬릿Thongloun Sisoulith 총리는 5월 13일 목재 가공 공장 규제와 원목 및 미완성 목재 제품의 수출을 금지하는 산림 전반에 관한 17항목의 강력한 규제 내용이 담긴 '총리령 제 15호'를 발효했다.

이 세부 내용엔 이전 정부가 수출 승인한 원목뿐만 아니라 천연림에서 벌목한 목재, 가공 목재, 뿌리, 가지 등을 수출하는 것을 금지하는 것을 포함했다. 모든 관리 산림 내 목재 가공공장 및 가내수공업 형태의 공장에 대한 폐업조치 명령도 내려졌다.

보존림, 보호림, 그리고 금지림 등 22~28개 지역 내에 위치한 허가 또는 무허가 목재가공 공장들은 산림법 및 가공 산업법 위반이므로 공장주 스스로가 자진 폐업하도록 명령을 내렸다. 또 무허가 또는 허가 업체라도 관련부서의 권한 범위에 맞지 않는 1,154개소의 가내공업형태의 가구공장에 대해서도 폐업 조치를 내렸다. 내수 또는 수출을 위해 각 지방의 1,590개소 허가공장에 대해서는 실사 후 개선명령을 내렸다.

2014년 라오스 공안부가 조사한 원목 불법 거래 391건 중 169건이 수출과 관련됐다. 이로 인한 손실은 1,025만 달러로 추정되고 있다.

라오스 세관 자료를 분석한 결과, 베트남과 중국이 보고한 라오스 목재 밀수입액의 가치는 라오스 수출액의 10배가 넘는 것으로 나타났다. 오래 전부터 베트남과 중국은 라오스로부터 원목과 목재를 밀수입해 왔다. 2014년 라오스의 목재 관련 제품 수출액은 3억 4,544만 달러로, 전체 수출의 20%다. 천연광물과 전기, 목재는 라오스 수출의 1, 2, 3위 품목이다.

총리령 15호 발표로 라오스 원목 불법수출은 크게 줄었다. 그러나 일부 부패한 관료와 업자들이 결탁해 서류조작 및 차량 개조를 통해 불법으로 국경을 넘어가는 경우가 아직도 많다. 특히 전 세계적으로 거래 규제를 하고 있는 장미목으로 알려진 로즈우드(Rosewood, 마이두) 등을 실은 차량들이 국경 검문소에서 적발되는 사건이 종종 보도되고 있다.

12가지의 수출금지 나무 제품으로는 원목, 원목 및 적층 빔, 목재로 만든 큰 탁자와 의자, 대형 판재, 트럭 몸체 소목공, 난간 등이 있다. 모든 종류의 목재를 산업제품부 장관이 정한 표준에 따라 수출되기 전에 완제품으로 전환해야 한다. 수출 허가 목재도 규정된 크기보다 크거나 두꺼운 제품은 수출이 금지된다.

원목 수출을 막음으로써 목재 산업을 발전시키려는 조치가 일부 소규모 목재 업자들을 폐업위기로 몰아 일자리를 잃게 만들었다는 비판도 있다. 결국 벌목이나 제조 쿼터를 받은 대형 목재공장, 가공 공장들만 목재사업을 할 수 있는 구조로 변했다.

티크장을 아시나요?

'티크'는 50대 이상의 나이 든 사람들에게 친숙한 말이다. 30~40년전 한국에서 한창 유행했던 가구가 바로 미얀마 자연산 티크로 만든 옷장이었다. 그 이전엔 결혼 혼수품으로 전통적인 자개장이 굳건히 자리를 잡았었으나 유행처럼 번진 티크장 구매 열기 앞에 안방을 내어주게 되었다. 짙은 브라운 톤으로 착색한 현대적인 디자인의 티크장이 한국의 가구문화에 변화를 준 계기가 된 것이다.

티크는 곧게 자라는 성질이 있다. 밀집해서 키우면 더 반듯하게 자라고 성장 속도도 빠르다. 일정시간이 지난 후엔 솎아내기를 해서 부피 성장을 시켜야 좋은 목재로 사용할 수 있다. 기름진 땅에서 자라는 나무는 15년 동안 평균 높이 18m, 사람 가슴높이에서 잰 나무 둘레가 50cm에 이른다. 변재는 흰색이고 심재心材는 기분 좋은 짙은 방향성 향기를 낸다. 색은 아름다운 황금색이다. 심재가 잘 마르면 갈색으로 짙어지고 더 어두운 색의 줄무늬를 가진 반점이 생긴다.

티크는 라오스어로는 '마이싹'이다. '마이'가 나무를 뜻하니 '싹'이 결국 티크다. 티크라는 이름은 말레이어인 'tēkka'에서 유래되었다. 티크는 곰팡이 및 흰개미에 저항력이 있어 가구, 문, 창틀, 다리, 조선造船, 패널, 블라인드 등을 만드는 값비싼 목재 중 하나다. 건조 및 가공 과정에서 분열되거나 뒤틀림이 적은 특성을 지니고 있다. 이런 특성과 높은 국제시장가격으로 장거리 운송에도 유리하다.

라오스의 자연 티크숲은 미얀마와 태국의 티크 숲과 연결된 곳으로 싸이냐부리 주Xayaboury Province에서는 1만ha, 보깨오 주Bokeo Province에서는 6,000ha에 달한다. 총 산림 면적의 약 15%를 차지하고 있으나 인구 증가, 농작물재배, 산불 등으로 인해 목재가 급속도로 고갈되었다.

싸이냐부리 지역은 라오스에서 가장 많은 코끼리들이 살고 있다. 그 이유는 이 지역에 광대한 티크 숲이 있어 란쌍 왕조 때부터 목재를 운반하기 위해 코끼리를 키웠기 때문이다. 아직도 빡라이Paklay District 지역 등에선 자생적인 천연 티크나무 숲이 그대로 남아 있다.

라오스에서 고무나무 다음으로 많이 조림한 것이 바로 티크나무다. 특히 라오스 북서부의 루앙파방 주Luang Prabang Province 부근에 티크 재배단지가 많다. 싸이냐부리 주에서 루앙파방을 가는 길 내내 보이는 것이 티크 숲이다. 그리고 관광지인 꽝시폭포를 가는 길, 그 동안 배만 들어가던 오지마을인 므앙 응어이를 가는 길 등 지천이 티크 숲으로 이어진다.

이 지역은 대부분 언덕이고 토양은 주로 Acrisols(불활첩박성숙토) 및

Alisols(반토질성숙토)이며, 기후는 건조하고 우기가 있는 몬순 기후다. 연간 강수량은 1,250mm, 평균 기온 24°C로 따뜻하고 적당히 습한 기후로 티크를 재배하는 데 최적지이다.

라오스 북부에 농부가 소유한 최초의 티크농장은 1950년경 프랑스 식민지 체제에서 설립됐다. 보트 제작에 적합하고 고지대에서 강물을 통해 통나무를 운송할 수 있기 때문에 강변지역에서 주로 재배했다. 1980년대 후반부터 정치 및 사회 경제적 변화에 의해 루앙파방 지방이 티크 재배지로 급속히 성장했다. 그 이유로는 천연림 공급이 크게 줄어든 대신 15년 정도의 짧은 시간에 생산 판매가 가능한 목재가 티크였기 때문이다.

그리고 국가로부터 개인 토지 보유에 대한 가능성을 볼 수 있었고 토지 사용자 권리를 보장받았으며 티크, 과실수 등 다년생 나무 투자의 경우 토지 할당 등 정부의 적극적인 장려와 재정지원을 받았다. 다년생 나무에 대한 투자는 농민들의 영구적인 정착을 가져오게 하는 효과가 있다. 5~10년이라는 비교적 긴 시간 동안 목재를 생산해 소득을 안정적으로 얻을 수 있기 때문이다.

티크 재배는 라오스 사람들에게 중요한 소득 증대 사업 중 하나다. 그동안 주어진 산림 자원을 팔아먹고 살았던 시대는 지나갔다. 다시 심고 가꾸고 재생산하는 것만이 소중한 자연을 지키는 것이고 나라를 풍요롭게 만드는 중요한 일이 될 것이다.

냄새 고약한 화이트 골드 양파라

프랑스 식민지의 여인과 해군과의 사랑 이야기를 담은 레지스 바르니에 감독의 영화 '인도차이나Indochina'에는 고무농장이 배경으로 나온다. 새벽안개 속에서 현지인들이 고무를 채취하는 장면이 스쳐 지나간다.

여행 자유화가 시작된 1990년대부터 지금까지 가장 많은 한국인이 찾는 인기 관광지는 동남아시아다. 저렴한 비용과 볼거리, 먹을거리, 즐길거리가 많아서다. 그 중 라오스는 최근에 뜬 나라다. 하루에도 수백 명씩 한국 관광객들이 쏟아져 들어온다.

패키지 여행객들이 귀국할 때 즐겨 사가지고 가는 것이 천연고무 라텍스다. 2018년 중순 일부 라텍스에서 방사능이 검출돼 잠시 타격을 입는 듯했으나 그럼에도 불구하고 여전히 잘 팔리는 품목 중 하나다. 그 이유는 천연고무가 인체에 무해하고 신축성과 복원력이 뛰어나고 방수성도 좋기 때문이다.

고무나무는 아열대 기후인 라오스 등 인도차이나 전역에서 잘 자란다. 천연고무 최대 생산국은 태국이다. 그 뒤를 이어 인도네시아, 말레이시아 등이 주요 생산국이다.

원자재 블랙홀인 중국이 전 세계 천연고무 생산량의 40%를 빨아들인다. 이 때문에 한때 고무의 국제 가격이 지금의 두 배 이상 높은 가격에 거래되기도 했다. 천연고무의 국제 가격은 2011년을 기점으로 꺾이기 시작했다. 가격 하락은 원유 가격의 하락에서 시작되었다. 천연고무의 가격은 원유 가격과 크게 연동되어 있다. 석유 부산물로 합성고무를 만들어 낼 수 있기 때문이다. 원유가 비싸지게 되면 합성고무보다 저렴한 천연고무 수요가 늘어나 가격이 상승하게 되는 반면 원유가격이 떨어지면 천연고무가격도 같이 떨어지는 현상이 발생한다.

천연고무 생산이 58년만인 2010년 1kg당 3.5달러를 넘겨 최고 가격을 경신했고 2011년 4.25달러까지 치고 올라갔다. 그러던 것이 2013년부터 떨어지기 시작해 2018년 5월 현재는 1.76달러에 머물러 있다.

천연고무 소비가 꾸준하게 늘고 있는 중국은 2006년경부터 라오스, 캄보디아, 미얀마, 베트남 등의 고무 농장에 대거 투자하면서 인도차이나 고무나무 벨트를 만들기 시작했다. 2022년까지 중국에서 소비되는 천연고무 총 수요의 22%를 이 지역에서 생산되는 천연고무로 충당할 계획을 세웠다. 이 계획에 따라 루앙남타, 루앙파방, 위양짠 등 주요 지역에 대규모 고무농장이 조성됐다. 루앙남타 주의 경우는 지난 2017년 고무농장 면적이 3만 4,000ha를 넘어섰다. 중국으로 2만 톤 이상의 라텍스를 수출해 2,000만 달러 이상의 외화를 벌어들였다.

고무나무는 보통 묘목을 7년 정도 키우면 라텍스의 원료인 하얀 고무 원액을 약 25년 정도 채취할 수 있다. 고무나무에서 나오는 하얀고무 원액을 '화이트 골드'라고 한다. '하얀 금'이라 부를 만큼 고무 원액은 농장주들에게 많은 돈을 만지게 해 준다. 천연고무는 라오어로 '양파라'라고 부른다.

보통 1주일에 한 번 정도 농가에서 수집한 생고무를 공장으로 가져가는데, 생고무 냄새는 마치 생선 썩는 것같이 고약하다. 그래서 고무나무와 관련된 일을 하는 사람들이 아주 힘들어한다. 일부 식당에서는 생고무를 운반하는 트럭은 주차장에 들어오지 말라는 경고문까지 붙일 정도다.

고무나무 농장은 대규모 플랜테이션 산업이다. 그리고 노동집약적 산업이다. 보통 고무나무는 조림과 동시에 공장, 마을, 학교, 의료시설 등이 함께 들어선다. 1개의 공장이 운영되려면 최소 3,000ha의 고무나무 조림지가 있어야 하며 부족분은 인근에서 수매할 수 있는 여건이 조성되어야 한다. 인근의 캄보디아나 베트남에서는 조림지에 가공공장이 동시에 들어서는 경우가 많으나 라오스는 영세한 고무농장 아니면 중국 투자자들의 농장이 대부분이다.

결국 라오스에서는 각 소규모 농장에서 생산된 것을 수매해서 한 곳으로 모아 가공 처리하는 방식으로 운영된다. 가공 공장은 절대적으로 많은 양의 천연고무가 필요하기에 집하 차량이 다니기 쉬운 동선 가까운 곳에 위치해야 하며 주변에 여러 농장이 군락으로 모여 있

어야 한다.

천연고무를 가장 많이 생산하는 태국에서는 폐 고무나무를 이용한 가구 제작 산업이 새로운 사업으로 떠오르고 있다. 30년 동안 고무를 채취해 더 이상 쓸모가 없어진 용도 폐기된 나무들을 대상으로 새롭게 추가된 사업아이템이다. 라오스는 앞으로 최소 10년 이상은 더 있어야 이런 사업도 시작할 수 있을 것으로 보인다. 그간 몸에서 나오는 액을 수탈당하고 그 남은 몸뚱아리마저 가구제작에 쓰인다니 고무나무 입장에서는 그야말로 죽음에 이르기까지 탈탈 털리는 형국이다.

고무나무 조림 생산이 농가소득 증대에 기여하면서 라오스에서는 천연고무 생산 산업을 새롭게 시작하였다. 하지만 기존의 삼림을 벌채하고 고무나무를 심는 방식의 고무농장 조성은 생물 다양성 파괴라는 새로운 문제점을 낳게 되었다. 또 무분별하게 고무를 생산하다 보니 공급의 과잉으로 천연고무 가격이 하락함으로써 환경도 잃고 돈도 벌지 못하는 결과를 초래하게 되었다. 무엇이든 지나치면 아니 미침만 못한 법이다.

명약재 침향을 찾아서

침향은 사향麝香, 용연향龍涎香과 함께 세계 3대향으로 꼽는다. 침향은 예전부터 약재, 장신구, 향수재료 등에 사용되었고 불교에선 향, 염주 등 최고의 공양품으로 사용되었다. 침향에 대한 정보가 많지 않고 잘못 알려졌던 것들이 있었으나 최근 인터넷을 통해 정보가 늘고 각종 침향 제품의 출시 등으로 신비스러운 실체가 조금씩 드러나고 있는 중이다.

침향은 한국의 홈쇼핑을 통해 유명해진 약재다. 사향을 대신해 침향이 들어간 공진단이 효과가 있다는 소문에 불티나게 팔렸다. 텔레비전을 보고 있노라면 마치 죽은 이도 깨어나게 하는 약재처럼 선전하는 의사들이 멘트를 하기에 소비자들이 안 사고 버티기는 매우 어려웠을 거다. 침향은 어찌되었든 정말 대단히 귀하고 값진 물건임이 틀림없다.

침향은 성질이 따뜻하고 맵고 쓰며 강력한 항균 효능이 있다. 진정작용이 있으며 상처를 낫게 하고 간과 신장의 독을 제거하는 데 효과가 있는 것으로 알려져 있다. 또 나쁜 기운을 쫓아내고 비뇨 생식기

능을 돋워 주며 피를 맑게 하고 막힌 기를 뚫고 오장육부를 보한다.

침향나무는 Agarwood로 라오스에서는 '마이 께싸나Mai Ketsana' 라고 한다. 산스크리트어로는 Aguru, 중국어로는 香香沉香, 일본에서는 jinkō沈香로 알려져 있다. 모두 '깊고 강렬한 향기'를 의미한다.

예로부터 침향업자들은 자연산 침향을 찾기 위해 호랑이를 잡아 일부러 상처를 내서 풀어 주었다고 한다. 그러면 호랑이가 침향나무를 찾아가서 몸을 비벼 상처를 치유한다는 기록이 있을 정도로 신비한 명약재이다. 침향나무의 수지가 수백~수천 년까지 굳어진 것이 자연산 침향이다. 자연산 침향은 동물, 곤충, 바람 등에 의해 침향나무에 생긴 상처를 나무 스스로 치료하기 위해 만들어 낸 수지다. 자연산 침향은 찾아보기 힘들며 최근에 인공조림으로 생산한다. 염화나트륨을 일부러 주사하거나 못 등으로 상처를 내서 수지가 생성되도록 유도해 침향을 만들고 있는 실정이다. 가끔은 더 많은 침향이 생기도록 하기 위해 구멍이나 상처를 너무 많이 내서 오히려 나무가 죽어 버리는 경우도 발생하고 있다.

라오스는 산림녹화 사업의 일환으로 경제성 높은 침향나무를 대대적으로 홍보하고 식재에 나섰다. 산림공무원이나 산림학자들이 티크, 고무나무와 함께 1순위로 조림투자자들에게 추천한 것이 바로 침향나무였다.

침향나무 식목을 적극 장려한 라오스 정부의 영향으로 전국 각지에 많은 조림지들이 생겨났다. 제대로 생산하는 업체들도 있지만 나

무 안에 수지가 형성되지 않아 어려움을 겪고 있는 업체들도 많다. 중국의 한 업체는 조림 후 10년이 지났지만 아직까지 조림목에서 침향을 얻지 못하고 있다.

침향은 황금보다 비싼 노다지가 나오는 사업으로 부풀려져 많은 투자자들이 라오스로 몰려들었다. 한국인이 투자해 운영하는 농장이 위양짠 시내의 므앙 쌍통, 땃문 등에 있고 보리캄싸이Bolikhamsai주 락싸오 지역까지 광범위하게 생겨났다. 그러나 침향의 생산기간이 길고 소득이 예상보다 많지 않아 성공했다는 사례는 찾기 힘들다.

침향은 일반인들이 진품을 구별하기 어렵고 등급을 알 수 없다. 정말 좋은 자연산 침향은 조그만 조각이 몇천만 원을 호가한다. 라오스에선 싱가포르 등의 외국계 회사들이 투자를 해서 침향 오일 등 침향 제품을 생산 수출하고 있다.

침향은 2004년부터 국제 규제를 받는 제품으로 침향 및 침향오일을 수출하기 위해선 수출국의 생태계에 전혀 이상이 없다는 CITES의 허가서를 반드시 받아야 한다.

※ CITES는 Convention on International Trade in Endangered Species of Wild Fauna and Flora의 약자이고 이는 멸종의 우려가 있는 야생동식물 종의 국제거래에 대한 협약이다. 이 협약은 1972년 UN 인간환경회의에서 특정 종의 야생동식물 수·출입 및 이동에 대한 조약안을 작성하기 위해 정당한 정부 또는 정부조직에 의한 회의를 통하여 1973년 3월 3일에 워싱턴에서 채택이 되었다.

빡쏭 커피

'악마같이 검지만 천사처럼 순수하고, 지옥같이 뜨겁지만 키스처럼 달콤하다' 라고 프랑스의 정치가이자 외교관인 '탈레랑'이 커피를 표현한 말이다. 커피는 이제 우리 문화의 한 부분으로 일상에서 빠지지 않고 등장하는 약방의 감초 같은 기호음료다. 다음에 만날 것을 기약하는 말로 "소주 한잔하자" 가 이젠 "커피 한잔하자"로 바뀌고, 1차 회식을 마치면 2차는 커피숍으로 향한다. 이제는 커피숍이 도서관을 대신할 정도로 바뀌고 있다.

지평선을 그리며 끝없이 펼쳐진 커피밭을 바라보며 마시는 커피 한 잔은 힘든 세상사를 잊게 해 주는 명약이다. 콩 선별, 로스팅, 물 온도, 드롭 등 여러 가지 과정을 도를 연마하듯 엄격하고 신성하게 수행해야 좋은 커피를 마실 수 있다. 단순히 입으로 마시는 음료가 아니라 후각으로 향을 음미해야 한다.

라오스의 커피 역사는 오래되었다. 커피에 관심이 많은 프랑스인들의 진출과 커피재배에 좋은 아열대 기후, 그 커피 재배의 역사는 100년을 훌쩍 넘었다. 라오스 커피의 본거지인 볼라웬 고원 Bolavan Plateau은 북위 15도로 커피벨트에 속해 있는 지역이다. 해발 800~1,350m의 고원으로 연중 시원한 기후와 영양분 풍부한 화산토로 커피 재배의 최적지이다.

식민시절인 1915년경 프랑스인들이 최초로 커피나무를 심었으나 실패했다. 1917년 베트남 사이공(호치민) 식물원에서 키운 아라비카 Arabica와 로부스타Robusta 커피나무를 고원 북쪽 쎄콩 주 타땡 마을 Thateng Village에 심었으나 결과는 마찬가지였다.

훗날 꾸준한 식목, 재배기술발전, 질병문제해결 등으로 1930년대에 들어서면서 연간 수확량이 5,000톤까지 늘어났다. 그러나 1949년 서리로 커피나무가 냉해를 많이 입어 커피 생산량이 1,500톤 이하로 크게 줄어들었다. 농부들은 병충해에 강한 로부스타로 대체해 심었다.

이후 커피 생산량은 7,000톤까지 회복되었지만 1960년 초부터 시작된 인도차이나 전쟁으로 인해 다시 3,000톤으로 감소했다. 전쟁이 끝나고 나서 비옥하고 기후가 좋은 고원은 본격적인 커피 단지로 변모했고 세계적인 커피 생산지로 이름을 알리기 시작했다.

라오스는 아시아 지역에서 베트남, 인도네시아, 인도, 파푸뉴기니, 태국에 이어 6번째 커피 생산국이다. 인스턴트용 커피의 주원료로 사용하는 로부스타와 부드러운 맛을 내서 에스프레소용으로 사용하는 아라비카 두 가지 커피를 생산한다. 그리고 아라비카 계통의 고급품종인 티피카Typica도 최근 많이 생산하고 있다.

커피는 라오스 전체 수출 품목 중 5위를 차지할 정도로 중요한 품목이다. 대부분의 커피는 베트남으로 수출된다. 두 번째로는 일본이고 세 번째는 태국이다. 그 뒤로는 중국, 벨기에, 한국, 독일 순이다. 베트남으로의 수출금액은 2016년 2,767만 6,000달러에서 2017년 5,856만 7,000달러로 두 배를 훌쩍 넘었다.

커피 국제 생두 가격은 2011년 최고점을 찍었다. 그리고 2014년 가격이 폭락했다. 2019년 현재 커피 가격은 2007년 이래 13년 만에 최저가에 머물고 있다. 세계 커피 총 생산량은 2018년 기준으로 951만 톤이다. 이중 생산 1위국인 브라질 306만 톤, 2위국인 베트남이 177만 톤을 생산한다. 이 두 나라의 생산량은 전체 생산량의 50%를 넘는 양이다. 라오스의 1년 생산량은 2만 8,000톤으로 전체의 0.3%이다.

자생적인 커피 브랜드로는 다오 흐앙Dao-Heuang그룹과 씨눅Sinouk이 커피시장을 양분하고 있다고 볼 수 있다. 이들은 대규모 공장을 가지고 있어 지역에서 가장 큰 커피 수매자이며 주로 인스턴트 커피를 생산한다.

조마베이커리, 샤프란 커피 등 다양한 거피 체인점이 있다. 이 중

씨눅카페는 위양짠을 중심으로 많은 매장을 가지고 있고 커피 맛도 좋다. 조마베이커리는 베트남과 캄보디아에 진출할 정도로 확장성이 뛰어난 브랜드다. 최근엔 태국의 프랜차이즈 카페 아마존이 대규모로 진출해 커피 신흥 전쟁터로 변했다. 이렇게 곳곳에 커피숍이 들어서고 운영이 된다는 것은 바로 라오인들이 커피의 맛을 느끼기 시작했다는 반증이다.

중국은 빠르게 증가하는 자국 커피 수요를 채우기 위해 수입량을 늘리고 있다. 라오스로부터의 수입은 2017년 전년 대비 508.7% 이상 증가한 758만 달러어치였다. 이에 따라 볼라웬 고원에도 중국인들의 커피농장 진출이 크게 늘고 있다.

커피는 노동집약적인 산업으로 인력이 절대적으로 필요하다. 볼라웬 고원에서는 약 1만 5,000명에서 2만 명이 커피 재배에 종사하고 있다. 주로 짬빠싹주의 빡쏭Paksong, 쎄콩 주의 통엥Tongeng, 쌀라완 주의 라깡Laongam 지역에서 커피가 재배되고 있는데, 면적은 7만ha로 전체 생산량의 95% 이상을 차지하고 있다. 일부 샤프란 커피처럼 루앙파방을 중심으로 생산된 것도 있고 심지어 최북단 퐁살리에서도 커피는 생산된다.

전 세계에서 커피가 불티나게 팔리고 있다. 라오인들도 커피 마시기 열풍이 불고 있다. 위양짠 거리 곳곳에 커피숍들이 들어서 영업중이다. 비어라오 맥주에 젖어 사는 라오인들이 커피맛을 알기 시작한 것이다. 커피가 라오스에 새로운 변혁을 가져오면 좋겠다.

전기 수출로 먹고사는 나라

라오스는 인도차이나 최빈국이다. 1인당 GDP가 대략 1,700달러쯤 되니까, 국민 1인이 1년간 생산하는 액수는 대략 200만 원에도 미치지 못한다. 한국의 2018년 1인당 GDP는 3만 2,775달러다. 어쨌든 우리는 이런 정도 경제규모의 나라라고 하면 전기도 제대로 공급되지 않아 어두컴컴할 것이라 생각한다.

그러나 놀라지 마시라. 라오스의 전력 수출량은 전 세계 3위에 이른다. 인도차이나 최빈국인 라오스가 전력에 있어서만큼은 선진국이다. 2016년 라오스는 4.7억 달러를 수출하여 규모로는 세계에서 106번째이다. 수출은 2011년 2.35억 달러에서 2016년의 4.7억 달러로 연 11.2% 증가했다. 라오스는 천연자원을 팔아먹고 사는 나라다. 그중에 전력 수출이 압도적으로 많다. 1990년대부터 전체 발전량의 80%를 태국으로 수출하기 시작해 이제는 주요한 수출품목이 됐다. 전기가 라오스 전체 수출의 18.7%에 달하며 구리 광석이 11.1%로 그 뒤를 잇는다.

라오스는 동고서저東高西低의 지형으로 수력발전을 하기 좋은 조건을 가졌다. 동쪽과 북쪽은 높은 산악지대로 이뤄져 있다. 그래서 북-남을 잇는 메콩강으로 흘러들어가는 깊고 넓은 지류가 넘쳐난다. 게다가 5월부터 10월까지의 긴 우기로 수량이 풍부해 수력발전을 하기 딱 알맞다.

반면 인접국가인 태국과 캄보디아는 수력발전을 하기 어려운 지형이고 산업화의 진행으로 전력 사용량이 크게 늘어나면서 라오스로부터의 전력 수입 의존도가 한층 높아지고 있다. 라오스는 태국, 베트남, 캄보디아, 중국뿐만 아니라 말레이시아로까지 전력을 수출한다. 2018년 1월부터 시작된 말레이시아에의 전력 수출은 100MW로 태국을 거쳐 송전한다.

라오스 수력발전의 역사는 1969년 빡쎄 쎄라밤Se La bam이 건설되면서부터다. 이후 루앙파방 남동Nam Dong, 위양짠주의 남응음 1Nam Ngum 1 등이 차례로 건설되었다. 특히 1971년 준공된 남응음 1댐은 현재 유효저수용량이 72억㎥로 우리나라 소양강댐 저수용량의 2.5배이며 약 155MW의 전력을 생산한다. 2018년 현재 기존 댐 옆에 새로운 터빈공사가 마무리되어 150MW 더 생산에 들어갔다.

2010년 남턴 2Nam Theun2댐이 완공되면서 수력발전시설 용량이 크게 증가해 2018년 현재 전국에 54개의 수력발전소가 운영 중이다. 대부분은 중부지역에 집중되어 있다. 1975년 건국 당시 33MW에 불과하던 발전시설용량은 2014년 3,058MW로 약 93배 증가했고, 2020년에는 100개의 수력발전소에서 1만 2,000MW로 약 4배 이상 확대할 계획

을 가지고 있다.

지난 2018년 7월 23일, 라오스 남동부 아따쁘주에 위치한 쎄삐안-쎄남노이Xe Pian-Xe Namnoy 수력발전소 보조댐이 붕괴하는 라오스 역사상 최악의 사고가 발생했다. 131명의 사상자가 발생하고 6,600명 이상의 이재민이 발생, 그들의 삶의 기반이 송두리째 날아갔다.

이 쎄삐안-쎄남노이 댐은 안타깝게도 한국 SK건설이 2013년 11월 공사를 시작해 완공시기를 4개월 이상 단축시키고 담수에 들어갔던 댐이었다. SK건설과 한국서부발전이 공동으로 건설, 투자, 관리를 하는 방식인 BOTBuild Operate Transfer 형식으로 사업권을 따낸 것인데, 담수를 하는 과정에서 많은 비로 새들Saddle댐이라고 불리는 보조댐이 붕괴된 것이다.

댐 규모는 높이 74m, 너비 1.6km, 담수량 10억t으로 함께 짓는 세피안, 푸웨이막찬 댐보다 규모가 월등히 크다. 볼라웬 고원에서 메콩강으로 흘러들어가는 지류를 막아 푸웨이막찬, 쎄삐안, 쎄남노이 등 3개 댐을 막아 발전소를 짓고 최대 690m에 달하는 낙차를 이용해 전력을 생산하려던 사업이다. 총 발전용량은 410MW로 국내 최대인 충주댐과 맞먹는 규모다. 라오스 정부는 이들 댐에서 생산되는 전력 중 내수용 10%를 제외한 90%를 인접한 태국에 수출할 계획이다. 이 댐들은 라오스 남부지역 아따쁘 주와 짬빠싹 주에 걸쳐 있으며 SK건설이 26%, 라오스 LHSE 24%, 한국서부발전 25%, 태국 랏차부리 전기발전 지주회사가 25%로 각각의 지분을 갖고 있다.

라오스 내에는 메콩강 본류를 막은 싸이냐부리 발전용 수력댐이 있다. 이 댐은 메콩강 하류지역에 예정된 11개의 댐 가운데 최초의 댐이다. 물론 중국엔 이미 3개의 완공된 댐과 2개의 공사 중인 댐을 비롯해 3개의 댐이 더 건설될 예정이다.

2012년 공사가 시작된 이 댐은 캄보디아와 베트남의 환경문제 제기로 잠시 중단되었다가 설계변경을 통해 2012년 말에 공사가 재개되었다. 댐은 2018년 10월부터 시운전에 들어갔고 2019년 완공 후 본격적인 전력 생산에 들어간다. 총공사비는 40억 달러가 들어갔으며 댐의 높이는 28.5m, 폭 820m 수문 7개, 침전물배수문 4개가 있다. 폭 12m, 길이 700m의 통로는 500톤급 선박이 통과할 수 있다.

규모는 초당 4,000톤으로 발전을 하며 설치용량 1,285MW 발전기

8개중 7개에서 생산된 전력을 500㎸로 승압해서 태국으로 송전 수출하며 나머지 1개의 발전기에서 115㎸로 승압해 국내에 공급한다. 이 댐은 메콩강 주요 수로에 건설될 11개 댐 중 첫 번째 댐이다.

2019년 7월은 메콩강의 재앙이 시작된 해로 기억될 것이다. 우기임에도 비가 오지 않아 논바닥이 갈라지고 각종 농작물이 타들어 갔다. 특히 싸이냐부리 댐 건설로 하류지역에 심각한 물 부족을 가져왔고 위양짠 시의 상수원 취수지역이 수심 70cm 까지 낮아졌다.

2019년 현재는 남부 짬빠싹 씨판돈지역의 돈싸홍과 돈싸담 두 개의 섬을 막아 수력발전 댐을 건설하고 있다. 본류를 막는 이런 초대형 댐은 메콩강 생태계에 엄청난 변화를 가져올 것이며 파괴된 환경은 다시 돌이킬 수 없다는 것은 자명한 일이다.

라오스에 건설 중인 수력발전댐 현황을 보면 민간발전IPP으로 추진되는 것이 19개소, 사업개발 협약PDA 방식이 22개소, 양해각서MOU 체결 31개소 등 250개소가 건설 중이거나 계획 중이다. 경제 부흥을 목표로 하고 있는 라오스 정부 입장에서 전력만큼 좋은 수입원이 없다고 보고 있다. 하지만 댐 건설로 인해 숲이 사라지고 있고 수몰지의 주민들이 살던 곳에서 쫓겨나는 등 부작용이 끊이지 않고 있으니 개발의 그늘은 짙고 깊다.

동굴은 많으나 터널은 없다

라오스에선 새로운 동굴이 발견되어도 뉴스가 되지 않는다. 반면에 도로에 터널이 생긴다는 것은 뉴스거리다. 현재까지는 도로상에 터널은 없다. 모든 도로는 산을 넘고 강을 돌아서 가야한다.

2021년 완공을 목표로 건설중인 위양짠 – 왕위양 고속도로에 터널이 처음으로 생길 예정이다. 위양짠 주 폰홍Phone Hong을 지나 산길이 시작되는 쎈쑴Senxoum마을의 푸파낭Phou Pha Nang 산을 관통하는 약 875m의 터널이 건설될 예정이다. 아마도 이 터널이 뚫리면 라오스 역사상 최초의 도로 터널이 될 것이다. 이 고속도로는 위양짠 – 우돔싸이 보텐Boten 중국 국경을 잇는 고속도로의 제1 공사구간으로 차량 진출입로 7곳과 휴게소 2곳이 건설된다. 2017년 11월 라오스를 방문한 시진핑習近平 중국 주석이 서명한 17개 협력 사업 중 하나이다.

중국의 추진하는 신新실크로도 정책인 일대일로一帶一路, One belt, One road 사업의 일환으로 건설 중인 윈남云南에서 위양짠까지의 고속

철도 공사구간에 75개의 철도터널 197km가 건설 중에 있다. 이 고속철도는 2021년 개통 예정이다.

위양짠에서 루앙파방으로 가는 도로 가운데 새로 건설된 4c도로는 해발 1,900m를 넘어야 한다. 도로가 시작되는 카시Kasi 시내가 대략 해발 400m이니 1,500m이상을 올라가야 하는 도로다. 그런데 그 높이를 최단거리로 올라가게 설계를 해서 경사도가 심하다.

오르막길을 갈 때는 보통 굽이를 돌 때 잠시 경사가 없는 평지를 거쳐서 다시 오르막으로 이어 가야 한다. 그러나 라오스에선 그냥 끝없는 오르막길이 많다. 포장도로의 한계치라고 하는 13%의 경사도를 가진 도로도 종종 눈에 띈다. 이런 경사도의 도로가 라오스에 있어도 큰 문제가 되지 않는 이유는 라오스엔 눈이 내리는 겨울이 없기 때문이다.

한국의 토목 전문가가 이 도로를 보고 "세상에서 설계가 가장 잘못된 가장 좋은 예의 도로다"라고 평할 정도로 위험한 도로다. 사실 도로의 경제성으로 볼 때 이런 도로에 터널과 다리가 생겨야 하지만 터널 공사는 상당한 비용과 기술력이 필요하기에 아직 없는 것 같다. 반면 수력발전을 위한 수로 터널은 이미 많이 건설됐다. 이런 터널은 바로 발전을 통해 수익을 낼 수 있으며 대부분의 수력발전 댐 건설은 외국에서 투자를 했기에 가능한 일이다.

이 도로는 우기철이 되면 급경사면의 산사태와 넘쳐나는 토사로 종종 폐쇄된다. 경사도가 세고 위험하지만 이 길은 루앙파방과 왕위양을 가는 기존 13번 도로에 비해 약 45km이상 단축되는 도로로 시간과 기름값을 줄이기 위해 이 길을 택하는 대형 차량들이 늘고 있다.

특히 과적한 대형 트럭의 경우 브레이크 파열로 인해 대형 사고가 빈번하게 일어나고 있다. 급경사를 내려오던 대형버스가 브레이크 파열로 제동이 되지 않아 마주오던 미니밴 차량을 덮쳐 한국인 관광객 5명이 현장에서 목숨을 잃는 안타까운 사고도 있었다. 2019년 8월 중국 관광객 버스가 이 도로에서 계곡으로 추락하면서 13명이 목숨을 잃는 일도 있었다.

이런 급경사 길엔 비가 오지도 않았는데 물에 젖은 타이어 자국이 보인다. 끊임없이 이어지는 타이어 자국에 의문마저 생긴다. 물웅덩이도 없고, 비가 내린 것도 아닌데 이 타이어 물자국은 어디에서 온 것인가?

타이어 물자국은 대부분 대형 트럭의 것이다. 물을 타이어와 브레이크 부분에 자동으로 뿌려지게 해서 브레이크 파열이나 타이어 펑크를 예방하면서 생긴 자국이다. 라오스 북부 산악지대를 지나는 대형 트럭들은 중국이나 베트남에서 생활용품과 건설 자재들을 실어 나르는 차량들이다. 이 차량들은 한꺼번에 많은 짐을 나르기 위해 과적을 일삼는다. 더운 날씨와 과적으로 인해 타이어 펑크가 빈번하게 일어나기 때문에 이를 예방한 조치이다.

타이어 펑크는 경제적 손실은 물론 수리를 위한 시간적 손실을 가져온다. 이런 손실을 막고 안전하게 운행을 위해 고안한 것이 바로 타이어 열을 식혀주는 물 뿌리개 장치다. 트럭에 물을 담을 수 있는 별도의 물통을 만들고 차량 내부에서 물을 조절할 수 있는 장치를 달아 놓는다.

13번 북쪽도로13N를 달리다 보면 한자로 가수加水라는 단어를 자주 볼 수 있다. 중국과 베트남에서 주로 왕래하는 화물차들을 위한 물을 채우는 가게들이다. 물을 채울 수 있는 넓은 주차 공간과 음식을 준비해 이곳을 지나는 차량들의 편의를 제공하는 곳이다. 일종의 기사식당 같은 것이라고 할 수 있다. 차량들은 평지보다는 급경사 오르막길과 내리막길일 경우는 많은 물을 뿌린다.

라오스는 아세안 10개국 중 캄보디아에 이어 도로 포장률이 가장 낮다. 라오스의 도로는 약 5만 6,331km로 추산되며 포장률은 17.76%에 그친다. 낮은 도로 포장률 덕분에 교통사고 사망률은 낮다. 10만 명당 14.3명으로 아세안 10개국 중 4번째로 적은 기록이다.

13번 도로는 중국 국경인 보텐Boten에서 수도 위양짠을 거쳐 캄보디아 국경인 웬캄Veun Kham까지 남북을 잇는 가장 긴 도로다. 총길이가 약 1,426km로 차량 통행량이 가장 많다.

이 도로는 위양짠을 중심으로 '북부 13번 도로'와 '남부 13번 도로'로 구분한다. 북부 13번 도로를 이용해 갈 수 있는 도시인 루앙파방, 퐁쌀리, 루앙남타, 왕위양 등은 북부터미널을 이용한다. 반대로 빡쎄, 아따쁘, 싸완나켓, 쎄컹 등 남부지방의 도시를 오가는 버스는 남부터미널과 남부 13번 도로를 이용하게 된다. 단 위양짠 동쪽으로 있는 씨엥쿠앙 지역을 가는 버스는 남부와 북부 터미널에 다 있다.

라오스 도로는 늘 공사 중이다. 특히 가장 교통량이 많은 위양짠-왕위양 구간은 1년 내내 공사를 한다. 대부분의 도로는 우기에 파손된다. 파손의 원인은 차량의 과적도 문제지만 실질적인 이유는 도로 배수 문제다. 한꺼번에 많은 양의 비를 쏟는 스콜로 인해 물이 잘 빠지지 않는다.

그런데 파손과 복구의 반복행위가 공무원들의 부정부패 때문이라고 꼬집어 말하는 사람들이 있다. 한국처럼 두껍고 튼튼하게 한번 깔아 놓으면 문제가 없을 텐데 공무원들이 매년 복구할 때 업자들로부터 돈을 먹으려고 그런다는 것이다. 이 말이 전혀 틀린 말은 아니나 사실은 아스팔트 포장 방식이 달라서다.

라오스 도로 포장은 DBSTDouble Bituminous Surface Treatment방식을 채택하고 있다. 이 포장 방법을 사용하면 저렴한 비용으로 빨리 포장

할 수 있다. 한국도 1970년도에 잠시 사용했었으나 한국지형에 맞지 않는 것으로 판단해 일찌감치 중단했다. 월드뱅크나 아시아개발은행ADB으로부터 금융지원을 받아 도로 공사를 할 경우 DBST 공법으로 하도록 되어 있다고 한다.

국토의 면적이 넓고 산악지대가 많은 관계로 한국과 같은 공법을 적용하면 천문학적인 돈이 들기 때문에 사실 어렵다. 한국과 같은 방식으로 포장을 한 도로도 있기는 있다. 이 도로들은 태국, 일본, 스페인 등으로부터 무상원조를 받아 건설한 곳이다.

도로를 달리다 보면 길 한복판에 나뭇가지나 풀이 놓여 있는 것을 자주 볼 수 있다. 이런 풀이나 나무를 지나면 반드시 고장 차량이나 사고 차량이 있다. 이 나무나 풀이 교통 삼각대 같은 역할을 하는 것이다. 삼각대 대신 자연에서 가장 쉽게 구할 수 있는 나무나 풀을 도로에 올려놓아서 다른 차들의 이중 사고를 방지한다. 시내의 경우는 가로수를 분질러 놓는 경우도 있다.

자연과 함께하는 작은 지혜로 어려움을 헤쳐 나가는 것이 라오스 사람들의 본 모습이다. 한꺼번에 많은 것을 바라지 않고 지난 것에 대해 미련을 두지 않지만 가끔은 먼 앞날을 바라보지 못하는 행동을 보면 안타깝다.

산림부국이었던 라오스가 전쟁, 도벌, 댐건설, 화전 등으로
무부분별 하게 산림을 훼손해 지금은 산림빈국이 되었다.

1607

철도 역사는 125년 철로는 3.5km

라오스 철도의 역사는 1893년 프랑스 식민시절로 거슬러 올라간다. 우리나라에서 철도가 부설된 해가 1899년이니까 6년 정도 앞섰다. 베트남 메콩강 하구에서 증기선을 타고 라오스 탐사와 식민지 개척에 나선 프랑스인들이 메콩강 씨판돈(4,000개의 섬) 지역의 낙차 큰 폭포 지대에서 길이 막혀 버렸다.

배로는 도저히 통과할 방법이 없었다. 결국 그들은 배를 조각내서 섬(돈콘)으로 끌어 올린 다음 상류지역으로 가서 다시 조립하는 방식을 썼다. 이때 여러 조각 낸 배를 운반하기 위해 섬 내부에 철로를 깔았다.

돈콘 섬에 약 4.6km의 레일을 깔아 목탄 증기기관차를 운행했다. 당시 기관차는 조그만 것으로 협궤열차였다. 따라서 운반을 용이하게 하기 위해 배를 해체해 상류로 옮겼다. 후엔 돈뎃 섬까지 다리를 연결, 2.4km 더 상류로 연장해 총 7km의 철로가 되었다. 그러나 2차 세계대전 때인 1940년을 기점으로 철도운행은 중단됐다. 현재는 철로가 모두 철거되고 배를 끌어 올리고 내리는 리프트 시설물, 돈콘과 돈뎃 섬을 연결하는 다리만 남아 있다.

사람들은 흔히 라오스에는 철도가 없는 것으로 알고 있다. 그러나 현재 총연장 3.5km의 철로가 있다. 3.5km면 걸어가도 되는 그 거리에 웬 철도냐고 웃을 수 있겠다. 이 철로는 라오스 위양짠 국경의 타나랭 역에서 태국 국경인 우정의 다리(중간)까지다. 태국 국경지대에서 방콕으로 가는 철도와 연결되는 철도다. 그러니 라오스 내부의 교통수단인 철도라고 보기도 뭣하다.

하지만 2021년이 되면 상황이 달라진다. 중국과 위양짠을 잇는 고속철도Boten - Vientiane가 현재 건설 중인데, 완공되면 414km의 철로가 늘어나게 된다. 이 고속철도는 165개 교량(총 길이 92.6km)과 69개 터널(총 길이 15km)을 통과하게 되며 5개의 주요 역을 포함하여 21개의 역이 세워지게 된다. 공사 완공예정일은 2021년 12월 2일 라오스 국가 창건일이다. 2018년 5월 현재 33.8%의 공정률을 보이고 있다. 총 공사비가 67억 달러 이상이 들어가는 중국 차관 사업이다. 이 공사는 중국이 70%를 투자하고 나머지 30%를 라오스가 차관으로 비용을 충당한다. 라오스의 국가 경제로 볼 때 엄청난 규모의 사업이다.

라오스의 대외부채는 85억 3,844달러로 GDP의 50.3%를 차지하는데 이렇게 급격히 늘어난 이유는 라오스 중국 고속철도 등에 대한 투자가 대외차관으로 이루어졌기 때문이다. 미국 등 서방 언론에서는 중국의 일대일로一大一路 사업으로 라오스의 국가 경제가 심각한 타격을 입었으며 중국의 덫에 빠졌다는 비난을 쏟아 내고 있다.

라오스는 아세안 10개국 중 철도 규모가 가장 작으나 앞으로 중국-위양짠 고속철도 등이 생기면 명실상부한 철도 보유국이 될 것으로 보인다. 철도는 국가의 중요한 물류 운송 기반 시설로 항구가 없는 라오스의 입장에서는 빨리 건설해야 하는 분야다.

아세안에서 철로 연장이 가장 큰 규모의 나라는 인도네시아로 총연장 8,529km이다. 세계에서 25번째로 큰 나라이다. 그 다음으로 태국이 4,507km(세계 44위), 세 번째가 미얀마인데 3,955km(세계 46위), 네 번째 베트남이 3,147km(세계 52위)의 철로를 가지고 있다. 말레이시아는 1,849km, 캄보디아 650km, 필리핀 47.9km, 싱가포르 160km, 브르나이 13km의 철도를 가지고 있다.

라오스는 철도 건설에 대한 계획안이 여러 개 있다. 순수한 자국내의 철도도 있지만 대부분은 베트남과 태국을 잇는 노선이 많다. 위양짠에서 타캑Thakhet까지 메콩강을 따라 내려가서 베트남 국경인 무끼야Mugia까지 연결하는 455km의 철도에 대해 타당성 조사를 마쳤다. 이 철도는 베트남 부앙Vung Ang항까지 연결되는 노선이다. 다시 타캑에서 남쪽으로 싸완나켓을 거쳐 빡쎄 왕따오Vang Tao - 태국 총멕Chong Mek 국경으로 이어지는 345km의 국내선도 계획 중이다. 베트남 동하Dong Ha와 태국 방콕Bang Kok을 잇는 철도 건설도 검토 중이다. 베트남 라오바오Lao Bao 국경에서부터 태국 묵다한Mukdahan 국경까지 이어지는 220km의 철도다.

철도가 건설되면 물류가 빨라질 것이다. 느긋한 사람들의 나라, 시간이 멈춘 나라 라오스가 서서히 잠에서 깨어나고 있다.

거래 없는 라오스 주식시장

라오스 증권거래소는 라오스 51%, 한국 49%의 지분구조로 합작투자해 2009년 설립됐다. 2019년 라오스 증권거래소에 등록 상장된 회사는 모두 10개이다. 2019년 6월 현재 거래계좌수는 1만 4,493개로 2015년 1만 1,360개에 비해 약 28% 증가했다. 거래량은 총 1억3,100만주이며 외국투자자 63%, 라오국내투자자 37% 차지하고 있다. 그러나 거래량은 극히 저조해 1일 평균 거래액이 1억 원을 넘지 않는

다. 대부분의 기업들이 전반적 경영내용의 공개하는 IPOInitial Public Offering를 하고 나면 거래는 거의 없다.

현재 라오스 주식시장에 상장된 기업을 살펴보면 BCEL(은행), EDL-Generation(전력발전), LAO World(시설운영), Petroleum Trading Lao(석유제품 수입), Souvany Home Center(건설자재 수입), Phousi Construction and Development(건설 개발), Lao Cement(시멘트), Mahathuen Leasing(리스), Lao Agrotech(농업기술), VCL(백화점) 등 10개 회사가 있다.

라오 시멘트(2018년 3월), 마한튼 리스와 라오 아그로테크(2018년 9월) 등 3개 회사가 2018년에 상장했다. 10번째 상장사인 위양짠센터 백화점VCL이 2019년 5월 31일부터 거래를 시작했다.

라오스은행의 보고서에 따르면 지난해 라오스 증권거래소에서 거래된 주식의 가치가 급성장한 것으로 나타났다. 라오스은행의 홈페이지에 게시된 보고서에 따르면 2017년 거래된 주식의 가치는 약 4,100만 달러로 전년도 대비 202% 크게 증가한 액수다. 2017년 약 5,100만주가 거래되었으며, 전년 대비 126% 증가했다.

BCEL을 포함한 일부 주식은 2017년 주주에게 주당 712kip(95원)의 배당금을 지급했다. 이 수익은 라오스은행의 예금이자 수익보다 높은 것이다. 라오스 주식 투자가 급속히 증가하고 있음에도 불구하고 내국인들의 투자는 미진하고 대부분의 주식 거래자들은 외국인들이다.

2011년 한국정부가 라오스와 함께 개설한 첫 해외 합작 증권거래소 '라오스거래소'가 6년째 운영되고 있지만, 여전히 적자에 허덕이고 있다. 공산국가 특성상 증권시장 활성화가 어렵고, 상장회사 수가 많지 않기 때문이다. 라오스 증권거래소는 한국거래소가 한국형 증권시장 인프라를 해외에 조성하는 해외합작 거래소 사업의 일환으로 개장했다.

한국거래소가 캄보디아, 우즈벡키스탄을 포함해 등 3곳에 지분투자를 해서 만든 거래소 중 하나다. 라오스 거래소는 초기 투자금액 1,000만 달러에 수차례 추가 유상증자를 합쳐 151억 원에 이른다.

라오스의 미래는 경제특구로부터

최근 라오스가 떠오르는 투자대상국으로 주목받고 있다. 주변 아세안Asean 국가와 비교해도 전기세, 인건비, 땅값이 싼 편이고 정부가 투자유치정책에 적극적이기 때문이다. 라오스는 국경 근처에 인접국과 협력해 공업단지나 경제특구SEZ를 운영함으로써 보완적으로 지역경제를 활성화시키는 전략을 펴고 있다.

2002년에 처음 설립된 이후 현재 전국적으로 12개의 특별 경제특구가 운영되고 있다. 정부 보고서에 따르면 라오스와 해외에서 약 377개 기업이 1만 9,612ha에 이르는 면적에 투자했다. 총 자본금 80억 달러 중 이미 18억 달러를 투자한 것으로 나타났다.

12개의 경제 특구는 정부에 2,000만 달러 이상의 수입을 올렸고 2만 개의 일자리를 창출했으며 그중 9,000명 이상의 라오스 사람들에게 일자리를 제공했다.

2017년에만 71개 기업이 SEZSpecial Economic Zone에 투자했다 (2016년에 비해 30 개 회사 증가). 등록 자본금은 9,200만 달러를 넘는다. 총 71개 기업 중 58개 기업이 외국 기업으로 서비스 48%, 유통 37%, 산업 부문 15%에 투자했다.

이 SEZ에 투자하는 회사는 중국 38개, 라오스 13개, 태국 6개, 일본 5개, 말레이시아 3개 순으로 나타났다. 지난 몇 년 동안 라오스 정부는 경제 자유 구역 관리를 재구성하고 라오스에 대한 외국인 투자를 원활하게 할 수 있는 인적 자원 역량을 개선했다. 정부는 라오스와 해외와의 합작 민간 부문 투자를 유치해 더 많은 국내 일자리를 창출하고 사회 경제적 발전을 촉진하기 위해 경제 특구 개발에 힘을 기울였다.

풍부한 천연 자원, 내륙이라는 지리적 입점 및 상대적으로 낮은 노동 비용 외에, 라오스는 GSPGeneralized System of Preferences하에서 50개국 이상의 국가로부터 관세 면제라는 혜택을 누리고 있다. 또한 정부는 경제 특구의 투자 촉진을 위해 다양한 형태의 우수한 투자를 유치하기 위해 노력하고 있다.

특수 또는 특정경제구역에서 사업을 시작하려면 기업이 특별경제구역 국가위원회NCSEZ사무국에 면허를 신청해야 한다. 투자 조건은 각 구역의 유형, 규모 및 위치에 따라 다르나 일반적으로 특별 또는 특정 경제 구역에 대한 투자는 99년을 초과할 수 없다.

SEZ에는 일반투자 및 판촉(프로모션)투자의 두 가지 방법이 있다. 일반 투자의 경우 정부가 금지한 무기, 마약, 독성 화학물질 등의 부문을 제외한 SEZ내의 모든 부문에 투자할 수 있도록 했다.

반면에 판촉 투자는 SEZ내에서 많은 지원을 받는 반면, SEZ 관리 위원회에 의해 투자 규제를 받는다. 전자 산업, 과학 및 신기술 연구,

관광 인프라, 유기농 제품 등에 대한 투자가 포함된다.

통론Tongloun Sisoulith 총리가 서명한 18쪽짜리 법령에는 도로건설, 전기, 수도공급, 배수시설에 종사하는 SEZ 개발자들에게 부가가치세VAT를 면제해 주기로 했다. 기타 건설업에서는 부가가치세법에 규정된 부가가치세율의 50%를 납부해야 한다.

산업생산, 관광산업, 서비스, 보건, 교육, 부동산과 관련된 분야에 투자하는 사람들은 '구역 1'에서는 16년 동안 소득세를 면제받고 '구역 2'에서는 8년 동안 소득세를 면제받게 된다. 그 후에는 세법에 규정된 수익세율의 35%를 납부해야 한다.

수출 100%를 목표로 하는 공장들은 부가가치세 예외를 인정하고 법에 명시된 부가가치세율의 50%를 납부해야 한다. 개발자는 정부의 승인을 받은 양허 기간 내에 토지구획을 사용하고 토지 권리를 다른 기업인에게 양도할 의무가 있다.

SEZ에 부동산을 소유한 사람들은 부동산을 사용하거나 다른 사람들에게 팔 수 있지만, 권리와 소유권 양보가 끝난 후에는 정부에 양도해야 한다. 10만 달러(약 10억 원) 이상 부동산을 구입하는 외국인은 10년간 지속할 수 있고 연장할 수 있는 복수의 입국 비자를 받을 수 있다.

라오스는 현재 약 2만 ha에 이르는 면적에 4개의 특별경제구역과 8개의 특정경제구역 등 12개의 경제특구가 있다. 중국 국경에 1개, 골든트라이앵글Golden Triangle 인근에 1개의 경제 특구가 있다. 태국 국경에는 8개 경제구역이 있으며 위양짠 지역에는 5개 경제구역이 있다. 라오스의 경제특구 목록은 다음과 같다.

싸완나켓의 싸완나켓-쎄노 경제특별지구Savan-Seno Special Economic Zone in Savannakhet, 보깨오의 골든트라이앵글 경제특별지구Golden Triangle Special Economic Zone in Bokeo, 루앙남타의 보텐 경제특별지구Boten Dankham Specific Economic Zone in Luang Namtha, 위양짠의 위양짠 산업통상 지역지구Vientiane Industrial and Trade Area /VITA Park, 위양짠의 싸이쎄타 특정경제지구Saysettha Development Zone in Vientiane, 캄무완의 푸코오 특정경제지구Phoukhyo Specific Economic Zone in Khammouane, 위양짠의 탇루앙 호수 특정경제지구That Luang Lake Specific Economic Zone in Vientiane, 위양짠의 롱탄-위양짠 경제특별지구

Long Thanh-Vientiane Specific Economic Zone, 위양짠의 동포시 경제특별지구Dongphosy Specific Economic Zone, 타캑 경제특별지구Thakhek Specific Economic Zone, 짬빠싹의 빡쎄-일본 경제특별지구Pakse-Japan Specific Economic Zone in Champasak.

Part IX

푸카오 쿠와이 트레킹

라오스 트레킹
-푸카오쿠와이(Phou Khao Khouay)

위앙짠에서 북쪽으로 90km 떨어진 곳에 남응음Nam Ngum이라는 엄청 큰 호수가 있다. 바다가 없는 라오스에서 이곳을 바다라고 부른다. 또 아름다운 섬들이 많아 '라오스의 하롱베이'라고 부른다. 이 넓은 바다가 한눈에 내려다보이는 곳이 있다. 바로 푸카오쿠와이 국립공원이다.

푸카오쿠와이 국립공원은 1993년에 보호 구역으로 지정됐다. 위앙짠 시, 위앙짠 주 그리고 보리캄싸이Bolikhamsay주에 걸쳐 있으며 면적은 2,000㎢이다. 동서로는 80km, 북동쪽으로 40km 뻗어 있으며 푸쌍(1,666m)과 푸파당(1,620m) 등 높은 산과 깊은 계곡이 있다. 이 지역은 연간 강수량이 1,936㎜로 다른 지역에 비해 많으며 연평균 기온이 26.6℃로 활동하기 좋은 기후다.

공원지역에서 산행을 할 수 있는 곳은 북쪽과 남쪽에 몇 구간이 있다. 등산로라기보다는 수렵 및 채취를 위해 지역민들이 다니는 소로라고 보면 된다. 어설프게 입산을 했다가 길을 잃고 헤매는 경우도 허다하다. 그리고 아직 곰 등 큰 야생동물들이 있어서 혼자 산행을 하는 것은 상당히 위험하다.

위양짠 수도에서 가장 접근하기 쉬운 코스는 푸카오쿠와이 트레킹 코스다. 흔히 앙남망 호수 둘레길이라고 부른다. 남망Nam Mang 호수는 과거 RitaVille 비행장이 있었다. 2004년 이곳에 앙남망3 수력발전소를 세우면서 산정 호수가 생겼고 비행장은 수면 아래로 잠겨 사라졌다. 물이 빠지면 활주로가 일부 드러나 당시의 모습을 일부 볼 수 있다.

국립공원 입구부터 호수까지는 대략 8km의 임도가 연결되어 있다. 도로가 평탄해 4륜구동 차량이 있다면 호수까지 단숨에 올라갈 수 있다. 걸어도 크게 어렵지 않아 걸어볼 만하다. 호수까지 걸어서 간다면 2시간 30분 정도 소요된다.

호수가 보이는 곳은 천연 소나무가 숲을 이루고 있다. 이곳은 해발 750m로 선선하며 소나무는 보호림으로 지정 관리되고 있다. 파란 하늘로 길게 뻗어 오른 소나무를 보면 마치 안면도에 와 있는 느낌이 든다.

호숫가를 따라 길이 이어진다. 호수가 보이는 소나무 숲에서부터 호수 왼쪽방향으로 걷는다. 소나무와 초원, 열대 우림이 적당히 섞여 있어 걷는 내내 전혀 지루하지 않다. 이곳으로 차량 진입은 어렵지만 오토바이나 자전거는 가능하다. 호수 둘레길은 약 15km 정도로 4시간 걸린다.

산행의 종료지점은 '왕흐아'라는 몽족마을이다. 이 마을은 1940년대 몽족들이 이주하기 시작해서 현재는 약 3,000여 명의 주민들이 살고 있다. 사람이 많이 모여 살 수 있는 이유는 넓은 고원이기 때문이다. 마을주변을 다니다 보면 평지에 내려와 있다는 생각이 들 정도다. 호수와 논 그리고 마을이 적당히 어우러진 장소다. 비포장도로를 따라 차를 타고 마을까지 이동할 수 있다.

이곳은 해발 750m로 푸카오쿠와이 트레일 종료점이기도 하지만 또 푸쌍과 푸파당을 가는 시작점이다. 이미 고도의 절반을 차로 올라왔으니 쉬울 만도 한데 결코 쉽지 않은 코스다. 마을을 출발해서 트레일을 따라가다가 계곡길을 선택하는 것이 시간적으로나 거리상으로 경제적이다.

논길을 따라 가다보면 자연스럽게 계곡으로 진입하게 된다. 가축의 이동을 막는 철망이 나오고 사람이 넘나들 수 있도록 사다리가 곳곳에 설치되어 있다. 2시간 정도 걸으면 계곡을 벗어나 소나무 숲이 나온다. 이곳에서 멀리 푸쌍(1,666m) 능선을 감상할 수 있다. 넓은 초지와 소나무가 어우러져 길을 눈으로 확인을 하며 걸을 수 있어 불안감도 줄어들고 산행하는 맛이 난다.

소나무 숲과 열대우림 정글을 거치다 보면 용암이 흐르면서 생성된 계곡이 나온다. 둥근 원형의 용암자국과 맑은 물이 흘러 점심을 먹으면서 쉬어가기 좋은 곳이다. 계곡을 건너 언덕으로 향하는 길은 대나무 숲길이다. 숲이 만들어준 그늘들이 더위를 식혀 준다. 숲이 끝나고 평판한 길이 나오면서 다시 사람 키를 조금 넘는 잡목 수준의 숲을 헤쳐 나가야 한다.

한순간 이 숲이 끝나면서 대 초원이 펼쳐진다. 왼쪽으로는 소나무 숲과 앙남망 호수가 보이고 오른쪽으로는 푸쌍이 높이를 자랑하고 있다. 여기서부터는 길을 굳이 찾을 필요가 없다. 그냥 발길 닿는 곳으로 가면된다. 단 높은 곳으로만 가야 한다. 이곳에서 오르기 힘들다고 능선을 버리고 옆길을 택하다 보면 더 이상 갈 수 없는 낭떠러지로 향하게 된다. 좀 힘들어도 서슴없이 능선으로 올라타야 한다. 그래야 두 번 발걸음을 하지 않는다.

자연스럽게 생긴 언덕은 마치 한국의 대관령 같다. 동쪽에 위치한 라오스 최고봉인 푸비아(2,819m) 산에서 불어오는 바람은 시원하다 못해 뼈가 시릴 정도로 차다. 사방을 둘러보아도 사람은 없다. 온 산을 나 혼자 차지한 느낌이다.

허리까지 자란 초지를 헤치며 정상으로 가다보면 뿌리로 바위를 감싸고 있는 나무가 눈길을 끈다. 바위를 안은 채 잘려 밑동만 남은 나무줄기에서 2대목이 자라고 있다. 이 모습은 자연의 신비로움을 느끼게 하기에 충분하다. 푸쌍 봉우리 아래는 넓다. 이 지역은 뜬 바위가 널려 있는 지역이다. 발 디딜 때 조심하지 않으면 크레바스로 빠질 수 있다. 바위틈이 풀에 가려 잘 보이지 않는다.

푸쌍 바로 아래 절벽 끝에 서서 내려다 보는 풍경은 멋지다. 라오스에 이런 풍경이 있단 것이 믿어지지 않을 정도다. 200m아래로 4km의 대초원이 펼쳐지고 그 끝이 절벽이 바로 최고의 풍경을 감상할 수 있는 푸파당이다. 푸파당에선 라오스의 바다라고 불리는 남응음 호수가 한눈에 들어온다.

일정이 여유 있고 좋은 풍경을 보고 싶다면 이곳에서 막영을 하는

것이 좋다. 문제는 물이 없고 능선이라 바람이 심하다는 데 있다. 막영 장소를 잘못 잡으면 밤새 텐트 흔들리는 소리에 고통스런 밤을 보내야 한다. 기온차로 밤이슬이 있으나 비 오는 수준으로 안전한 장소다.

막영준비를 하며 저녁식사를 하는 동안 남웅음 호수와 낙조를 보는 것은 산에 오른것에 대해 산이 주는 무상의 보상이다. 이런 보상을 받을 수만 있다면 언제든 찾아올 만큼 아름다운 곳이다.

아침 일찍 푸쌍을 올라 태양을 맞이해 보자. 푸쌍 정상은 5명이 서면 움직이기 어려울 정도로 좁은 초지다. 주변에 더 높은 산이 없어 360도 풍경을 볼 수 있는 곳이다. 건기인 11월부터 2월 사이엔 산 아래 운해가 자주 생긴다. 운이 아주 좋다면 끝이 보이지 않는 구름 바다를 만날 수도 있다. 그리고 산 정상에서 맞는 일출은 황홀함 그 자체다.

엄밀히 이야기하면 푸쌍에서 푸파당으로 가는 길은 없다. 출발지 왕흐아 마을 사람들이 굳이 이 산을 넘어갈 일이 없고 반대편 마을 사람들이 넘어올 일이 없었다. 절벽은 자연스럽게 두 개의 구역을 나누고 있다. 길은 방목해서 키우는 소들이 다닐 수 있는 곳이 한두 군데 있다. 이곳은 경사도가 낮은 곳으로 울타리가 쳐 있다. 이곳을 넘어서 길을 만들면서 내려가야 한다.

다 내려와 넓은 길을 가면서는 아프리카 대초원 한복판에 있는 듯, 금방이라도 기린이랑 사자가 다가올 것 같은 느낌이 든다. 얕은 오르막과 내리막 그리고 절벽 끝을 따라 1시간 걷다 보면 커다란 바위와 나무 몇 그루가 보인다. 가는 길은 완전 절벽이다. 길 중간엔 원추리가 길손을 반겨 준다.

뜬 바위와 바위 사이로 잡초를 헤쳐 나가면 커다란 바위에 조용히 누워 있는 마애와불이 눈에 들어온다. 처음 왔던 2014년도는 마애불이 음각만으로 표현되어 있었는데 최근에 누군가가 금분으로 덧칠을 해 놓았다. 처음엔 잘 보이진 않았지만 순수해 보였고 아름다움이 묻어난 조각이었는데 금분으로 칠한 모습을 보니 안타까운 생각이 든다.

바위 뒤편으로는 조각 기법과 시기가 다른 불상들이 놓여 있다. 인근 주민들의 말에는 예전엔 커다란 신성한 푸파당 바위 아래 반동굴 같은 곳에 모셔져 있었던 불상들이었는데 프랑스 군인들이 이곳을 찾아 참호를 만들기 위해 부처상을 밖으로 모두 내놓고 그 바위 아래에 군인들이 거주할 수 있는 막사를 지었다고 한다. 그 증거로는 바위 중간부위에 지붕을 만들기 위해 바위를 삼각형 형태로 파 놓은 과거의 흔적을 찾을 수 있다.

프랑스 군인들은 왜 이곳에 막사를 설치했을까? 하는 의문은 풍경을 보는 순간 바로 이해가 된다. 이 막사 앞 절벽지대에서 내려다보면 왼쪽부터 오른쪽까지 180도 이상을 전체적으로 관찰할 수 있다.

푸파당만 유일하게 싸이쏨분 주에 속한다. 아마도 과거엔 산 아래 마을 하능혹에서 이 꼭대기를 관리했던 것이 아닌가 하는 생각이 든다. 마을 이름이 하능혹(516)이라고 불리게 된 것은 516명의 군인이 거주했다고 해서 붙여진 이름이다. 현재 남응음 호수가 들어선 자리는 남응음 강과 다른 지류들이 흐르던 곳으로 배들의 이동을 살펴볼 수 있던 전략적 요충지였다는 생각이 든다.

절벽 끝자락엔 둥근 참호 또는 우물 같은 구덩이가 있다. 이곳에서 내려다보이는 호수의 섬들은 마치 한려수도와 같고, 영화 '명량'의 한 장면 같은 느낌이 든다.

하산은 다시 출발지로 돌아가는 방법과 남응음 호수로 내려가는 방법이 있다. 다시 돌아가는 것은 별 설명이 필요 없을 듯하다. 다만 같은 길을 오랫동안 걸어야 하는 피곤함이 있다. 이 피곤함을 줄이기 위해선 푸쌍 막영지에 짐을 두고 편하게 빈 몸으로 다녀오는 것도 한 방법이다. 왕호아 마을까지는 대략 8~10시간 정도를 잡아야 한다.

남응음호수로 하산하려면 절벽지대를 지나 암벽이 줄어든 지역을 택해야 한다. 정해진 길은 없고 대충 육안으로 확인하고 길을 잡아야 한다. 방목한 소들이 다니며 만든 울퉁불퉁해 발자국과 가슴까지 자란 풀들로 의지와는 상관없이 발목이 마구 꺾여 관절에 많은 부담을 준다. 대략 1,200m까지 내려오면 이번엔 우거진 잡목이 길을 막는다. 가는 길은 더딜 수밖에 없다. 여기서 정글도끼의 필요성과 위력이 드러난다.

푸카오쿠와이는 물소뿔산이란 뜻이다. 잡목지대를 내려오면 이 말을 실감할 수 있다. 정말 물소들이 방목되고 있기 때문이다. 물소는 더위에 약하다. 물이 없으면 살 수 없는데 산중턱이 방목장이다. 호수 옆 높은 산은 오후가 되면 구름 모자를 쓰고 수시로 비를 쏟는다. 이 비로 물웅덩이가 만들어지고 이 웅덩이에서 물소들이 머드팩을 하며 더위를 식힌다.

본격적인 하산은 계곡의 초입부터다. 늘 헷갈리는 곳으로 길을 잃어 고생했던 적이 한두 번이 아니다. 한번은 끝내 길을 찾지 못해 마을 주민을 불러서 따라 내려온 적도 있다. 계곡으로 들어서면 맑은 계곡물이 연신 흐른다. 볕이 들지 않고 시원하다. 모기나 해충도 없어 양말을 벗고 발을 담그고 쉬면 더위와 피곤함이 확 달아난다.

계곡 끝은 천 길 낭떠러지다. 이 낭떠러지 옆으로 한사람이 겨우 지날 수 있는 길이 이어진다. 지금까지와는 전혀 다른 열대 우림의 정글이 펼쳐진다. 빛도 들지 않는 열대우림을 지나면 벼(산벼)와 바나나 재배지가 나오고, 이곳을 지나면 호수에 다다른다. 산 벼를 키우는 언덕길에서 호수에 떠 있는 수백 개의 섬들이 눈에 들어온다. 하나하나 분리된 섬들은 고도를 낮출수록 한 덩어리로 변한다.

남응음 호수로 나오면 이곳에서 마을 사람들의 배를 빌려서 나가야 한다. 미리 예약을 해 놓지 않았다면 어려움이 있다. 반 푸까오낭

마을이나 반마이 마을에서 배를 빌려서 덴싸완으로 나가야 한다.

산행을 한다면 덴싸완에서부터 시작해 푸까오낭 마을을 거쳐 푸파당만 다녀와 다시 호수로 돌아올 수도 있다. 아니면 푸파당에서 푸쌍을 올라 왕흐아로 갈 수도 있다. 어느 코스든 차량이나 보트를 지원, 안내해 주는 사람이 있어야 가능하다. 그리고 산에 들어갈 때는 반드시 지역민들과 함께 가는 것이 안전하다. 또 적절한 허가를 받고 가는 것이 최상이다.

국경과 인종을 뛰어넘은 사람의 정,
라오사람들의 따뜻한 눈빛이
여러분의 마음에도 전해지기를 기원합니다

권선복
도서출판 행복에너지 대표이사

라오사람들이 가장 많이 하는 말이 바로 '버뻰냥Bor Pen Yang'이라고 합니다. '버뻰냥'은 우리말로 '괜찮다', '상관없다', '천만에', '이해한다' 라는 뜻을 지녔습니다. 라오사람들은 좀체 화를 내지 않습니다. 상대방의 불찰을 두고도 화를 내기는커녕 곧잘 '버뻰냥'이라는 말 한마디로 응수할 뿐이지요. 그들은 급하게 서두르지도 않습니다. 남들보다 뒤쳐진다고 해서 조바심을 내지도, 누군가를 재촉하지도 않습니다. 이러한 그들의 느긋한 성미는 보는 이들마저 마음을 여유롭게 만듭니다.

우희철 저자님은 이러한 라오스에서 무려 7년이라는 시간을 보내

셨습니다. 카메라를 들고 라오스의 곳곳을 누비며 그곳의 삶과 함께 한 감정과 시선이 이 책에 담겨 있습니다. 때로는 라오스의 더위에 지치기도 했고, 타국의 낯선 문화에 좀체 적응하지 못해 진땀을 빼기도 했습니다. 그러한 삶의 기록들을 빠짐없이 담았습니다. 어쩌면 그것이야말로 라오스에서의 삶을 보여줄 수 있는 '진짜' 체험기라고 할 수 있겠지요.

저자가 그러한 불편을 감수하고라도 라오스에서의 삶을 고집했던 것은 아마도 그 나라의 사람들, 그러니까 정 때문이 아니었을까요. 사진 속에 담긴 라오사람들의 눈빛과 해맑은 웃음을 보면서 그들의 생활 역시 우리네 삶과 크게 다르지 않다는 것을 느낄 수 있었습니다. 인종과 국경을 뛰어넘을 수 있는 마음이라는 것은 분명 존재하는 것 같습니다.

언어와 문화는 다르지만 인간에 대한 '정'이 깃든 저자의 시선을 따라가다 보면 어느새 독자 여러분의 마음에도 미지의 세계에 대한 동경과 정다움이 깃들 것입니다. 먼 나라가 아닌 이웃나라에 사는 사람들처럼 말이지요. 라오스, 그 나라의 날씨만큼이나 따뜻한 눈빛을 가진 사람들이 사는 나라입니다. 겨우내 얼어붙어 있던 여러분의 마음에도 라오스의 따뜻한 햇살이 스며들기를 소망합니다.

함께 보면 좋은 책들

배세일움 사용서

문홍선 지음, 서성례 감수 지음 | 값 20,000원

『배세일움 사용서』는 씩씩하게 그리고 힘차고 즐겁게 인생을 살아가는 '다섯 명 패밀리'에 대한 이야기이다. 책 속 일상에서 마주치는 이런저런 깨달음이나 생각은 때로는 큰 의미로, 때로는 별 것 아닌 장난으로 다가온다. 나침반처럼 일상을 안내하고 손전등처럼 삶의 수수께끼를 비추는 이 '사용서'를 통해 독자들은 삶이라는 요리에 양념을 더하듯 작가의 유쾌한 철학을 전달받을 수 있을 것이다.

2주 만에 살 빼는 법칙

고바야시 히로유키 지음 방민우 · 송승현 번역 | 값 17,000원

진정한 다이어트를 위해서는 자신의 몸, 특히 몸과 마음의 건강 전체를 총괄하는 '장'을 이해하고 돌보는 것이 최우선이 되어야 한다는 것이 이 책이 제시하는 '2주 만에 살 빼는 법칙'이다. 특히 이 책은 자신의 몸을 이해하고 돌보는 방법으로 최신 의학 이론에 기반한 '장활'과 '변활'을 제시하며, '장 트러블' 해결을 통해 체중 감량을 포함한 다양한 문제를 해결할 수 있도록 돕는다.

도서출판 행복에너지의 책을 읽은 후 후기글을 네이버 및 다음 블로그, 전국 유명 도서 서평란(교보문고, yes24, 인터파크, 알라딘 등)에 게재 후 내용을 도서출판 행복에너지 홈페이지 자유게시판에 올려 주시면 게재해 주신 분들께 행복에너지 신간 도서를 보내드립니다.

www.happybook.or.kr
(도서출판 행복에너지 홈페이지 게시판 공지 참조)

'행복에너지'의 **해피 대한민국** 프로젝트!

〈모교 책 보내기 운동〉

대한민국의 뿌리, 대한민국의 미래 **청소년·청년**들에게 **책**을 보내주세요.

많은 학교의 도서관이 가난해지고 있습니다. 그만큼 많은 학생들의 마음 또한 가난해지고 있습니다. 학교 도서관에는 색이 바래고 찢어진 책들이 나뒹굽니다. 더럽고 먼지만 앉은 책을 과연 누가 읽고 싶어 할까요? 게임과 스마트폰에 중독된 초·중고생들. 입시의 문턱 앞에서 문제집에만 매달리는 고등학생들. 험난한 취업 준비에 책 읽을 시간조차 없는 대학생들. 아무런 꿈도 없이 정해진 길을 따라서만 가는 젊은이들이 과연 대한민국을 이끌 수 있을까요?

한 권의 책은 한 사람의 인생을 바꾸는 힘을 가지고 있습니다. 한 사람의 인생이 바뀌면 한 나라의 국운이 바뀝니다. **저희 행복에너지에서는 베스트셀러와 각종 기관에서 우수도서로 선정된 도서를 중심으로 〈모교 책 보내기 운동〉을 펼치고 있습니다.** 대한민국의 미래, 젊은이들에게 좋은 책을 보내주십시오. 독자 여러분의 자랑스러운 모교에 보내진 한 권의 책은 더 크게 성장할 대한민국의 발판이 될 것입니다.

도서출판 행복에너지를 성원해주시는 독자 여러분의 많은 관심과 참여 부탁드리겠습니다.

도서출판 **행복에너지** 임직원 일동